高等学校"十三五"规划教材

特种燃料污染监测与控制

主编　贾　瑛

编者　贾　瑛　　许国根　　崔　虎　　吕晓猛
　　　韩启龙　　王焕春　李　茸

西北工业大学出版社

西安

【内容简介】 本书概述了军事特种燃料化学推进剂的毒性毒理、污染来源和特征,介绍了国家特种燃料废液、废气的排放标准,重点讲述了化学推进剂污染的有关监测与处理技术、泄漏应急处置和防护技术以及报废推进剂的绿色销毁技术等内容。

本书可作为国防军事院校、航空航天院校以及普通高等院校兵器科学与技术学科专业研究生的教材,也可以作为环境工程、化学与烟火技术以及应用化学等相关专业的教材,同时也可作为相关科研院所教学科研人员的参考书。

图书在版编目(CIP)数据

特种燃料污染监测与控制/贾瑛主编. —西安:
西北工业大学出版社,2019.5
ISBN 978-7-5612-6465-2

Ⅰ.①特… Ⅱ.①贾… Ⅲ.①特种燃料-污染测定-
高等学校-教材 ②特种燃料-污染控制-高等学校-教材
Ⅳ.①V313

中国版本图书馆 CIP 数据核字(2019)第 081675 号

TEZHONG RANLIAO WURAN JIANCE YU KONGZHI
特 种 燃 料 污 染 监 测 与 控 制

责任编辑:朱晓娟		策划编辑:杨　军	
责任校对:万灵芝		装帧设计:李　飞	

出版发行:西北工业大学出版社
通信地址:西安市友谊西路 127 号　　邮编:710072
电　　话:(029)88491757,88493844
网　　址:www.nwpup.com
印　刷　者:兴平市博闻印务有限公司
开　　本:787 mm×1 092 mm　　1/16
印　　张:17.25
字　　数:453 千字
版　　次:2019 年 5 月第 1 版　　2019 年 5 月第 1 次印刷
定　　价:56.00 元

前　言

　　特种燃料是火箭或导弹武器的动力能源物质,主要是指含能的化学推进剂。一般的含能化学推进剂均具有易燃易爆或能助燃的特性,部分有剧毒。在研制、生产、加工、运输、贮存、使用等过程中,均存在环境污染和安全风险。做好化学推进剂的安全防护、污染监测与治理等工作,对于保障国防安全以及导弹武器装备安全、人员安全与健康是十分重要的。

　　为了满足火箭推进剂的安全防护和污染治理工作的需要,我们编写了本书,概述了火箭推进剂的种类、污染来源和特点,介绍了国家有关推进剂废液、废气的排放标准,重点讲述了国内外液体推进剂和固体推进剂污染监测技术和控制技术以及推进剂的安全防护技术等内容。全书共分7章。第1章:特种燃料概述,介绍了有关推进剂的基本知识、发展概况、最新进展、发展趋势以及安全防护和污染治理的一般原则。第2章:火箭推进剂的毒性毒理,主要介绍了化学推进剂的毒性毒理。第3章:液体推进剂在环境中的迁移转化规律,主要介绍了液体推进剂在大气、水体以及土壤中的迁移转化规律。第4章:火箭推进剂的污染监测,介绍了液体推进剂气态污染物和液态污染物监测的方法,肼类污染物、硝基氧化剂污染物和固体推进剂气溶胶的监测技术等。第5章:火箭推进剂污染控制工程原理,主要介绍了推进剂在生产、使用、贮存过程中产生的流体污染物,流体的输送设备,以及非均匀相、均相混合物的分离。第6章:火箭推进剂污染控制技术,主要介绍了液体推进剂废水处理的一般知识、"三废"的处理技术以及肼类燃料、硝基氧化剂和固体推进剂的再生、绿色报废处理技术等。第7章:液体推进剂泄漏应急处理和安全防护技术。

　　在本书的撰写过程中,参考了国内外的有关文献与资料,并引用了其中的一些内容和实例,在此,向所有原作者表示感谢。同时,向关心与支持本书编撰工作的有关领导及部门表示衷心的感谢。

　　由于水平有限,书中的疏漏和不妥之处在所难免,诚请读者批评指正。

编　者

2019 年 4 月

目　　录

第1章　特种燃料概述

1.1　特种燃料简介

火箭推进剂是火箭发动机的能源,是给推进系统提供能量和工质的物质。化学能是火箭推进最常用的能源之一。应用含能物质在火箭或导弹发动机中发生化学反应(燃烧)放出的能量作为能源,利用化学反应(燃烧)的产物作为工质的一种推进方式,称为化学推进。在化学推进中,参加化学反应(燃烧)的全部组分统称为化学推进剂。根据参加化学反应(燃烧)的组分在通常条件下所呈现的物理状态,人们把化学推进剂分成液体推进剂、固体推进剂和固液混合推进剂三大类。固体推进剂又分为均质固体推进剂和复合固体推进剂。目前,实际使用的主要是液体推进剂和固体推进剂。化学推进剂是火箭发动机的动力源,其研究与发展对我国航天事业以及导弹武器装备的研制、生产和使用起着重要的促进作用。

目前,在国防军事领域中,液体推进剂和固体推进剂并重。液体推进剂是以液体状态进入火箭(或导弹)发动机,经历化学反应和热力学变化,为推进系统提供能量和工质的物质。它可以是单质、化合物,也可以是混合物。它在液体火箭发动机燃烧室内进行氧化反应或分解反应,把化学能转变为热能,产生高温、高压气体,通过发动机喷管膨胀,再把热能转变为动能,推动火箭或导弹飞行或姿态控制、速度修正、变轨飞行等。液体推进剂包括液体氧化剂、液体燃烧剂和液体单组元推进剂,以及在液体推进剂基础上发展起来的胶体推进剂。燃烧时起氧化作用的物质称为氧化剂,起还原作用并释放出能量的液态物质称为燃料(即燃烧剂)。液体推进剂按化学组成分为单组元液体推进剂、双组元液体推进剂和三组元液体推进剂。单组元液体推进剂只由一种单相液体化合物或混合物构成,它兼具燃烧剂和氧化剂性能,含有进行燃烧或分解过程所必需的各种元素。双组元液体推进剂由液体燃烧剂和液体氧化剂组成。燃烧剂与氧化剂一起燃烧并产生能量,如偏二甲肼、乙醇和液氢等。氧化剂能支持燃烧剂燃烧,故亦称为助燃剂,如液氧、四氧化二氮和液氟等。三组元液体推进剂由双组元液体推进剂和添加剂组成。添加剂称为第三组分,可以大幅度提高能量,使火箭获得更大的比冲。添加剂有铍、铝、锂、硼和铍、硼的氢化物。液体推进剂工作过程如图1-1所示。

固体推进剂是区别于液体推进剂的另一种化学推进形式,作为固体导弹/火箭的能源和工质,以药柱的形式被固定在发动机内部,在发动机内通过燃烧的方式将化学能转变为动能。固体推进剂是由氧化剂、燃烧剂和其他添加剂组成的固态混合物,氧化剂和燃烧剂是基本成分,常用的氧化剂是过氯酸铵,常用的燃烧剂是烃及其衍生物(如硝化纤维)等,常用的添加剂有黏合剂、交联剂、催化剂、缓燃剂、稳定剂、抗老剂、增塑剂、稀释剂、润滑剂、固化剂和固化阻止剂等。固体发动机结构及工作原理如图1-2所示。

化学推进剂具有燃烧或助燃的性质,有些还具有不同程度的毒性,可能在生产、运输、贮存、使用等过程中发生泄漏、着火、爆炸等危险,会造成环境污染事故或者威胁人员的身体健康和生命安全,影响发射任务的正常进行。因此,推进剂的安全防护以及污染治理是整个航天和国防导弹事业的重要组成部分,必须引起相关部门的足够重视,实现推进剂安全工作的专业化、制度化。

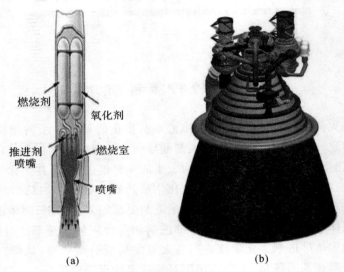

图 1-1　液体推进剂工作过程

(a)液体火箭结构示意图；　(b)液体火箭发动机结构示意图

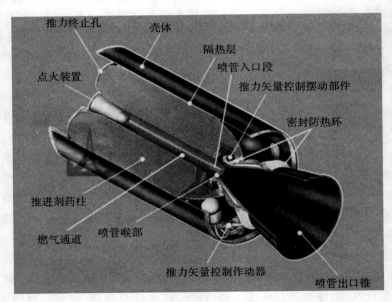

图 1-2　固体发动机结构示意图及工作原理

　　一个国家航天事业的发展状况反映了该国科学技术的发展水平。因此,一些具有一定经济实力和科学技术水平的国家都在努力发展航天事业。随着航天事业的发展,拥有航天技术的国家对火箭推进剂的使用越来越广泛,对其研究也越来越深入,不仅对推进剂的种类、性能、推力、使用条件、安全防护等方面进行深入的探讨和研究,而且对其自身的毒性和对环境的影响也给予了充分的关注。研究结果表明,迄今为止,国内外所使用过的固体和液体推进剂中,除液氢、液氧之外都具有不同程度的毒性,给操作人员带来不同程度的危害,并造成环境污染。

1.1.1　液体推进剂的发展

液体推进剂是液体火箭推进剂的简称。液体推进剂是以液体状态进入火箭发动机,经历化学反应和热力学变化,形成高温高压气体产物并高速从发动机尾喷管喷出,为推进系统提高能量和工质的物质。

液体推进剂的发展始于 20 世纪初期,苏联科学家康斯坦丁·齐奥尔科夫斯基提出了世界上第一个使用液体推进剂火箭发动机的火箭原理图,并列出了火箭飞行基本方程,他建议用碳氢化合物、液氢、液氧作为推进剂组元。随后,德国科学家赫尔曼·奥伯特建立了更加详细的用于空间飞行多级火箭的数学理论。1926 年,美国科学家罗伯特·戈达德利用液体推进剂火箭发动机首次实现火箭飞行,使用的推进剂为液氧和汽油。德国于 1933 年发射了使用液氧和乙醇的推进剂 Al 火箭,并在此基础上于 1942 年成功研制 A4(即 V-2)近程地地火箭,实现了液体推进剂在军事中的应用。我国于 1956 年开始研制液体火箭推进剂和液体火箭。1957 年,苏联用液氧和煤油推进剂发射了第一颗人造地球卫星。

1.1.2　固体推进剂的发展

固体推进剂是以高分子化合物为基础并具有特定性能的含能复合材料,由氧化剂、黏合剂、燃料添加剂、固化剂及其他添加剂组成。它通常制成一定几何形状的药柱,置于固体火箭发动机燃烧室中,经化学反应释放能量,利用其反应产物作为工质使发动机产生一定的推力。

固体推进剂的历史可追溯到黑火药时代。早在公元 682 年,中国炼丹家的著作中就有初期黑火药组成及配方的记载。公元 969 年,中国发明了世界上最早的固体火箭和固体火箭推进剂(黑火药),并开始将其应用于军事领域。13 世纪左右,黑火药由中国经阿拉伯国家传至欧洲,欧洲才开始使用黑火药。

随着工业和武器系统的发展,迫切需要比黑火药性能更好的火箭火药。18 世纪初发明了硝化纤维素和硝化甘油。18 世纪末,科学家用醇醚溶剂胶化硝化纤维素制得单基火药,继而又以硝化甘油来胶化硝化纤维素制得双基火药。第二次世界大战期间,双基固体推进剂首先用于各种小型火箭,最早的浇注复合推进剂是美国喷气推进实验室研制的沥青推进剂,它由沥青和高氯酸钾组成。1946 年,美国喷气推进实验室成功研制出聚硫橡胶推进剂,使得复合固体推进剂的性能大幅提高。为适应火箭对固体推进剂高能量、高性能的要求,双基固体推进剂的性能不断改进,经历了复合改性双基、交联改性双基、复合双基和弹性体复合双基的发展过程,曾成为能量最高的一种实用固体推进剂。

20 世纪 70 年代末至 80 年代初,美国成功研制出硝酸酯增塑的聚醚聚氨酯推进剂。该推进剂以聚醚聚氨酯和乙酸乙酯纤维素为黏合剂,以液态硝酸酯或混合硝酸酯为含能增塑剂,并添加奥克托今、高氯酸铵和铝粉。硝酸酯增塑的聚醚聚氨酯推进剂突破了双基和复合推进剂在组成上的界限,在能量和力学性能方面超过了几乎所有固体推进剂,是现役推进剂中能量最高的一种。

1.2　火箭推进剂的分类

推进剂可分为液体推进剂、固体推进剂和固液混合推进剂三大类型。

1.2.1　液体推进剂

液体推进剂是以液态进入燃烧室的推进剂。它能快速发生化学反应,并提供大量的热能。它的特点是比冲高、使用可靠,但是它的密度较低,贮存、运输、加注等操作较为复杂。以氟、氧元素为主要组成的液体氧化剂有很强的氧化能力。常用含氧的液体氧化剂有液氧、四氧化二氮和硝酸等。氢以及它和锂、铍、碳、氮元素组成的液体燃料有烃类、胺类和肼类化合物。以不同的分类标准将液体推进剂分成不同的种类:

1)按进入发动机的组元分类,液体推进剂可分为单组元推进剂、双组推进剂元和多组元推进剂。

a. 单组元液体推进剂。

单组元液体推进剂是通过自身分解或燃烧提供能量和工质的液体物质。通常分成三类:第一类,是在分子中同时含有可燃性元素和助燃性元素的化合物或混合物,如硝基甲烷和硝酸异丙酯等;第二类,是在常温下互不发生化学反应的安定混合物,如过氧化氢-甲醇等;第三类,是在分解时能放出大量热量和气态产物的吸热化合物,如肼、单推-3 等。单组元推进系统结构简单,使用方便,但能量偏低,属于低能液体推进剂,一般用于燃气发生器或航天器的小推力姿态控制、速度修正和变轨飞行等。

b. 双组元液体推进剂。

双组元液体推进剂由液体氧化剂和液体燃烧剂两个组元组成。通常选用氧化能力强的物质,如液氧、四氧化二氮等作为液体氧化剂,选用含氢量大、燃烧热值高的物质,如液氢、肼类、烃类燃料、酒精、混胺-50 等作为液体燃烧剂。由于双组元液体推进剂的氧化剂和燃烧剂分装在两个独立贮箱中,使用比较安全,释放能量较高,是目前火箭、导弹推进系统中使用最多的推进剂。

c. 三组元液体推进剂。

由分部贮存的液体氧化剂、液体燃烧剂和第三个组元组成的推进剂,称为三组元液体推进剂。它主要分为以下两类:

第一类是将液氧作为氧化剂、液氢作为燃烧剂、轻金属(如锂、铍等)或其氢化物作为第三组元的推进剂组合。其优点是把轻金属(如锂、铍等)或其氢化物同液氟、液氧或臭氧燃烧产生的高温与能够降低燃烧产物平均相对分子质量的氢结合起来而提高比冲。液氢在三组元火箭发动机中主要起工作流体的作用,因为加入的轻金属比氢有更强的还原性。

第二类是将液氧作为氧化剂、液氢和烃类燃料作为燃烧剂的推进剂组合。这种三组元液体推进剂利用双膨胀发动机起飞时的高推力和低表面积比、在高空运行时的低推力和高面积比的特点,使发动机在工作的全过程均获得高性能。其在高压的内燃室中燃烧液氧和烃类燃料,在低压的外燃室中燃烧液氧和液氢。液氢在这一发动机中作为一种燃料,可改善液氧与烃类燃料的燃烧性能。

三组元液体推进剂系统复杂,目前还没有得到实际应用。三组元推进剂足以将任何需要的化学元素组合起来。但多于三组元的液体推进剂,理论上其产生的能量不会有进一步的提高。

2)按贮存性能分类,液体推进剂分为可贮存液体推进剂(常规液体推进剂)和不可贮存液体推进剂(低温液体推进剂)。

a. 可贮存液体推进剂。

可贮存液体推进剂,是指在地面环境下,能在火箭贮箱中长期贮存,不需要外加能源用以加热熔化或加压就能保持液态且长期不变质的推进剂。

可贮存液体推进剂通常应具备以下条件:临界温度应不低于地面环境的最高温度,通常规定不低于 323 K(视地域不同,也有规定不低于 343 K);在 323 K 时的蒸气压不应大于 2 MPa(也有规定 343 K 时不应大于 3 MPa);在贮存期间,液体推进剂本身不应分解、变质、产生沉淀或放出气体,通常规定 323 K 时的年分解速度不大于 1%;对与液体推进剂相接触的部件腐蚀较小,通常规定腐蚀速度不大于 0.025 mm/a。

目前,在各种火箭、火箭系统上用的硝基氧化剂、肼类、胺类、烃类燃料中的大多数属于可贮存液体推进剂。可贮存液体推进剂又分为可预包装液体推进剂和不可预包装液体推进剂。过氧化氢在贮存过程中会发生分解,属于不可预包装液体推进剂。

b. 不可贮存液体推进剂。

不可贮存液体推进剂是指在环境温度下是气态,沸点低于 200 K,临界温度低于 223 K,只有在低温下才能保持为液态的推进剂,又称低温推进剂。不可贮存液体推进剂的优点是能量较高,缺点是要保温绝热贮存,使用不方便。液氢和液氧等属于不可贮存液体推进剂。

还有一些液体推进剂,因化学性质不稳定而只能在短期内使用,如叠氮化肼等,也属于不可贮存液体推进剂。

3)按点火方式分类,液体推进剂分为自燃液体推进剂和非自燃液体推进剂。

a. 自燃液体推进剂。

自燃液体推进剂是指进入发动机燃烧室时能迅速自动着火的双组元液体推进剂。氧化剂和燃烧剂从接触到开始出现火焰的时间间隔,称为着火延迟期。自燃推进剂使用中要求着火延迟期短,以防止推进剂在燃烧室中积累过多而导致硬启动,甚至发生爆炸。

红烟硝酸与偏二甲肼、四氧化二氮与偏二甲肼、四氧化二氮与一甲基肼、偏二甲肼与绿色四氧化二氮等双组元液体推进剂均属于自燃液体推进剂。

b. 非自燃液体推进剂。

非自燃液体推进剂是指氧化剂与燃烧剂进入火箭发动机燃烧室时不能自动着火燃烧,而需要辅助点火装置的双组元液体推进剂。从启动点火装置到液体推进剂开始出现火焰的时间间隔称为点火延迟期,点火延迟期越短越好。常用的点火方式有电点火、火药点火和点火剂点火。液氧与液氢、液氧与煤油、红烟硝酸与烃类燃料组合的推进剂均属于非自燃液体推进剂。

可通过在燃料中加入自燃添加剂,使非自燃液体推进剂变为自燃液体推进剂。

4)按能量大小分类,液体推进剂通常可分为低能液体推进剂、中能液体推进剂和高能液体推进剂。

比冲在 2 500 m/s 以下的液体推进剂,称为低能液体推进剂;比冲为 2 500~3 000 m/s 的液体推进剂,称为中能液体推进剂;比冲在 3 000 m/s 以上的液体推进剂,称为高能液体推进剂。

另外,根据液体推进剂的用途,还可将用于火箭、火箭主发动机的液体推进剂称为主推进剂,用于辅助发动机和发动机辅助系统的推进剂称为辅助推进剂。

液体推进剂的分类见表 1-1。

表 1-1　液体推进剂的分类

分 类 依 据	类 别
进入发动机组元	单组元、双组元、三组元
贮存性能	可贮存、不可贮存
自燃性质	自燃、非自燃
能量大小	低能、中能、高能
用途	主推进剂、辅助推进剂

从上面的分类可以看出,各类液体推进剂均有自己的优缺点,在各种动力装置中有一定的地位。双组元可贮存液体推进剂,由于能量较高、可以贮存,并且大多数推进剂能接触自燃,适于在火箭系统上使用;低温推进剂,特别是液氧和烃类组合推进剂,由于能量高、价格便宜,适于在大型运载火箭和航天器上使用;单组元液体推进剂,因推进系统简单,适于各种航天器的小推力发动机。各类代表性的液体推进剂的比冲水平见表 1-2。

表 1-2　各类代表性的液体推进剂的比冲水平

类　别		推进剂种类	比冲/(m·s^{-1})	现　状
单组元推进剂		无水肼	2 254	应用
		过氧化氢	1 600~1 800	应用
		单推-3	2 274	应用
双组元推进剂	低温	液氢与液氧	4 100~4 500	应用
		液氧/RP-1	3 593	应用
	可贮存	四氧化二氮与无水肼	3 087~3 156	应用
		四氧化二氮与偏二甲肼	2 940	应用
		四氧化二氮与一甲基肼	2 989~3 136	应用
		四氧化二氮与混肼-50	2 989~3 136	应用
		90%过氧化氢与煤油	2 666	研究
三组元推进剂		液氧与 RP-1/液氧	3 755	研究

1.2.2　固体推进剂

1)根据构成组分之间有无相的界面,将固体推进剂分为均质固体推进剂和复合固体推进剂两类。

a.均质固体推进剂。

均质固体推进剂是指推进剂各组分间无相界面。均质固体推进剂根据主要组分的不同,分为单基固体推进剂和双基固体推进剂。

单基固体推进剂的主要组分为单一化合物硝化棉,学名为纤维素硝酸酯,简称"NC"。硝化棉为白色丝状纤维,溶于醇醚混合液(体积比为 1∶3)、丙酮、冰乙酸、甲醇、乙酸乙酯和乙酸戊酯等。硝化棉极易燃烧,且燃烧速度极快,但能量水平较低。

双基固体推进剂是一种由难挥发性(或无挥发性)物质(如硝化甘油)作为硝化棉溶剂的一种溶塑型推进剂。因硝化棉和硝化甘油(简称"NG")是这种推进剂的主要能量物质,故称为双基固体推进剂,俗称双基火药。双基固体推进剂的基本组分有硝化棉、硝化甘油和安定剂等,并根据不同的使用要求和工艺特性,在推进剂中还可以加入一些其他组分(如增塑剂、助溶剂和弹道改良剂等)来组成不同类型的配方。

b. 复合固体推进剂。

复合固体推进剂又称异质火药,它是以塑性高聚物或橡胶类高聚物黏合剂作为弹性母体,同时混入无机氧化剂、金属燃料以及其他一些组分组成的具有一定形状、一定性能的药柱。复合固体推进剂可按其高分子黏合剂种类、氧化剂种类和性能特点进行分类。

根据固体推进剂高分子黏合剂的不同,复合固体推进剂可分为聚硫推进剂、聚氯乙烯推进剂、聚氨酯推进剂、聚丁二烯推进剂、硝酸酯增塑的聚醚推进剂。也可根据高分子黏合剂成型工艺的不同分为热塑性固体推进剂和热固性固体推进剂。

根据固体推进剂氧化剂种类的不同,复合固体推进剂可分为高氯酸铵推进剂、硝酸铵推进剂和硝胺推进剂等。

复合固体推进剂的某些性能特征也可用作复合推进剂的分类依据,如可根据推进剂燃速的高低、添加金属粉的类别和烟雾特征等进行分类。

2)按能量大小分类,固体推进剂通常分为低能固体推进剂、中能固体推进剂和高能固体推进剂。

比冲在 2 156 m/s 以下的固体推进剂,称为低能固体推进剂;比冲为 2 156~2 450 m/s 的固体推进剂,称为中能固体推进剂;比冲在 2 450 m/s 以上的固体推进剂,称为高能固体推进剂。

此外,还可按力学性能将固体推进剂分成软药固体推进剂和硬药固体推进剂两类。

1.2.3　固液混合推进剂

固液混合推进剂是由固体燃料和液体氧化剂或固体氧化剂组成的推进剂。固体燃料可以是聚合物(如聚乙烯和聚乙烯胺等)或金属氢化物(如氢化锂和氢化铝等),也可以是几种不同燃料的混合物(如氢化铝锂加聚乙烯的混合物)。固体氧化剂有硝酸铵、过氯酸铵、过氯酸钾、过氯酸硝酰等。为提高比冲,可采用三元混合剂,即在固液混合推进剂中加入第三种组元(如液氢)。固液混合推进剂的应用尚有待开发与完善。

1.3　火箭推进剂的应用

火箭推进剂的应用比较广泛,大致分为以下 5 个方面:运载火箭、导弹、鱼雷、航天器和燃气发生器。

1.3.1　在运载火箭上的应用

发射航天飞行器的运载火箭,基本上都是以液体推进剂作为能源。通常高密度低温液体推进剂(如液氧和煤油)用作第一级,而高能低温推进剂(液氧与液氢)用作第二级或第三级。如俄罗斯的质子号、天顶号、联盟号火箭,美国现役的运载火箭 Delta 火箭、Atlas 火箭和Falcon 火箭,欧洲空间局的阿里安 4、阿里安 5 系列火箭,以及日本的 H-2 火箭,中国的长征系列火箭等,均采用液体推进剂,具体应用情况见表 1-3。

表 1-3　液体推进剂在运载火箭上的应用

国　别	运载火箭	型　号	推进剂	应用情况
苏联/俄罗斯	卫星号		液氧/煤油	1957 年 10 月,人类第一颗人造地球卫星,已退役
	东方号		液氧/煤油	东方号飞船,气相及遥感卫星
	闪电号		液氧/煤油	闪电号通信卫星,星级探测器
	联盟号		液氧/煤油	联盟号载人飞船
	宇宙号	SL-7	硝酸/煤油	小型军事卫星
		SL-8	偏二甲肼/四氧化二氮	小型军用导航、通信卫星
	能源号	基本型	液氧/液氢	无人航天飞机
美国	土星号	土星 1B	一级:液氧/煤油　二级:液氢/液氧	阿波罗飞船
		土星 5 号	一级:液氧/煤油　二/三级:液氢/液氧	阿波罗飞船及空间站
	航天飞机		主推进剂:液氢/液氧　姿控推进剂:一甲基肼/四氧化二氮	
	大力神	3A/B/C/,34D	四氧化二氮/混肼-50	军用侦察/通信/预警卫星
		大力神 2SLV		电子情报卫星、军事气相卫星
		大力神 3/4 号	液氢/液氧	火星观测探测器、空间站等
	德尔塔	6925/7925 型	一级:液氧/煤油　二级:四氧化二氮/混肼-50	中型卫星(GPS 系列等)
		4 号	液氢/液氧	重型卫星(DSP-23 等)
欧洲	阿里安系列	4 号、5 号	主推进剂:液氢/液氧　姿控推进剂:一甲基肼/四氧化二氮	欧洲推力最大的运载火箭
日本	H 系列	2/2A/2B	两级:液氢/液氧	主力运载火箭
中国	长征系列	CZ2/3A	一/二级:偏二甲肼/四氧化二氮　三级:液氢/液氧	主力运载火箭

1.3.2 在导弹上的应用

世界上第一枚导弹——V2 采用的是低温液体推进剂(液氧和酒精)。20 世纪 50 年代中期,低温推进剂逐渐被常规可贮存推进剂取代。20 世纪 60 年代开始,美国、法国、英国、俄罗斯等国开始研究固体火箭发动机,并将固体推进剂应用于弹道导弹。目前,固体弹道导弹迅速发展,固体推进剂得到广泛应用;同时,液体推进剂也以其性能高、投掷能力强等优点,得到广泛的应用,在液体导弹的发展过程中,其使用和维护性能不断改善。推进剂在弹道导弹上的应用情况见表 1-4。

表 1-4 推进剂在弹道导弹上的应用

国　别	导弹类别	名　称	应 用 情 况
德国	地地战术导弹	V2	液氧/酒精
美国	地地战略导弹	大力神	液氧/煤油
	地地战略导弹	民兵	末修推进剂:MON/一甲基肼
	地地战略导弹	和平卫士	末修推进剂:MON/一甲基肼
	地地战术导弹	长矛	红烟硝酸/偏二甲肼
	地地战术导弹	红石	液氧/酒精
	巡航导弹	战斧	JP-10
	巡航导弹	黄铜骑士	RJ-4
俄罗斯	地地战略导弹	SS-19	偏二甲肼/四氧化二氮
	地地战略导弹	SS-18	可贮存液体推进剂
	地地战略导弹	SS-17	可贮存液体推进剂
	地地战略导弹	SS-11	可贮存液体推进剂
	地地战术导弹	飞毛腿	硝酸/煤油
	潜射战略导弹	SS-N-23	可贮存液体推进剂
	潜射战略导弹	SS-N-18	可贮存液体推进剂
朝鲜	地地战略导弹	大浦洞Ⅲ型	偏二甲肼/四氧化二氮
印度	地地战略导弹	烈火Ⅰ型	偏二甲肼/四氧化二氮

1.3.3 在鱼雷上的应用

早期鱼雷使用的双组元推进剂是以压缩空气或压缩氧气作氧化剂,以煤油或酒精作燃料。现役热动力鱼雷采用的推进剂主要有 OTTO-Ⅱ单组元推进剂(由硝酸酯、安定剂和钝感剂组成),高氯酸羟胺与 OTTO-Ⅱ、过氧化氢与煤油、过氧化氢与酒精等双组元推进剂,水反应金属燃料以及锂与六氟化硫闭式循环燃料等。推进剂在鱼雷上的应用情况见表 1-5。

表 1-5　推进剂在鱼雷上的应用

国　别	类　别	名　称	应 用 情 况
美国	鱼雷	MK-48ADCAP	高氯酸羟胺与OTTO-Ⅱ
	鱼雷	MK-50	锂与六氟化硫
	鱼雷	MK-46-1	OTTO-Ⅱ
	鱼雷	MK-48	OTTO-Ⅱ
	鱼雷	MK-37C	OTTO-Ⅱ
俄罗斯	鱼雷	暴风雪	镁基水反应燃料
	鱼雷	65型	过氧化氢与煤油
	鱼雷	53-57型	过氧化氢与煤油
英国	鱼雷	矛鱼、旗鱼	高氯酸羟胺与OTTO-Ⅱ
瑞典	鱼雷	TP617	85%~90%过氧化氢与酒精
	鱼雷	TP2000	85%过氧化氢与煤油
伊朗	鱼雷	鲸	镁基水反应燃料

1.3.4　在航天器上的应用

航天器辅助推进剂系统采用的单组元推进剂主要为无水肼,双组元推进剂为四氧化二氮与一甲基肼、四氧化二氮与混肼-50、四氧化二氮与偏二甲肼、四氧化二氮与无水肼双模式推进剂等,主要用于航天器的姿控、变轨、返航和着陆等。推进剂在美国航天器上的应用情况见表1-6。

表 1-6　推进剂在美国航天器上的应用

名　称	应 用 情 况	说　明
水手69号	主推进剂及辅助推进剂:无水肼	飞向金星与水星
先驱者10/11号	主推进剂:无水肼	飞向木星
海盗号	主推进剂及辅助推进剂:无水肼	火星着陆器
阿波罗号指令舱、服务舱	主推进剂:四氧化二氮与混肼-50 辅助推进剂:四氧化二氮与一甲基肼	载人登月
航天飞机轨道器	主推进剂:四氧化二氮与一甲基肼 辅助推进剂:四氧化二氮与一甲基肼	重复使用运载器
舰队通信卫星	辅助推进剂:无水肼	UHF通信
照相侦察卫星	辅助推进剂:无水肼	无线电与照相通信
国际通信卫星5号	辅助推进剂:无水肼	
亚洲2号卫星	远地点发动机推进剂:四氧化二氮与无水肼 姿控推进剂:无水肼	双模式推进系统

1.3.5　在燃气发生器上的应用

燃气发生剂燃烧产生的燃气作为驱动辅助动力装置的工质,将化学能转变为机械能或电能。燃气发生剂用于驱动辅助动力装置,工作时间较长。燃气发生器结构简单、质量轻、使用方便,且具有燃烧温度低、燃烧清洁、腐蚀性小、发气量大、燃烧速度低等特殊性能,具体应用情况如下:液体火箭的涡轮起动器、增压器,固体火箭发动机推力矢量控制、弹体和弹头滚动控制的伺服系统控制等,飞机紧急起动的起动器,鱼雷起动点火器等。

1.4　火箭推进剂的发展趋势

1.4.1　液体推进剂发展趋势

液体推进剂是目前世界上使用最多的一种推进剂,其中燃烧剂已有液氢、肼类、烃类、胺类和醇类等 30 余种,氧化剂已有液氧、硝基氧化剂、过氧化氢和氟类化合物等 10 余种,单组元推进剂有过氧化氢、无水肼、硝酸酯类和单推-3 等 10 余种。目前所采用的液体推进剂以肼类燃料、硝基氧化剂和低温推进为主,具有毒性、着火和爆炸危险性、强腐蚀性等缺点,并存在污染环境、低温蒸发损失等问题。随着空间技术和武器装备的发展,对液体推进剂的要求不断提高,胶体化、无毒化、高能化、低成本、免维护和无污染成为液体推进剂未来发展的方向。

一、胶体推进剂

胶体推进剂是一种新型推进剂,兼具固体推进剂和液体推进剂的优点,既可像固体推进剂一样便于贮存,也能在增压后像液体推进剂一样易于流动,可以调节流量和多次启停。

目前,世界上多个国家和地区都在研究胶体推进剂,美国在胶体推进剂研究领域处于领先地位。20 世纪 90 年代是胶体推进剂研究最为活跃的时候。因美国国家火箭防御系统和战区弹道防御系统需要而开展的拦截火箭的研制,以及部分国家多用途战术火箭的研制,都极大地推动了胶体推进剂的发展。随着纳米技术和流变学学科的发展,胶体推进剂技术也日趋成熟。胶体推进剂的研究主要集中在火箭和航天运载系统应用方面,包括配方、性能、生产技术和生产设备、胶体推进系统、地面试验及飞行试验等 6 个方面。

1. 火箭用胶体推进剂

火箭用胶体推进剂一般包括金属化胶体推进剂和低特征信号胶体推进剂。含铝金属化胶体推进剂是目前研究较多的一种胶体推进剂。

"胶体推进"研制计划是美国国家火箭防御系统的子课题之一。美国陆军的两项武器研制计划采用的是金属化胶体推进剂技术,而美国空间防御司令部进行的"液体/胶体推进剂主发动机研制"计划,采用的是含铝胶体—甲基肼和胶体抑制红烟硝酸。美军于 1999 年 3 月成功试射采用胶体推进装置的火箭,证明采用胶体推进剂可显著增加火箭射程。2002 年 8 月,美国进行胶体推进剂低温点火试验,结果表明以胶体推进系统为动力的陆军战术火箭可在实战温度范围内具有连续发射能力,且射程比同等固体发动机大 2 倍以上。2004 年,美国火箭防御局提出一种用于火箭防御计划体系外层空间杀伤飞行器的先进金属化胶体推进剂。2007 年,美国火箭和航天项目执行办公室提出一种用于战术双推进系统的含纳米可燃胶凝剂的叔氨基胶体推进剂,应用在陆军战术火箭、火箭拦截器转向和高度控制系统以及美国载人和无人飞行器中。

德国拜耳公司和德国国防技术与采购局合作,对可调推力胶体推进系统进行了应用研究。2007—2008年,成功进行了发动机热试考核;2009年,成功进行了2次新型胶体推进剂助推的火箭演示试验,结果表明胶体推进剂的所有性能达到技术就绪等级6级水平,可称为德国技术验证飞行计划的里程碑。

此外,英国、俄罗斯、以色列、印度、日本等国也对胶体推进剂进行了深入研究。我国也开展了胶体推进剂的相关研究,就公开的文献可知,北京航天试验技术研究所进行了双组元推进剂中氧化剂四氧化二氮的凝胶化研究。

2.航天运载器用胶体推进剂

在航天运载器方面,美国研究的胶体推进剂体系主要包括胶氢/液氧、含铝肼类胶体/四氧化二氮胶体、含铝煤油胶体/液氧等推进剂组合,研究内容涉及流变性能、物化燃烧性能、贮存性能及胶凝剂等。

1992年,美国提出一项"金属化胶体推进剂的工程设计和实验"课题,目的是验证液氧/RP-1/Al发动机性能,后续又详细研究了RP-1/Al胶体燃料在氧气中的点火和燃烧特性、胶体推进剂低温稳定性、绿色四氧化二氮凝胶化的可行性,以及四氧化二氮/混肼-50/Al燃料体系。

2007年6月,美国CFD公司公布了一种高能低温双组元胶体推进剂专利。该推进剂是以丙烷胶体为燃烧剂,MON-30(70%四氧化二氮+30%绿色四氧化二氮)胶体为氧化剂组合而成的一种双组元推进剂,可选用的胶凝剂有二氧化硅、黏土、碳粉、有机高分子或无机高分子物质,还可以在配方中选择性加入硼、碳、锂、铝粉等,用于改善其性能或增强自燃性。该推进剂的真空比冲可达3 528 m/s,安全性能好,可自燃,燃料和氧化剂的冰点低,比较适用于太空任务。

随着各种新技术和新材料的快速发展,胶体推进剂在能量、燃烧、安全及流变性能等方面将更加完善,胶体推进剂更加趋于实用。胶体推进剂的研究范围正逐渐拓宽,不再局限于肼类胶体和硝基氧化剂胶体等传统胶体推进剂,环境友好型无毒胶体推进剂、烃类胶体推进剂等新型胶体推进剂正逐渐发展起来,其应用前景十分广阔。

二、绿色推进剂

1.绿色单组元推进剂

(1)硝酸羟胺基单组元推进剂。

硝酸羟胺基单组元液体推进剂为硝酸羟胺、燃料(如醇类、甘氨酸、硝酸三乙醇胺等)和水的混合物,具有能量高、性能易调节、贮存和供应方便等优点。将硝酸羟胺、硝酸三乙醇胺、硝酸二乙基羟胺按不同比例配制成系列产品,密度约为1.4 g/cm³,理论比冲在2 100 m/s以上。美国对硝酸羟胺基单组元推进剂和肼单组元推进剂进行了对比研究,结果表明,与肼相比,提供同样大小的总比冲,硝酸羟硝酸羟胺基单组元推进剂质量平均减少了17.5%,燃料体积减少了41.8%,推进剂贮箱体积减少了38%,推进剂贮箱质量减少了35%。日本IHI航天公司研制的以硝酸肼为燃料组分的硝酸羟胺基单组元推进剂,密度比冲比无水肼高20%,无爆炸性,采用铱催化剂的1 N和20 N推力室点火柔和,燃烧稳定。部分硝酸羟胺基单组元推进剂的性能指标见表1-7。

表 1-7 硝酸羟胺基单组元推进剂的性能指标

单组元推进剂	$w_水$/(%)	冰点/℃	密度/($g \cdot m^{-3}$)	理论比冲/($m \cdot s^{-1}$)	燃烧室温度/℃
硝酸羟胺/甘氨酸/水	14.7	−20.0	1.5	2 305	1 704
硝酸羟胺/甘氨酸/水	21.2	−54.0	1.4	2 109	1 399
硝酸羟胺/甘氨酸/水	26.0	−35.0	1.4	1 893	1 093
硝酸羟胺/硝酸三乙醇胺/水	25.0	−42.5	1.4	2 305	1 649

硝酸羟胺基单组元推进剂在点火前需要将催化床预热至 316℃,较低温度下的点火延迟期较长,推进剂在催化床上的积存可能较多,导致启动状态无法预测。

我国从 20 世纪 90 年代开始进行硝酸羟胺基单组元推进剂的探索性研究。中国航天液体推进剂研究中心制备了硝酸羟胺基单组元推进剂样品,并进行过多次发动机催化点火试验,采用"816""818"推进剂,催化床预热温度为 350℃,燃烧室压力为 0.4 MPa,燃烧温度在 1 300℃以下。

(2)二硝酰胺铵基单组元推进剂。

二硝酰胺铵最早由苏联合成,是一种固体氧化剂,密度高,高温稳定性好,主要用于配制高能固体推进剂。因二硝酰胺铵具有较高的吸湿性,可将其溶解于水中,再添加适当的燃料,形成单组元液体推进剂。二硝酸胺铵毒性远小于无水肼,比硝酸羟胺还小许多,适用于低污染的航天飞机助推系统和空间运输动力系统。

二硝酰胺铵基单组元推进剂由瑞典研制成功,代号为 LMP101,由质量分数为 61% 的二硝酰胺铵、质量分数为 13% 的水和质量分数为 26% 的丙三醇组成。试验表明,该种推进剂具有点火快、能量高、无毒、燃烧完全且排气清洁、不污染环境等优点,缺点是燃烧温度高、预热温度高,不利于低温启动。三种单组元液体推进剂的部分性能指标见表 1-8。

表 1-8 三种单组元液体推进剂的性能指标

单组元推进剂	理论比冲/($m \cdot s^{-1}$)	燃烧室温度/℃	密度/($g \cdot cm^{-3}$)
LMP101	2 420	1 700	1.42
硝酸羟胺/甘氨酸/26%水	2 001	1 100	1.33
无水肼(溶解 60%氨)	2 325	920	1.00

(3)一氧化二氮单组元推进剂。

一氧化二氮本身不会爆炸,在 200℃ 左右分解为氮气和氧气并释放出热量,这些热量可维持分解反应所需的反应热。英国研制的一种一氧化二氮单组元推力室,推力为 100 N,实际比冲为 1 470~1 764 m/s,理论比冲为 2 009 m/s,热启动时间约为数秒。美国研制的一氧化二氮-燃料混合物单组元推进剂,其理论比冲大于 3 038 m/s,推力为 111 N,但一氧化二氮沸点为 −88.5℃,冰点为 −91℃,液态范围窄,限制了一氧化二氮的应用范围。

(4)叠氮胺类单组元推进剂。

液体叠氮燃料是含叠氮基团的相对分子质量低的有机化合物,主要有烷基叠氮化合物、叠氮基酯类、叠氮低分子聚醚、叠氮基醇类、叠氮胺类及多官能团类化合物等。叠氮燃料具有高能、高密度、燃烧产物清洁、燃速高及毒性低等优点,是肼类燃料的优选替代品,是一种非常重要的绿色液体燃料。

常见液体叠氮胺类化合物有 N,N-二甲基叠氮乙基胺、2-叠氮-N-环丙烷-乙胺、2-叠氮-N-甲基-乙胺、2-叠氮-N,N-二甲基-环丙胺等,它们通常具有更高的生成热和密度,密度比冲比肼类燃料高 20% 以上。

美陆军将 N,N-二甲基叠氮乙基胺、甲基二叠氮乙基胺、吡咯基乙基叠氮和 N,N-二乙基叠氮乙基胺等用作单组元液体推进剂,其物理性质见表1-9。

表 1-9　叔胺叠氮化合物的物理性质

物质名称	沸点/℃	冰点/℃	密度/$(g \cdot cm^{-3})$	生成热/$(J \cdot g^{-1})$
一甲基肼	87	-53	0.880	1 156
N,N-二甲基叠氮乙基胺	136	-69	0.933	2 428
吡咯基乙基叠氮	154	-116	0.986	2 177
N,N-二乙基叠氮乙基胺	169	-72	0.896	1 729
甲基二叠氮乙基胺	158	-52	1.060	3 467

注:吡咯基乙基叠氮和甲基二叠氮乙基胺在达到沸点前已分解。

叠氮胺类化合物具有低的冰点、较高的密度和生成热,毒性低等特点。研究表明,采用金属铱作为催化剂时,叠氮胺类化合物是肼类化合物的理想替代品。含烷基叠氮胺类化合物分解时可能会产生积炭,而采用新型磷钨酸铁催化剂则可使产生的积炭大大减少,反应更为稳定。凝固点低的叔胺叠氮单组元推进剂能使推进器发动机及推进剂反应的控制更加灵活,可大大提高火箭发射后的机动性能,在火箭拦截技术方面具有良好的应用前景。

2.绿色双组元推进剂

(1)过氧化氢基双组元推进剂。

过氧化氢是一种环境友好的液体推进剂,其分解放出氧气和水,既可用作氧化剂,又可用作单组元推进剂。当作为氧化剂使用时,与之匹配的燃料较多,如醇类、肼类、烃类、有机胺类等。

1)过氧化氢/醇类双组元液体推进剂。过氧化氢/醇类双组元液体推进剂技术路线有均相催化和非均相催化两种。均相催化是将催化剂直接加入燃料中形成均一体系,在与过氧化氢接触时,高效分解过氧化氢,达到自燃点火的目的,研究重点是自燃燃料的贮存稳定性和点火性能。非均相催化是通过催化床使过氧化氢先分解,提供高温富氧环境,然后与燃料发生二次燃烧,如美国 X-37 样机采用 98% 过氧化氢/煤油为推进剂。

过氧化氢/醇类双组元液体推进剂使用美国海军研制的代号为 block0 的甲醇基燃料以及代号为 block1 的丁醇基燃料,依那普利杂质 A 为添加剂,用锰基化合物为催化剂。试验表明,高浓度过氧化氢/醇类推进剂的比冲是常规推进剂比冲的 93%,密度比冲的 102%。部分过氧化氢/醇类双组元液体推进剂的性能指标见表1-10。

我国对过氧化氢/醇类双组元液体推进剂进行了深入研究,合成的过氧化氢/丁醇推进剂,通过加入合适的添加剂和催化剂,使其具有自燃特性,点火延迟期短,兼具廉价、环保、高能、低冰点、高沸点、稳定等优点。

表 1 - 10　过氧化氢/醇类双组元液体推进剂的性能指标

氧化剂/燃料	质量比	I_{sp}/s	密度比冲/$(g \cdot s \cdot cm^{-3})$	燃烧室温度/℃
98%过氧化氢/乙醇	3.79	288.9	367.7	2 491
98%过氧化氢/甲醇	2.81	281.3	353.9	2 412
98%过氧化氢/1-丙醇	4.29	291.2	371.9	2 528
98%过氧化氢/2-丙醇	4.30	290.6	372.8	2 520
98%过氧化氢/1-丁醇	4.60	292.4	378.6	2 517
98%过氧化氢/2-丁醇	4.61	291.9	377.9	2 511
98%过氧化氢/叔丁基醇	4.62	291.0	375.8	2 531

2）过氧化氢/叠氮胺类双组元液体推进剂。叠氮基的引入有利于提高推进剂的能量和燃速，又能降低推进剂的火焰温度，且叠氮类有机化合物毒性低，是一类很有发展前景的含能新组分。叠氮接枝的小分子胺类化合物以其优良的比冲性能、自燃性能和低毒特性成为液体燃料组分的重要研究方向之一。过氧化氢/叠氮胺类液体推进剂的比冲与过氧化氢/一甲基肼相当，但密度比冲高，因其燃料低毒，且叠氮胺类有机化合物可与过氧化氢自燃，因而具有广阔的应用前景。美国已成功进行了过氧化氢/叠氮胺推进剂火箭发动机试验，并准备将其用于空空火箭和洁净助推器。

（2）一氧化二氮双组元推进剂。

一氧化二氮是一种无毒、安全的绿色推进剂，可用于冷气推进、单组元推进、双组元推进、固液推进和电阻加热推进等推进模式。一氧化二氮催化分解产生的热氧可以与乙烷、丙烷等烃类燃料自动点火，并在燃烧室内稳定燃烧，是绿色双组元液体推进剂研究的一个重要方向。采用一氧化二氮作为推进剂的发动机推力可以从毫牛顿级到牛顿级，甚至千牛顿级，主要应用于小卫星、微小卫星、纳米卫星和飞船等。

目前，美国进行的"可贮存推进剂试验计划"对一氧化二氮/胺、一氧化二氮/丁烷双组元推进剂等具有发展前景的绿色双组元推进剂进行了研究。欧洲的"空间巡洋舰"飞船计划采用的推进剂是一氧化二氮/丙烷双组元推进剂。

（3）硝基氧化剂/叠氮燃料双组元推进剂。

适于用作液体叠氮燃料化合物的有烷基叠氮化合物、叠氮基酯类、叠氮低分子聚醚、叠氮基醇类、叠氮胺类及多官能团类化合物，主要用于制备燃料油、喷气燃料、单组元液体推进剂、双组元自燃液体推进剂、凝胶推进剂及航天高能密度推进剂。这类化合物的相对分子质量一般低于 400，黏度低、易扩散，传热性好，具有一定的饱和蒸气压。

1994 年，美国成功研制了叠氮胺类燃料，称之为"高比冲非致癌性自燃燃料"，可与过氧化氢、四氧化二氮或红烟硝酸等多种氧化剂配对，用于多种推进系统。美军曾进行叠氮胺类燃料与四氧化二氮或红烟硝酸推进剂组合试验，结果表明，该推进剂组合具有更高的安全性，使用范围广。2004 年，美国技术创新计划的"用于空间推进系统的绿色双组元推进剂燃烧优化设计"项目中，确定了一种可使无毒燃料和常用氧化剂在一定混合比范围内重复启动和可控燃烧的方法,采用的氧化剂为四氧化二氮和抑制红烟硝酸,燃料为叠氮胺类化合物,即采用绿色燃料和准绿色氧化剂配对的双组元推进剂。2007 年以来,美国有多项专利对能与红烟硝酸或四氧化二氮自燃的叠氮胺类燃料进行了报道。

三、高密度烃类燃料

目前已合成的高密度烃类化合物有环戊二烯类、降冰片二烯类、金刚烷及其衍生物三类。现已研制出的有 RJ-4,JP-10,RJ-5 等一系列密度在 $0.94\sim1.0$ g/cm³ 的燃料,至今在用的以 JP-10 基燃料为主。密度大于 1.3 g/cm³ 的高密度烃类燃料应用较少,成本和综合性能是制约其应用的主要因素。

研制综合性能优良的高密度烃类燃料有如下两条技术途径:一是在烃类燃料中添加硼、铝等含能粉体,使其向凝胶化燃料发展;二是研制全氢环戊二烯三聚体混合物、五环十一烷、金刚烷衍生物等密度大、燃烧热值高、成本相对较低的烃类燃料。美国部分高密度烃类燃料的性能指标见表 1-11。

表 1-11　美国部分高密度烃类燃料的性能指标

名　称	平均碳数	密度/(g·cm⁻³)	闪点/℃	热值/(MJ·L⁻¹)
RJ-7				42
环丙叉环丙烷	6	0.85	-6.4	37.76
四环庚烷	7	0.98	11	44.1
RF-1	12	0.922	74	38.92
RF-2	14	0.988	82	41.07
RF-3	16	1.028	126	42.60
RF-4	18	1.090		44.22
五环十一烷	22	$1.2\sim1.3$		$49.6\sim53.7$

四、双模式推进剂

四氧化二氮/无水肼组合是目前国际上使用最多的双模式液体推进剂。但无水肼存在冰点高(1.4℃)的严重缺点,在使用过程中必须配备电加热装置。这导致飞行器中电力资源的消耗,使推进剂供应系统趋于复杂。目前,双模式液体推进剂研究发展的方向是降低无水肼的冰点,如加入一甲基肼、叠氮化肼、多元醇、硝酸肼和水等。研究发现,四氧化二氮与肼-硝酸肼-水体系进行反应时,会产生微量的爆炸性中间体——叠氮化肼;而四氧化二氮与肼——甲基肼-水体系反应时,当一甲基肼在肼中的含量超过一定限度时,会导致催化床积炭显著增加。

五、低温推进剂

液氧和液氢是常见的低温液体推进剂。液氧是液体推进剂中较为常见和应用非常广泛的一种低温氧化剂,常与液氢组合使用,也可与煤油、甲烷、乙醇等组合使用。液氢属于高能低温燃料,与液氧或液氟燃烧时性能较高,特别是液氢/液氧推进剂组合,由于其比冲高、燃烧产物清洁,应用日益广泛,已成功应用于多种运载火箭。

（1）液氢/液氧推进剂。

液氢和液氧作为低温推进剂,二者的沸点均比较低(液氢的沸点为－253℃,液氧的沸点为－183℃),需要在绝热良好的条件下贮存,否则极易发生泄漏,迅速气化并扩散。目前,低温推进剂的发展主要是致力于研究低温推进剂零蒸发贮存的长寿命低温冷却器技术,采用主动式热控的低温推进剂无损贮存技术,希望可将贮存周期从几个月延长到几年,液氢损失低于2%/月,液氧实现无损贮存。

（2）胶氢/液氧推进剂。

将大量超细铝粉添加到液氢中,形成胶氢推进剂,并与液氧组合形成胶氢燃料/液氧推进剂系统。这种推进剂组合可有效提高氢氧发动机性能、密度和燃烧效率,减小贮箱尺寸,使飞行器结构质量更低、性能更高,可应用于空间发动机、组合循环发动机、探测火箭、小型冲压喷气火箭、巡航火箭、火箭拦截器等多种系统。

（3）液氧/甲烷推进剂。

甲烷因其冷却能力强、结焦温度高、价格低廉等突出优点而成为研究热点。液氧/甲烷推进剂在推进剂入口处的状态从全气态到全液态均可,且比冲达到 3 332 m/s。这种新的推进剂组合可极大促进低成本、高性能火箭发动机的发展,有望满足登月计划、火星计划和深空探测计划等对低成本可重复使用运载器的巨大需求。

六、高能原子推进剂

原子推进剂就是将原子氢、原子碳、原子硼等贮存在固氢颗粒中,用液氦来带动固氢流动,与液氧配对,从而形成原子氢、原子碳、原子硼等高能液体推进剂。采用原子推进剂可大大减小飞行器的起飞质量,有效载荷可提升 264%～360%,使空间飞行器的结构紧凑。试验结果表明,原子硼推进剂比冲为 6 752 m/s,起飞质量降低 12%～50%;原子碳推进剂比冲为 7 183 m/s,起飞质量降低 8%～48%;原子氢推进剂的能量是最高的,比冲范围为 5 880～12 740 m/s。如美国宇宙神运载火箭上面级半人马座采用液氢/液氧发动机,比冲为 4 664 m/s,若采用原子氢/液氧为推进剂,则比冲可达到 7 500 m/s。

高能原子推进剂研究发展的难点很多,如原子态在原子推进剂中的含量必须高;原子态必须能够稳定地贮存在固氢颗粒中;必须建立有效的推进剂供应系统,形成数以百万计的固氢颗粒,并使固氢颗粒可靠地从推进剂贮箱流向燃烧室;原子推进剂进入燃烧室以前,固氢颗粒必须保持 3～4 K 的温度,必须有效地防护高能火箭发动机产生的高热通量;等等。目前,制备、贮存和使用高能原子推进剂最关键的是低温技术要取得重大突破。

七、其他新型液体推进剂

（1）高张力笼状烃类燃料。

煤油属于开链烷烃化合物,每个 CH_2 的燃烧热都接近 658.6 kJ/mol,基本不受分子中碳原子数的影响。而四庚烷、四甲叉环丙烷、立方烷等笼状或多环烃类因分子内存在的张力能,每个 CH_2 的燃烧热均高于链烷烃。例如,环丙烷中 CH_2 的燃烧热为 697.1 kJ/mol。在高张力笼状烃类化合物中,立方烷的张力最高,将立方烷添加到烃类燃料中将会使运载火箭的有效载荷提升 10%～20%。美国对于高张力笼状烃类燃料研究较多,部分燃料的理论性能指标见表1-12。

表 1－12　高张力笼状烃类燃料的理论性能指标

名　称	密度/(g·cm⁻³)	混合比	理论比冲/(m·s⁻¹)
RP－1	0.80	2.82	3 578
四庚烷	0.99	2.28	3 651
双环亚丙基	0.85	2.29	3 684
1,7-辛二烯	0.82	2.32	3 663
立方烷	1.29	2.04	3 754

（2）硅烷。

三硅烷、四硅烷、五硅烷等高阶硅烷常温下为液态，具有较高的能量特性，与过氧化氢、氧气等能够接触自燃，可以作为吸气式动力系统燃料点火改良剂，或与过氧化氢、液氧组成双组元液体推进剂使用。研究发现，六聚以下的硅烷在常温下能够与空气接触自燃，七聚以上的硅烷常温下在空气中不自燃，在加热情况下能够与空气发生自燃反应。美国和德国均对硅烷推进剂进行了大量研究，对 250 余种硅烷的结构和性能进行了理论计算和性能预测。

（3）水基金属燃料。

水基金属燃料（如纳米铝粉和水的燃烧）能量密度高，能效比高，且能生成"清洁"的燃气，是实现超高速推进的最佳途径之一。美国于 2009 年成功发射了一枚小型火箭，采用的是无毒、无污染的新型环保水基金属推进剂——铝冰，试验中，火箭加速到 330 km/h，飞行高度约为 400 m，最大推力为 2 891 kN。当铝冰推进剂完全燃烧时，其能量性能比传统的推进剂更高。研究发现，铝冰推进剂可通过加入氧化剂进行改进，并有可能取代现有的固体或液体推进剂。

（4）聚合氮。

2004 年，德国科学家采用激光加热手段分别在 200 GPa，80 K 的低温高压和 110 GPa，2 000 K 的高温高压下制得亚稳态的立方聚合氮。这种聚合氮在室温，42 GPa 的条件下能稳定存在，在常压下无法长时间稳定存在，需要加入其他元素来使之稳定。聚合氮为立体网状结构，具有较高的能量，其在转化为氮气时会放出大量的热量。

美国于 2004 年提出了"作为高能量密度材料的全氮或高氮化合物研究"及"聚合氮和高氮化合物的合成与结构研究"的研究计划，并进行了相关的理论研究，部分多氮化合物的理论性能指标见表 1－13。

表 1－13　部分多氮化合物的理论性能指标

序　号	分子式	密度/(g·cm⁻³)	理论比冲/(m·s⁻¹)
1	$(CH)_8$	1.374	3 205
2	$(CH)_7N$	1.468	3 283
3	$(CH)_6N_2$	1.574	3 401
4	$(CH)_5N_3$	1.694	3 420

续 表

序　号	分子式	密度/(g·cm^{-3})	理论比冲/(m·s^{-1})
5	$(CH)_4N_4$	1.832	3 469
6	$(CH)_3N_5$	1.990	3 979
7	$(CH)_2N_6$	2.175	4 430
8	$(CH)N_7$	2.392	4 812
9	N_8	2.655	5 165

（5）含能离子推进剂。

含能离子推进剂是以肼类燃料及其衍生物为原料,通过结构修饰和离子化得到,具有比冲高、毒性小等优点。含能离子推进剂在提高原有肼类燃料密度的同时,保留了与四氧化二氮、红烟硝酸等氧化剂的自燃特性,大大降低了原肼类燃料的毒性,既可用作单组元推进剂,也可用作双组元推进剂。含能低毒离子液体推进剂具有很好的发展前景,可广泛用于空间推进系统、高性能姿态控制发动机、应急动力装置等。美国军方曾对三唑类、偶氮类等多种高能离子液体化合物进行理论计算、实验室合成、性能评价等工作,研制出了能够与红烟硝酸自燃的离子液体燃料,着火延迟期为15～47 ms,并进行了发动机热试评估。2008 年,美军将高能离子液体燃料作为研究重点列入创新计划。

（6）月球推进剂。

月球推进剂主要是指利用月球上贮存的大量氧化铝,并将其分解成氧和铝,再以铝粉和液氧形成的单组元推进剂。

（7）火星推进剂。

火星大气层中含有大量的二氧化碳,通过二氧化碳的分解获得碳和氧,后者再进一步生产推进剂。若采用固态一氧化碳为燃料,氧气作为氧化剂,组成新型低温双组元推进剂,则有望成为火星飞行器推进系统的最佳选择。1998 年,美国曾在其"航空航天技术创新计划"中提出利用火星表面的二氧化碳和飞行器带去的氢生产烃类燃料,作为飞行器抵达火星后能够继续飞行的推进剂。

八、发展展望

液体推进剂是目前世界各国火箭武器系统、运载火箭和空间飞行器所使用的主要推进剂。无毒、无污染、高性能和低成本的新一代液体推进剂和胶体推进剂是未来液体推进剂发展的重点。

随着各类新型与新概念推进剂的不断出现,在可预见的未来,液体推进剂将有更加广阔的发展前景,其可能的发展趋势有以下方面:①肼类燃料、硝基氧化剂等性能优良的传统液体推进剂的使用性能将不断提升;②低温流体管理技术的发展将有效促进液氧/煤油、液氢/液氧、液氧/甲烷(丙烷)等低温推进剂的发展,并将进一步带动低成本、可重复使用运载器的发展;③新技术与新材料的快速发展将极大拓展胶体推进剂的研究与应用领域,不断促进其性能优化与实用化;④液体推进剂无毒化将成为发展趋势;⑤新一代高性能巡航火箭、高超声速飞行器、空天飞机等新装备的研制将极大地推动密度大、热值高的烃类燃料以及热稳定性好、低结焦、可控裂解的吸热型碳氢燃料的持续快速发展。

1.4.2 固体推进剂发展趋势

固体推进剂的发展趋势是高能、钝感、低特征信号、环境友好和低毒。

一、高能固体推进剂

高能是固体推进剂发展的永恒目标。利用新概念、新技术合成新高能材料是固体推进剂研究发展的主要内容之一。以下简要介绍几种重要的高能固体推进剂含能材料。

1)聚叠氮缩水甘油醚。聚叠氮缩水甘油醚是一种侧链含有叠氮基团,主链为聚醚结构的含能化合物,具有生成热高、密度大、成气性好,与硝胺类氧化剂搭配可提高燃速等优点,有望作为无烟推进剂和燃气发生剂的优良黏合剂。聚叠氮缩水甘油醚聚合物已在高性能气体发生剂中得到应用。

2)高能量密度材料。高能量密度材料是用于制造炸药、推进剂或火工品的高能组分,其特点是高能量、高密度,可显著提高推进剂和炸药的能量,而不增加其感度。对于推进剂而言,其能量密度显著高于奥克托今。美国合成了一种新的廉价低感的环硝胺,研究表明,环硝胺综合了黑索金的高能和硝基胍安全特性的优点。

3)六硝基六氮杂异伍兹烷。六硝基六氮杂异伍兹烷是一种立体笼形、多环多硝胺化合物,是白色或无色晶体。六硝基六氮杂异伍兹烷的制造成本较高,降低其生产费用的关键在于采用其他胺类替代成笼反应环节所使用的苄胺,这是当今六硝基六氮杂异伍兹烷合成研究的一个热点。随着稳定性和制造工艺技术的改进及成本的降低,六硝基六氮杂异伍兹烷将应用于新型推进剂的研究。

4)二硝酰胺铵。二硝酰胺铵是一种能量高、不含卤素和化学稳定性好的新型含能材料,是一种非常适合于高能配方的低特征信号氧化剂,最常见的二硝酰胺铵合成路线为氨基甲酸盐路线和氨基磺酸盐路线。大量研究表明,在端羟基聚丁二烯推进剂体系中使用质量分数为40%的二硝酰胺铵,可将比冲提高 100 m/s;二硝酰胺铵用于低特征信号推进剂,可将比冲提高 7%;用于含铝推进剂,比冲可提高 10%。二硝酰胺铵的缺点是成本高、稳定性差、燃烧过程的控制比较困难。

5)硝仿肼。硝仿肼是一种高能氧化剂,外观为黄色结晶,分子中含有大量有效氧,其化学结构为肼与三硝基甲烷的加成化合物,具有高比冲、低特征信号、无烟、无污染等优点。硝仿肼易与不饱和黏合剂中的双键起化学反应而生成气体,破坏推进剂性能,严重影响硝仿肼的使用。研究发现,将生产的高纯度硝仿肼用于饱和含能黏合剂(如聚叠氮缩水甘油醚等),制成的固体推进剂不会引起安全、感度、毒性等严重问题,且硝仿肼/聚叠氮缩水甘油醚固体质量比达到 85%时,其标准理论比冲可达 2 973 m/s。

6)聚缩水甘油醚硝酸酯。对推进剂、炸药而言,聚缩水甘油醚硝酸酯可能是一种较为适宜的含能黏合剂。研究表明,当聚缩水甘油醚硝酸酯固体组分质量分数在 65%～75%,金属燃料为 Al,Mg 或 B 的混合物,氧化剂是硝酸铵、黑索金、奥克托今或六硝基六氮杂异伍兹烷时,其能量水平与大型运载火箭用的端羟基聚丁二烯推进剂相当。

高能固体推进剂研究的主要内容集中在高能氧化剂和含能黏合剂的应用上。下一代高能固体推进剂能量将比现有高能推进剂有较大幅度提高,预计理论比冲会提高约 5%,密度比冲提高约 8%。

二、钝感固体推进剂

固体推进剂高能化的发展和火箭武器安全性的下降,一定程度上影响了高能固体推进剂的实用性。许多新的高性能武器,如先进的火箭系统和海军的火箭,通常要求具有很低的易损性,在这种情况下,要求采用钝感推进剂且要保持原有推进剂性能,并降低可见特征。除不爆炸和低的可见特征外,还必须综合考虑推进剂的燃速、温度敏感系数和力学性能等特征参数。

目前,降低固体推进剂感度的技术途径主要有以下三种:①降低固体推进剂药柱的易碎性和提高其韧性。具有良好延伸性能(尤其是低温下)的推进剂装药可吸收冲击波和撞击能量,使装药结构破坏程度降至最低。②控制固体推进剂能量在各组分间的分配,即推进剂总能量在黏合剂体系和固体填料间合理分配。③开发可熄火的推进剂配方,使固体推进剂在大气压下熄灭或仅能闷燃,可避免被意外引发后产生灾难性后果。

下面简要介绍几种新型钝感固体推进剂。

(1)端羟基聚醚预聚物钝感推进剂。

端羟基聚醚预聚物钝感推进剂是一类以端羟基聚醚预聚物为黏合剂,以改善端羟基聚丁二烯复合推进剂钝感弹药特性为目的的固体推进剂。在采用不同装药结构的钝感弹药试验中,端羟基聚醚预聚物推进剂都具有良好的钝感特性,尤其是当采用石墨复合发动机壳体时,装填该推进剂的发动机几乎完全满足相应的技术要求。

端羟基聚醚预聚物钝感推进剂改善钝感弹药响应特性的基本方法主要是使用了与端羟基聚醚预聚物聚合物相容的含能增塑剂,在保持其能量水平的同时显著降低了固含量(固含量为77%端羟基聚醚预聚物推进剂与固含量为89%端羟基聚丁二烯推进剂的理论比冲相当(约为2 597 m/s),使其总能量在黏合剂体系和填料相间合理分配。同时还采用了低感度氧化剂部分取代高氯酸铵的方法来降低推进剂的感度。研究表明,通过加入质量分数为10%~21%的高密度氧化剂——氧化铋研制出高密度端羟基聚醚预聚物推进剂,在应用于体积受限的战术发动机中时,推进剂更加钝感,这提高了钝感弹药响应特性,使之储存期更长。

(2)硝酸酯增塑聚醚钝感推进剂。

硝酸酯增塑聚醚钝感推进剂在慢速烤燃反应方面优于端羟基聚丁二烯推进剂,这使得其在钝感弹药应用方面具有一定的吸引力。研究表明,在高能硝酸酯增塑聚醚推进剂中,使用能量较低的硝酸酯增塑剂和混合聚醚黏合剂体系,可降低硝胺含量,得到一种战术助推用含铝硝酸酯增塑聚醚钝感推进剂。与能量和燃速相近的端羟基聚丁二烯推进剂相比,硝酸酯增塑聚醚钝感推进剂在慢速烤燃反应方面性能要好,而且具有较低的撞击和冲击波感度。

(3)XLDB 钝感推进剂。

XLDB 推进剂是一种高能、低特征信号、交联改性的双基推进剂。该类推进剂以硝化甘油增塑的端羟基聚醚或聚酯为黏合剂,以硝酸铵为填料,不含高氯酸铵,对冲击波非常敏感。研究表明,通过降低 XLDB 推进剂硝酸铵填料含量,用低感度硝酸铵等方法,可有效降低推进剂感度。

(4)缩水甘油叠氮聚醚钝感推进剂。

缩水甘油叠氮聚醚具有正的生成热、密度大、氮含量高、机械感度低、热稳定性好等优点,能与其他含能材料和硝酸酯增塑剂相容,并可降低硝酸酯增塑剂的感度,对奥克托今有明显的钝感作用。近年来,以缩水甘油叠氮聚醚为黏合剂的推进剂越来越受到重视,缩水甘油叠氮聚醚的钝感性能使其成为发展钝感推进剂的重要黏合剂之一。

研制缩水甘油叠氮聚醚钝感推进剂的主要技术途径有：①采用低感度的含能增塑剂，如三羟甲基乙烷三硝酸酯、三乙醇二硝酸酯等；②采用新型氧化剂代替高感度的高氯酸铵，如纯硝酸铵及各种相稳定的硝酸铵(含质量分数 3% 的金属相稳定剂 Ni_2O_3，CuO 或 ZnO)、六硝基六氮杂异伍兹烷和二硝酰胺铵及其他可能的钝感技术。

(5)钝感双基推进剂。

实现双基推进剂钝感的技术途径就是用新的钝感硝酸酯增塑剂取代较敏感的硝化甘油。如采用三羟甲基乙烷三硝酸酯取代硝化甘油的技术途径，选用含氮质量分数为 12.6% 的硝化棉和质量分数为 1.8% 的安定剂，再加入一种不含能的增塑剂以改善推进剂的机械性能。

氧化剂在复合推进剂中占很大比例，因此对真正钝感的氧化剂研制是今后钝感双基推进剂研究工作的一个重点。

三、发展展望

研制高能量、低信号特征、钝感以及低毒或无毒固体推进剂是现代战争对火箭武器系统提出的一种新概念和新要求。加快新材料研究，提升固体推进剂的能量、燃速，同时提高其安全性、可靠性，有效降低成本，将成为固体推进剂未来一段时间的发展趋势。

1.5　推进剂的污染及危害

1.5.1　推进剂的污染

推进剂是火箭发动机的能源，研究结果表明，迄今为止，国内外所使用的固体和液体推进剂中，除液氢、液氧之外，都具有不同程度的毒性。在火箭(或导弹)推进剂的生产、运输、贮存、转注、加注和使用过程中的跑、冒、滴、漏、挥发，固体推进剂加工过程中产生的粉尘、气溶胶，试车和发射时推进剂燃烧产生的燃气，推进剂事故等，均可对水体和大气产生污染，影响任务的顺利完成，危害参试人员和公众的健康。

推进剂污染属于军事特种化学污染的一种，与传统的化学污染相比，不同种类的推进剂污染具有以下共同特点。

1. 危害严重，隐蔽性强

军事行动的保密性，使得一些军事特种化学污染在较长时期内没有引起人们的注意，导致大量有害污染物的积累，直到问题严重危害周围生态和公众健康时才被公众所知。推进剂污染问题也是由于国防或特种军事活动而产生的，因此，虽然推进剂污染危害严重，有的污染物甚至具有强致癌性，但由于隐蔽性强，没有引起大家足够的重视。

2. 成分复杂，治理难

推进剂污染物质种类多，成分复杂，具有军事化学污染物的多样性及危害的多样性特点。由于国防军事行动的隐蔽性，无法从源头上控制污染物，造成污染物的来源和量也无法预知，并且军事场所保密，一般人员无法进入，因此一直存在推进剂污染治理难问题。目前推进剂废水中测得的污染物质达 37 种。用色-质联机分析某卫星发射场火箭推进剂废水表明，废水中至少有 15 种污染物质，其中毒性比偏二甲肼和四氧化二氮高的有甲醛、氰化物、硝基甲烷、二甲基亚硝胺、二乙基亚硝胺、二丙基亚硝胺、二丁基亚硝胺、亚硝基哌啶和亚硝基吡咯烷。亚硝基化合物是公认的强致癌物质。

3．污染集中，连续性差

推进剂用量有限，而且从生产到运输、贮存、加注、发射都是在指定时间进行，因而所产生的污染是不定期、非连续的。但推进剂的生产、贮存和使用场所都远离城市，污染集中，便于控制，利于治理。

4．燃气成分比较简单

肼类、胺类、烃类、四氧化二氮、发烟硝酸以及液氢、液氧等液体推进剂充分燃烧后的气体成分为水蒸气、一氧化碳、二氧化碳和氮氧化物。氰化物只在肼类和胺类燃料高温燃烧时才能生成，而且数量有限。

1.5.2　推进剂的主要危害

一、着火与爆炸

火箭推进剂中燃烧剂易着火，氧化剂可助燃。因此，无论哪一种类型的推进剂发生着火与爆炸，其危险性都很大，造成的损失也很严重。这种潜在的着火与爆炸的危险性，主要来自于燃烧剂与氧化剂二者完全不同的特性。它们构成了燃烧与爆炸三要素中燃烧物与助燃物两大因素。一旦遇到外来火源，相互接触生热，受到撞击、振动和静电火花等激发能，即可引起着火或爆炸。

双组元液体推进剂在早期和目前都普遍使用。如液氧/酒精、液氧/煤油、液氧/液氨、液氧/液氢、红烟硝酸/偏二甲肼、红烟硝酸/苯胺、红烟硝酸/二甲代苯胺加三乙胺、红烟硝酸/一甲基肼、红烟硝酸/混肼–50、四氧化二氮/肼、四氧化二氮/偏二甲肼、四氧化二氮/混肼–50、四氧化二氮/一甲基肼、过氧化氢/偏二甲肼等，以及液氟、氟氯化合物与燃烧剂，如液氟/肼、三（五）氟化氯/一甲基肼、三（五）氟化氯/偏二甲肼等。液体火箭推进剂中强氧化剂液氟、液氧以及四氧化二氮、过氧化氢、发烟硝酸等，与其他可燃物（如活性炭、泡沫塑料、棉丝、木屑和纸张等）相遇，即可使后者自燃或两者通过化学反应生成热而着火。燃烧剂大量泄漏时，液体蒸发后与空气形成混合物。这种混合物一遇到火星，即可发生燃烧或爆炸。液体推进剂因处理不慎而引起的火灾也时有发生。

二、毒害作用

火箭推进剂的毒害作用，主要指各种推进剂的毒性、粉尘危害、化学分解产物危害、火箭发动机试车和发射中的燃气的毒害等等。

液体推进剂的毒性危害，既可发生在推进剂的生产过程中，也可因在推进剂的运输、贮存、加注和处理过程中泄漏而产生。人体中毒的主要途径是吸入有毒蒸气，这对身体健康构成较大的威胁。相比之下，固体推进剂一旦成型运到现场，对环境和人员的毒性危害就很小。影响推进剂毒性的因素很多，主要是推进剂的物理化学特性，如化学结构、存在形态、可溶性、挥发度、分散度和多种毒物的协同效应或拮抗作用等。外界条件也影响毒性的大小，如环境温度、湿度、通风条件。人员与毒物接触时间的长短、劳动强度等也都影响中毒的程度。即使在上述因素相同的条件下，推进剂对人的毒性危害也有很大的个体差异。

三、腐蚀性危害

（1）液体推进剂对金属材料的腐蚀作用。

腐蚀是金属在所处环境介质中，由于化学反应、电化学过程而发生的一种缓慢氧化过程，是普遍存在的现象。腐蚀性液体对材料表面的腐蚀作用，主要是通过直接化学反应，这种腐蚀最为严重。作为液体推进剂所使用的氧化剂的腐蚀作用尤其严重。随着温度和浓度的增高，腐蚀速度也增大。电化学腐蚀发生在金属的表面，主要是由电位差形成的"浓差电池"引起的，腐蚀的结果是出现"点蚀"或"锈蚀"。这种腐蚀多出现在贮存容器和各种管道的焊缝、狭窄部位和金属表面凹凸不平处。在特定条件下，还会产生"穴蚀"。

金属腐蚀是一种普遍存在的且不可避免的现象，只能减缓或抑制其发生。例如，为了减缓发烟硝酸对容器和管道的腐蚀，均采用加缓蚀剂的方法。以硝酸-27S为例，其数字代表所含四氧化二氮的质量分数，而S则表示所加的缓蚀剂。红烟硝酸所加缓蚀剂多为磷酸与氢氟酸联合使用，两者也可分别作用。一般磷酸用量不宜超过质量比的1%。加氢氟酸可明显减缓红烟硝酸对铝合金和含18.8%铬、镍不锈钢的腐蚀，其用量控制在质量比为0.4%～0.6%。二者同时使用缓蚀效果更佳。根据试验可知，在30℃下，选择加氢氟酸0.63%和磷酸0.44%，两种不锈钢材质的腐蚀率只有0.001 mg/年。

上述两种缓蚀剂的作用机理都是在材料表面形成钝化膜，这层极薄的钝化膜在液体和金属容器之间起了很好的隔离保护作用。

（2）液体推进剂对非金属材料的腐蚀与溶胀作用。

液体推进剂对非金属材料产生除与金属材料相类似的腐蚀作用外，还存在溶解与溶胀作用。溶胀是溶解的相反过程，即溶剂被物体吸入。溶胀是否会发生，取决于非金属材料和液体的性质。

（3）液体推进剂对活体组织的腐蚀作用。

腐蚀性危害最初专指对活体组织的损害，随着保护范围的扩大，才涉及其他材料。因此，腐蚀性物质并不是指一类有某种共同结构的物质，也不是指化学性质、反应特性相同或具有共同用途的物质，而是突出它对活体组织（尤其是人）有损害作用，并以此分级，最常见的表现方式是化学灼伤。

化学灼伤是腐蚀性物质对人体组织、器官及骨骼可能产生的一种严重危害，是液体推进剂的主要危害之一。最易出现的是通过呼吸道吸入，造成上呼吸道黏膜发炎或损伤。严重时可因呼吸衰竭，造成人员窒息死亡。也可由于误食或其他因素造成消化道黏膜损伤，尤其是食道黏膜损伤。而液体推进剂对皮肤的刺激作用，本质是因微量推进剂被表皮吸收而造成的。皮肤受到刺激，可以产生红斑、肿胀，这是最轻微的腐蚀，但其危害性亦不容忽视。很多液体推进剂均会对皮肤产生不同程度的脱脂或刺激作用。另外，液体推进剂意外喷溅，极易对眼睛产生伤害，虽然发生概率比皮肤损伤的小，但危险性大。一旦发生，最好的急救措施是用大量水冲洗眼睛。

四、静电危害

静电是指绝缘物质上携带的相对静止的电荷。静电现象是人们最早发现的电现象，它的产生与多种因素有关。

静电与一般日常用电的区别在于以下四点。

（1）产生方式不同。

日常用电一般由发电机不停地高速运转，锭子和导电线圈间相互电磁感应而产生。而静电除极少数情况外，多数发生在两种物体相互接触、不断摩擦或流动时产生。

（2）能量相差很大。

静电在空间积蓄的能量密度一般不超过 45 J/m³，而电磁感应机则可达 10^6 J/m³。

（3）表现形式不同。

静电一般为高电压、小电流，电压可高达几千到上万伏，电流则只有几微安；日常用电的相电压则为 220 V，线电压为 380 V。虽然静电电压很低，但电流随电器功率不同而变化较大，最大在安培级以上。

（4）危害不同。

静电虽也可造成火灾、引起爆炸，但它必须达到足够大，即达到最小静电点火能，才能引发物体发生火灾和爆炸，起到一个点火源的作用。日常用电本身所具有的电压和电流既可对人体产生伤害，也可因漏电、短路等造成火灾。

人体静电可产生以下三方面的危害。

1）人体带电后，静电放电所产生的火花可引起易燃气体、蒸气或粉尘发生燃烧爆炸。在这些场合工作，要求工作人员穿防静电鞋。

2）人体静电放电会产生电击现象，轻则使人疼痛，重则肌肉抽搐、麻痹，这种现象可在我们从屋外回到屋内脱下外衣往金属衣钩上挂衣服的瞬间发生。

3）人体静电放电会影响生产的正常进行和产品质量。这可以是人员因静电而引起误操作，也可因静电放电使产品质量降低，甚至报废。表 1-14 给出了静电电击人体的反应，静电电容量取 90 pF。

表 1-14　静电电击人体的反应

人体带电电位/V	静电放电时人体感觉程度	备　注
1 000	没有感觉	
2 000	手指外侧有感觉但不痛	微弱放电
3 000	有微弱针刺痛感	
4 000	手指有针扎微痛感	可见到放电火花
5 000	手掌到手臂前半部有电击痛感	放电火花从手指延伸
6 000	手指剧烈痛感，电击后手臂感觉沉重	
8 000	从手掌到前臂有麻痹感	
10 000	整个手都痛，感觉有电流通过	

静电的消除只能采取因势利导的方法，即针对可能产生静电的情况和因素，采取一定的技术措施，防止静电电荷大量积聚，或减缓其放电过程，使其不产生电火花。一般采取分步控制方法，即首先是控制尽量少产生静电。例如，对液体推进剂一类燃料，通过控制其装运方式，控制其在管道中的流速，并尽量避免其他杂质混入防止静电积聚。若采取措施后，仍然产生大量静电电荷积聚，则采取泄放法或中和法，即良好的接地或加入抗静电剂、喷涂或铺设导电涂料及胶皮等，使静电加速泄漏，降低静电高压。如果这些措施仍不能阻止静电的产生和积聚，则采取延缓放电的办法，使其不产生电火花。在液体推进剂中采取氮气保护，就是基于这种考虑。

五、对环境的污染

在液体火箭推进剂的研制、生产、运输、贮存、转注、加注等作业中的跑、冒、滴、漏,特别是大量液体推进剂的泄漏和损漏,会导致大气、水体和土壤的污染;在清洗槽车、贮罐和加注、转注设备时,也会产生一定量的含有液体推进剂的废水。在固体推进剂的加工过程中,会产生粉末、气溶胶和溶剂蒸气,污染空气。在火箭发动机试车或在发射场发射航天器时,会有大量推进剂及其燃气进入大气,污染范围的直径可达数千米,同时亦产生一定量的废液。

六、窒息

窒息是火箭推进剂作业中较常见的一种危害。

火箭推进剂作业中引起窒息的原因主要有以下方面:

1)火箭推进剂本身的窒息作用,即某些推进剂本身就是化学性窒息剂;

2)火箭推进剂蒸气大量进入空气,使空气中氧含量显著下降,人体因缺氧而窒息;

3)大型推进剂贮罐、槽车清洗后用氮气吹干,贮罐、槽车内缺氧,当人员进入检修时,发生缺氧性窒息。

七、低温作用

低温推进剂(如液氧、液氢和液氟等),由于其低温作用,既可使某些设备材料变脆,又可使人体冻伤。

1.6 推进剂污染治理的一般原则

火箭推进剂及其燃烧产物均可在一定范围内污染环境。在火箭推进剂的研制、生产、加工、处理、运输、贮存和使用过程中,应尽可能地控制和治理火箭推进剂对环境的污染。

一、贯彻执行国家环境保护法规

在控制和治理火箭推进剂污染时,要认真贯彻执行《中华人民共和国环境保护法》和其他有关环境保护的法规和环境质量标准,落实"三同时"原则。"三同时"原则是指,在论证新的推进剂配方和发动机型号课题时,要同时论证其对环境的影响;在研制阶段,要同时研究减少和控制污染的方法和设备;在新配方、型号定型并投入生产时,污染治理方法和设备要同时定型并投入运行。这是减少和控制火箭推进剂污染的最重要的原则之一。

二、合理布局,建筑设计符合环境保护的要求

火箭推进剂的生产工厂、试验场地应选择远离大城市和人口稠密的地区。生产推进剂的工厂需用大量水,应靠近较大河流,其下游较长距离内应没有大中城市,以避免污染水源。生活区应在生产区的上风向及上游区,并间隔一定距离。建筑设计时,要有废气、废水以及粉尘和气溶胶(简称"三废")处理构筑物。车间、仓库、转运站、加注站等处要有很好的自然通风或人工通风。

三、采用新工艺、新技术和新材料

在生产和使用火箭推进剂时,要尽可能采用密闭装置和自动化、连续化的新工艺、新技术。一些危险性较大的操作,可使用机械手或机器人操作。要尽可能采用无毒或毒性小的新材料。要不断研究和改进火箭推进剂的合成方法,减少对环境的污染。

四、尽可能选用无毒或低毒的推进剂

在选择火箭推进剂时,应尽可能选用无毒或低毒的推进剂,在不得不选用毒性较大的推进剂时,也尽可能使用在上级火箭中,使其在高空中工作,以减少对地面的污染。

五、及时进行废物处理

对火箭推进剂的"三废"应及时进行处理,以减少危害。

1)对于废气,主要是通过适当高度的烟囱排入大气,使其稀释到最高容许浓度以下。也可使用吸收法(吸附法),利用活性炭、硅胶、分子筛和各种酸、碱溶液吸收有害气体,使之不排入大气。

2)对于废水,可根据情况选用自然净化法、臭氧-紫外光-活性炭联合处理法、焚烧法、中和法、离子交换法和生物处理法等处理方法进行处理,达标后排放。

3)对于粉尘和气溶胶,可采用机械除尘器、湿式除尘器、过滤式除尘器或静电除尘器等除尘设备进行处理,使排入空气的粉尘和气溶胶浓度降到最高容许浓度以下。

六、重视环境监测

火箭推进剂环境污染监测的对象主要是空气和水,特殊情况下也需对土壤、植物及其他样品进行监测。

在火箭推进剂的生产、运输、贮存、使用等过程中,为了保护环境和防止职业中毒,要对工厂、贮存库、转运站、火箭发动机试车站和发射场等场所进行污染监测,弄清污染范围和污染程度,以便及时发现问题,采取治理措施。

要建立火箭推进剂污染监测系统,确定监测项目和监测方法。火箭推进剂的监测方法主要有侦检管监测法、化学分析法、仪器分析法和生物监测法等。

第 2 章　火箭推进剂的毒性毒理

2.1　毒物的基本知识

一般来说,凡是作用于人体并产生有害作用的物质都称为毒物。毒物毒性的含义是相对的,一方面,物质只有在特定条件下作用于人体才具有毒性;另一方面,任何物质只要具备一定的条件,也可能出现毒害作用。物质对人体的危害,与物质本身的物理化学性质、浓度以及侵入人体的剂量和部位有密切关系。

2.1.1　毒物分类

在推进剂生产和使用过程中产生并能引起人体损害的化学物质,称为推进剂毒物,也称工业毒物。生产过程中的原料、中间体、半成品、成品、副产物、辅助材料、溶剂以及废弃物中的有毒物质,称为推进剂及相关物类毒物。这些毒性物质侵入人体并积累到一定数量后,在一定条件下与人体的组织器官发生生物化学或物理化学作用,破坏人体正常的生理机能,引起某些器官和系统发生暂时性或永久性的病变,称为中毒。

不同类型的推进剂在生产过程中会产生不同的有毒物质,如在直接法生产黑索金的过程中,会产生乌洛托品、硝酸,以及甲醛、氨、甲二醇二硝酸酯、二羟甲基硝胺、奥克托今、甲二胺、二氨基二甲胺、三氨基三甲胺以及氮的氧化物等。在奥克托今的生产过程中,会产生硝酸、醋酐、乌洛托品、硝酸铵、1,9-二硝氧基-2,4,6,8-四硝基-2,4,6,8-四氮杂壬烷、乙酸乙酯、1,9-二乙酰氧基-2,4,6,8-四硝基-2,4,6,8-四氮杂壬烷、1,7-二乙酰氧基-2,4,6-三硝基-2,4,6-三氮杂庚烷、二甲基亚砜等等。因此,生产一种推进剂成品,可能产生一系列有毒物质。

毒物常见的分类如下:

1)按毒物的来源分类,如有天然的、人工合成的、植物性的、动物性的、矿物性的等;

2)按毒物的作用特征分类,如刺激性、腐蚀性、窒息性、麻醉性、溶血性、致畸性、致癌性、致突变性毒物等;

3)按损害的器官和系统分类,如神经毒性、肝脏毒性、肾脏毒性、全身毒性等;

4)按毒性化学成分分类,如金属及其化合物、非金属及其化合物、烃类、卤代烃、氨基及硝基烃、醇类、酚类、醚类、醛类、酮类、环氧化合物、有机酸及其衍生物、氰和腈类、杂环类等。

2.1.2　毒物毒性的影响因素

一、化学结构的影响

毒物的化学结构决定它在体内可能参与和干扰各生化过程,参与的程度和速度取决于毒物作用性质和毒性的大小。同系列的碳氢化合物,随着碳原子数目的增多,毒性增大;碳氢化合物的同分异构体中,直链的毒性比支链的大,成环的毒性比不成环的大;碳链上的氢原子被卤素原子取代时,毒性增大,卤素原子取代越多,毒性越大;不饱和链的数目对毒性的影响也很大,通常是不饱和链数目增多,毒性增大。化学结构对毒性影响的机理目前尚不清晰,但从化学结构对毒性影响的规律可知,分子结构的变化使其与体内血液、体液及组织的生化反应液发生变化,如当苯环上的氢被氨基、硝基取代时,形成高铁血红蛋白的作用增大,毒性增大。

二、物理化学性质的影响

毒物的物理化学性质对其毒性的影响主要有以下三个方面。

1)溶解度:毒物在水中的溶解度越大,毒性越大。同一浓度,可溶性越大的毒物,在动脉血液中的积聚性越大,毒性越大。不溶于水的毒物,可能溶解于脂肪或酸、碱、盐基类脂的血液、胃液、淋巴液等,同样会增加毒性。如四乙基铅、苯的氨基、硝基化合物不溶于水,但溶于脂肪,可与中枢神经系统的类脂类物质结合,从而表现出明显的麻醉作用。

2)粒度:侵入人体的粉状毒物,毒性与颗粒大小有关。颗粒物越小,分散度越大,不仅化学活性增大,同时容易随呼吸过程侵入人体,毒性增大。如锌粉本身并无毒,但加热形成烟状物,高度分散的锌粉具有较大的活性,可与体内蛋白质作用,产生异性蛋白从而引起发烧。

3)挥发性:毒物在空气中的浓度及其侵入人体的相对量,受毒物挥发性的影响。毒物的挥发性越大,释放在空气中的毒物的浓度越高,侵入人体的相对量越大,中毒的可能性就越大。一般来说,毒物沸点的高低与空气中毒物的浓度及危害程度成反比,沸点低的易变成蒸气,对人的危害大。

三、毒物的联合作用

毒物对人体产生联合作用,其综合毒性可以表现为相加或者相乘作用。相加作用一般是指当两种毒物同时存在于作业环境中时,它们的毒性可能表现为各自毒性之和,如碳氢化合物中具有麻醉性毒物的联合作用。相乘作用通常指多种毒物联合作用的毒性加强并超过原有各个毒物毒性之和,如一氧化碳和氮氧化物的联合作用,甲苯硝化过程中产生有毒的氮氧化物与甲苯、苯的联合作用,二氧化硫混合于含锌烟雾气溶胶中的联合作用。

在实际工作中,若有两种或两种以上毒物共存时,在制定最高允许浓度时,要注意毒物毒性可能存在的联合作用。如嗜酒的人容易中毒,因为酒精能增强三硝基甲苯、硝化甘油、氮氧化物、铅、砷、甲苯、硝基氯苯等毒物的吸收能力;反之,某些毒物又能加强酒精的麻醉作用,因此接触这类毒物的操作人员不宜饮酒。

四、毒物的选择作用

毒物侵入人体后对人体的作用可分为局部作用和吸收作用。局部作用是指毒物与人体组织接触后,在接触部位直接发生的病理变化,如酸和碱作用于皮肤。吸收作用是指毒物从肺部、肠胃及皮肤进入人体后被血液吸收,再由血液输送至全身,产生全身中毒现象,但吸收作用是有选择性的,即在人体中某些毒物只在某些组织和器官上表现其作用,而不一定作用于一切组织及器官,这种现象称为毒物的选择作用。

此外,在同样条件下接触同样的毒物,则可能发生有些人长期不中毒,有些人却中毒,并且中毒程度也各不相同,这是由于人体对毒物感受性不同所致,称为毒物的个人感受性。人的年龄、性别不同,对毒物的个人感受性也不同。一般来说,未成年人对毒性抵抗力较弱,容易中毒;女性皮肤对外部作用的抵抗力较弱,毒物较容易通过皮肤侵入人体引起中毒。

2.1.3 毒物侵入途径及危害

（1）经呼吸道侵入。

经呼吸道侵入人体是最主要、最危险也是最常见的一种途径。据统计，职业中毒者中，约有95％是由生产环境的空气中含有过量的有害蒸气、烟、雾、粉尘等，经由呼吸系统侵入人体而引起的中毒。人的呼吸系统从气管到肺泡都具有相当大的吸收能力，尤其肺泡吸收能力最强，因此毒物经呼吸系统侵入人体后，在肺内大量吸收，并随着血液循环迅速分布到人体的各组织，进入细胞。毒物的血溶性越大，吸收在血液中的毒物也越多，导致中毒的可能性越大。因此，不同毒物由于其本身性质及各组织生理、生化特点而表现出亲和力和选择性，使得毒物集中于某些器官和组织中。

（2）经皮肤侵入。

通常水溶性的物质不能通过无损的皮肤侵入人体。只有少数溶解皮肤脂肪层且经过皮脂腺及汗腺吸收的毒物，或当水溶性毒物与脂溶性、类脂溶性物质共存时，才能通过皮肤侵入人体。毒物经皮肤侵入人体的途径有表皮和毛囊。能通过皮肤侵入人体的物质有芳香族的硝基、氨基化合物，有机铅化合物以及有机磷化合物等，还有苯、二甲苯、氯化烃类等，这类物质能溶于脂肪和类脂质。另外，还有一类毒物能与皮肤的脂酸根接触而侵入人体，如汞及汞盐、砷的氧化物及盐类等。

2.2　液体推进剂的毒性毒理

2.2.1 肼类推进剂

肼类推进剂通常包括肼、一甲基肼、偏二甲肼、混肼、油肼和胺肼。三肼（肼、一甲基肼和偏二甲肼）均是无色、透明的液体，有鱼腥味，具有毒性。

一、毒性

1. 急性毒性

1）肼、一甲基肼和偏二甲肼皆可经注射、吸入、皮肤沾染和消化吸收而引起急性中毒。

2）对大白鼠腹腔注射染毒，半致死剂量（LD_{50}）分别为肼（68.4±10.4）mg/kg、一甲基肼（23.9±3.6）mg/kg、偏二甲肼 112 mg/kg。对狗静脉注射染毒，半致死剂量分别为肼 25 mg/kg、一甲基肼 12 mg/kg、偏二甲肼 60 mg/kg。毒性大小顺序：一甲基肼＞肼＞偏二甲肼。

3）按化学品急性毒性分级标准，一甲基肼属高毒中偏低毒性物质，肼和偏二甲肼属剧毒物质。

2. 慢性毒性

1）无论是短期内反复染毒还是慢性染毒，三肼中以肼的蓄积毒性最高，一甲基肼次之，偏二甲肼最小。小白鼠短期内反复腹腔注射引起蓄积毒性效应所需要肼、一甲基肼和偏二甲肼的半致死剂量之比是 1∶3∶5。

2）以职业暴露的方式染毒6个月，对实验动物基本无害的剂量分别是肼 7.15 mg/m³、一甲基肼 0.446 mg/m³、偏二甲肼 1.43 mg/m³；刚能引起轻度症状的浓度分别是肼 7.15 mg/m³、一甲基肼 2.23 mg/m³、偏二甲肼 14.3 mg/m³。

3）对于猴，能耐受短期反复染毒不出现有害作用的剂量为肼 5 mg/kg、一甲基肼 2.5 mg/kg、偏二甲肼数值未测出；出现毒性症状但无累积致死效应的剂量为肼 10～20 mg/kg、一甲基肼 5 mg/kg、偏二甲肼 30 mg/kg。

3. 致突变、致癌和致畸胎作用

1）肼为确定的致突变物和动物致癌物。微生物和哺乳动物诱变实验、细胞遗传学研究、细胞恶性转化实验及动物诱癌实验获得的大量阳性结果，可以证实这一结论。

2）一甲基肼和偏二甲肼致突变实验所获得的大批结果中有相当一部分为阴性。但一甲基肼在微生物诱变实验、DNA 碎裂实验中，偏二甲肼在微生物诱变实验和哺乳动物细胞诱变实验、细胞恶性转化实验中，均获得许多明确的阳性结果。而且有相当多的研究证明，一甲基肼，特别是偏二甲肼，可以使动物诱变肿瘤。因此，在获得更准确的实验结果，特别是人类流行病学调查结果以前，不能肯定一甲基肼和偏二甲肼为致癌物。在实际工作中，为安全起见，可视这两种推进剂为致癌剂。

3）肼、一甲基肼和偏二甲肼对鸡胚胎、蟾蜍胚胎有致畸胎效应，但对哺乳动物不引起畸胎，可认为是非致畸胎化合物。

二、肼类推进剂的毒理

1. 对神经系统的作用

1）一甲基肼和偏二甲肼对中枢神经系统具有兴奋作用，大剂量能使动物发生强直后阵挛性痉挛，大剂量肼可使动物死于早期的痉挛发作。

2）三肼中毒后，在强直后阵挛性痉挛发作的同时，出现癫痫大发作的脑电图。

3）小剂量对大白鼠操作式电防御条件反射有较明显的抑制作用，一甲基肼对条件反射的影响比肼小，偏二甲肼基本无影响。

2. 对肝脏的作用

1）肼能损伤肝脏，其病变特点是脂肪肝。肼中毒所致的肝损伤不需要经特殊处理便能自行恢复。

2）一甲基肼中毒不损伤肝脏。

3）偏二甲肼急性中毒不损伤肝脏。大剂量、高浓度偏二甲肼亚急性、慢性中毒，可引起轻度脂肪肝和血清谷丙转氨酶活性升高。人如果出现重症偏二甲肼急性中毒可出现轻度肝功能障碍。

3. 对血液系统的作用

1）一甲基肼中毒可使动物发生以高铁血红蛋白和享氏小体形成为特征的溶血性贫血。

2）肼和偏二甲肼的溶血作用远比一甲基肼弱。

4. 对肾脏的作用

1）肼急性中毒可引起狗的肾小球滤过率、肾有效血浆流量、肾血流总量、肾对氨基马尿酸钠抽提率和肾小管重吸收功能降低。

2）一甲基肼急性中毒的初期，肾小球滤过率、肾有效血浆流量、肾对氨基马尿酸钠抽提率下降。中毒后第四天损害最重，并出现肾小管排泄和重吸收功能降低。一周左右开始恢复。

3）一甲基肼引起的肾功能障碍的程度与过程和尿的改变、血液非蛋白氮升高并行。

4)偏二甲肼对狗的肾功能无明显影响,有利尿作用。

5.对循环系统的作用

1)肼、一甲基肼和偏二甲肼急性或慢性非致死剂量中毒,对循环系统机能无特异的影响。

2)高于致死剂量的肼、一甲基肼和偏二甲肼中毒,能使用麻醉药保护的猫、狗、大白鼠的血压逐渐下降,并出现心肌缺血和各种异性节律的心电图改变。

6.对呼吸系统的作用

1)高浓度的肼、一甲基肼和偏二甲肼皆对呼吸道有刺激作用。人吸入高浓度肼、一甲基肼和偏二甲肼会引起咽喉部刺痒、咳嗽、胸部紧迫和呼吸困难,重者会出现喉炎、肺水肿。

2)肼中毒抑制猫的呼吸;一甲基肼和偏二甲肼急性中毒早期出现呼吸兴奋,痉挛发作后,动物会发生呼吸衰竭。

7.肼类推进剂在体内的代谢

1)肼、一甲基肼和偏二甲肼可经皮肤、呼吸道、消化道和各种注射途径吸收进入血液,分布全身,各主要器官间无特别富集现象。

2)肼中毒后48 h内,有25%～50%的肼以原形自尿排出,其中95%是在前24 h内排出的。一甲基肼中毒后27 h内,有25%～50%的一甲基肼及其代谢产物自尿排出,其中一半是一甲基肼原形,24%～37%的一甲基肼以代谢产物甲烷和二氧化碳的形式自呼吸道排出。偏二甲肼中毒后5 h内,有35%～45%的以原形及其代谢产物的形式自尿排出。

3)尿中检出肼的代谢产物有甲乙酰肼、双乙酰肼、吡多腙和 γ-谷氨酰胺;一甲基肼的代谢产物有甲胺、甲醛;偏二甲肼的代谢产物有葡萄二甲腙、酰肼。

4)肼和一甲基肼是以肾小球过滤、肾小管被动扩散重吸收和排泌的综合机制被肾脏排出的。

2.2.2 硝基氧化剂

硝基氧化剂包括四氧化二氮和发烟硝酸。它们都是红棕色液体,在空气中冒红棕色烟雾,即二氧化氮气体,有强烈刺激性臭味。纯四氧化二氮实际上是无色的。常温下,四氧化二氮部分离解为二氧化氮。

四氧化二氮和发烟硝酸都是强氧化剂,能氧化多种有机物,反应强烈时可以起火。

四氧化二氮和发烟硝酸都具有强烈腐蚀性,能腐蚀大部分金属,也能腐蚀人的皮肤。

一、毒性

四氧化二氮和发烟硝酸都属于中等毒性的化工产品。

四氧化二氮和发烟硝酸主要通过呼吸道吸入引起中毒。它们会损伤呼吸道,引起肺水肿和化学性肺炎。由于氮氧化物在水中溶解较慢,可达下呼吸道,引起细支气管及肺泡上皮组织广泛性损伤,易并发细支气管闭塞症。

氮氧化物和发烟硝酸可腐蚀皮肤、黏膜、牙釉质和眼,引起局部化学性烧伤。

大白鼠吸入白色发烟硝酸30 min 的半数致死浓度(LC_{50})为 630 mg/m^3,吸入红色发烟硝酸 30 min 的 LC_{50}为 388 mg/m^3,吸入二氧化氮 30 min 的 LC_{50}为 356 mg/m^3。

亚急性和慢性吸入二氧化氮,主要损伤肺,易并发感染,还可损伤血液,使血液形成高铁血红蛋白。

人对二氧化氮的毒性反应：10.25 mg/m³ 吸入 5 min，无明显作用；51.25 mg/m³ 吸入 5 min，鼻、胸部不适，肺功能轻微改变；205 mg/m³ 吸入数分钟，明显刺激喉部，引起咳嗽；615～820 mg/m³ 吸入数分钟，可患支气管炎、肺炎而死亡；1 025 mg/m³ 吸入数分钟，可因肺水肿致死；长期接触 4～10.25 mg/m³，出现慢性呼吸道炎症。

二、毒理

1. 呼吸道病变

(1) 肺水肿与肺气肿。

氮氧化物的作用可达深呼吸道，溶解在饱和水蒸气或肺泡表面的液体中，形成硝酸和亚硝酸，刺激并腐蚀肺上皮细胞及肺毛细管壁，使毛细管通透性增加，血液内大量液体成分渗出到肺泡间隙及肺泡囊中，形成肺水肿。

低浓度氮氧化物长期作用于肺泡腔表面活性物质，使之变性，随后侵害肺泡上皮细胞、胶原纤维和弹力纤维，使肺泡囊失去弹性，肺泡扩大、破裂，形成肺气肿。

(2) 呼吸道慢性炎症。

长期吸入氮氧化物，会使支气管和细支气管上皮纤毛脱落，黏液分泌减少，肺泡吞噬细胞吞噬能力降低，从而使机体对内源性或外源性病原体易感性增加，抵抗力降低，呼吸道慢性感染发病率明显增加。

2. 高铁血红蛋白生成

氮氧化物和硝酸通过各种途径进入体内，均可使机体的血红蛋白变成高铁血红蛋白。体内高铁血红蛋白含量达 15% 以上时，即出现发绀。饮水或食物中的硝酸盐或亚硝酸盐过多，也可致高铁血红蛋白症。

3. 其他毒理作用

亚硝酸盐对血管有扩张作用，引起降压反应，心悸，面色潮红，严重者可致虚脱。

皮肤、毛发沾染上四氧化二氮和发烟硝酸，使组织蛋白变性，生成黄蛋白使局部组织染黄。大量污染可引起组织细胞坏死，即发生化学性烧伤。

2.3　液体推进剂的中毒途径和医疗防护

多数液体推进剂均具有毒性，了解其中毒途径和安全防护技术非常重要。

2.3.1　中毒途径

液体推进剂一般是通过皮肤渗透、吸入和吞入三种途径进入人体，引起中毒。

一、皮肤渗透

皮肤由表皮层、真皮层和附件组成，是人体的一道天然屏障。皮肤沾染毒物后，经过简单渗透作用及特殊运转，穿过表皮进入真皮及皮下组织，经微血管和微淋巴管而被吸收进入血液循环。肼类燃料是小分子毒物，兼有水溶性和脂溶性，较易通过皮肤而进入血液。例如，肼类燃料涂于剃毛的狗皮肤上，30 s 后就能在血液中检出，可见其透过皮肤进入血液的速度之快。但是，影响肼类燃料经皮肤吸收的因素有很多，如人体部位、皮肤厚薄等。头、面、耳部皮肤最薄，易于透过；腋窝、颈、背部居中；而手掌、脚底、足跟、膝、臀部皮肤较厚，不易穿透。另外，种属、年龄、外界温湿度、风速、毒物的黏度、沸点对毒物有通过皮肤渗透都有影响。肼因沸点高、黏度大,经皮肤吸收程度最高;偏二甲肼沸点低、挥发快,吸收程度最低。

硝基氧化剂易吸水,对皮肤有刺激和腐蚀作用,能引起化学性烧伤,但经皮肤吸收中毒不是其主要途径。

二、吸入中毒

人体的呼吸道包括鼻腔、口腔、咽喉、气管、支气管、终细末支气管和肺泡。

硝基氧化剂产生的氮氧化物气体,通过呼吸道时,由于氮氧化物在水中溶解慢,气体可下达深呼吸道,损伤细末支气管及肺泡上皮组织,引起细末支气管闭塞与肺水肿。

高浓度肼类燃料蒸气也能引起呼吸系统局部损伤,但主要还是吸收中毒。由于肺泡面积大,肺泡与毛细血管共壁厚仅有 $0.36~pm\sim2.5~\mu m$,肼类燃料可大量、迅速进入肺循环,后经体循环而遍布全身。偏二甲肼和一甲基肼的吸入中毒,与静脉注射中毒的潜伏期及毒性相当。一甲基肼的急性毒性虽为偏二甲肼的 $3\sim4$ 倍,但它的蒸气压只有偏二甲肼的 $1/3$,因此,二者吸入中毒的危险性相近。偏二甲肼与一甲基肼的职业中毒危险性主要来自吸入中毒,肼的沸点高,所以吸入中毒的危险性比前两者低。

三、吞入中毒

人体消化系统是从口腔开始,经食道、胃、十二指肠、空肠、回肠、结肠,直到肛门。液体推进剂只有被误服时,才能进入消化系统,这是职业中毒的次要途径。口腔、舌、胃、直肠只是部分吸收一些毒物,主要的吸收部位在小肠。小肠有大量皱壁和绒毛状肠黏膜上皮,扩大了肠黏膜的吸收面积,而且小肠的微血管与淋巴管丰富,每个绒毛都有一个微循环网,毒物进入小肠微血管,最后汇入门脉系统,进入肝脏。毒物在消化道内的吸收,有的是通过简单扩散作用,有的是通过特殊运转过程。影响吸收的因素与皮肤类似,都是穿透细胞壁。此外,毒物的相对分子质量、水脂分配系数、pH、电解性都对消化道吸收有影响。肼类燃料的灌胃与腹腔注射毒性比值接近 1,表明经消化道吸收比较完全,误服后造成的危害会较大。

误服硝基氧化剂可损伤消化系统,引起口腔、咽喉、食道、胃、肠黏膜的出血、穿孔、坏死、可并发食道闭塞。

2.3.2 毒性分级

推进剂的毒性是通过动物实验中毒的分析比较而评价的。急性中毒实验通常要选择三种以上的动物,其中要有一种是食肉动物或灵长类动物。常用的实验动物有小白鼠、大白鼠、狗、兔和猴等。毒物剂量以动物单位体重的用量来计算。实验还要考虑动物的年龄、体重以及雌、雄区别等。使动物中毒的主要方式有静脉注射、肌肉注射、腹腔注射、灌胃中毒(或口服中毒)、吸入中毒、皮肤染毒,以及皮下注射等。对小白鼠、大白鼠等小动物,主要观察死亡率,也观察中毒症状;对狗、猴等大动物,除观察死亡率外,同时观察中毒症状、各种器官系统的生理及功能变化,血、尿及其他标本的化验结果、病理改变、病变过程等。

通过对动物的急性毒性实验,比较不同推进剂对动物的主要毒性指标:注射或灌胃的半数致死量 LD_{50}、吸入 $4~h$ 后的半数致死浓度 LC_{50}、一定限度下的半数死亡时间 LT_{50},以及半数死亡浓度和中毒时间的乘积等。用这些数据来评价推进剂对动物的毒性大小,确定各种推进剂的毒性等级。

一般在动物急性毒性实验基础上,还要开展亚急性或慢性中毒的实验,并进一步研究其毒理作用。

根据推进剂对动物的毒性实验结果,再外推至人,预测对人体的毒性。毒物对人体比对各种动物的毒害作用大得多,一般规律是:人>猴>狗(或猫)>兔>田鼠>大白鼠>小白鼠。

根据 260 种化学物质对人和对 2～11 种动物的半数致死量 LD_{50} 的研究,毒性对人比对动物大 10 倍以下的占 81%,大 25 倍以下的占 97%,大 25 倍以上的占 3%。

一、肼类燃料

按毒性分级,肼类燃料均属高毒物质、剧毒化学品。

肼类燃料对不同动物,不同中毒途径的急性毒性见表 2-1。

表 2-1　肼类燃料的急性毒性(LD_{50}) 　　　　单位:$mg \cdot kg^{-1}$

动　物	中毒途径	肼	一甲基肼	偏二甲肼
小白鼠	静脉	57 ± 5.4	33 ± 5.4	250 ± 19
	腹腔	$62～94$	$29～32$	$125～290$
大白鼠	静脉	55 ± 2.7	33 ± 4.5	119 ± 3.8
	腹腔	$59～64$	$28～32$	$102～132$
狗	静脉	25	12	60
兔	皮肤	94	96	1 063

根据动物实验和人体急性中毒事故资料,推测人体短时间内暴露于较高浓度的偏二甲肼蒸气中,可能产生的毒性反应见表 2-2。

表 2-2　人员短时间暴露于偏二甲肼蒸气中可能产生的毒性反应

暴露时间/min	偏二甲肼浓度/($mg \cdot m^{-3}$)	对人可能产生的毒性反应
5	26 786	痉挛与死亡
15	9 375	
30	4 821	
60	2 410	
5	6 429	明显的中枢神经极度兴奋或死亡
15	2 143	
30	1 071	
60	536	
5	3 214	眼、鼻黏膜轻微刺激或全身影响
15	1 021	
30	536	
60	268	

续 表

暴露时间/min	偏二甲肼浓度/(mg·m⁻³)	对人可能产生的毒性反应
5	1 607	
15	536	眼、鼻黏膜轻微刺激
30	268	
60	134	

一甲基肼和偏二甲肼无明显蓄积毒性,肼具有轻度蓄积毒性。

肼、一甲基肼和偏二甲肼都是中枢神经系统兴奋剂,小剂量增加中枢神经系统的兴奋性,大剂量时引起癫痫样症状发作。肼除了可使中枢神经系统兴奋外,还有明显的中枢神经系统抑制作用。

肼明显损害肝脏,引发脂肪肝,一甲基肼不损害肝脏,偏二甲肼轻度损害肝脏。

肼对红细胞无明显损害作用。一甲基肼破坏红细胞,引起血管内溶血。偏二甲肼具轻度溶血作用。

肼对肾功能有损害作用。一甲基肼损害肾功能,使中毒动物出现血尿或血红蛋白尿。偏二甲肼不损害肾。

高浓度的一甲基肼和偏二甲肼蒸气可刺激上呼吸道和损伤肺,严重者出现肺水肿。

肼、一甲基肼和偏二甲肼全身中毒时,可出现剧烈流涎、恶心、顽固性反复呕吐和腹泻。

肼、一甲基肼和偏二甲肼除可透过皮肤吸收而致全身中毒外,对局部皮肤可引起化学性烧伤。

肼、一甲基肼和偏二甲肼蒸气刺激眼睛。液滴溅入眼内时,因碱性作用可损伤角膜和结膜,引起溃疡、糜烂、充血和水肿。

实验表明,肼类燃料对动物具有致癌作用。这种致癌作用,有着明显的种族专一性和脏器的选择性,其用量与中毒途径有关。肼类燃料对动物也具有致突变和致畸胎的作用。

肼类燃料无论经何种途径染毒,在血液中的吸收、分布及消失速度均较快。肼在血液内的半衰期为 2~5 h,一甲基肼为 5~7 h,偏二甲肼约为 3 h。

二、硝基氧化剂

硝基氧化剂是中等毒性的化工产品,主要通过呼吸道吸入中毒。由于氮氧化物溶解速度低,可抵达深呼吸道。在细支气管以下,溶解在饱和水蒸气与肺泡表面液中,形成硝酸与亚硝酸,刺激并腐蚀肺上皮细胞、肺毛细血管壁,使毛细血管通透性增加,血液内大量液体外渗到肺泡间隙与肺泡中,造成肺水肿。使气道和肺循环阻力增加,通气和换气功能受到阻碍,肺血流量降低以及动静脉分流中 $p(O_2)$ 下降、$p(CO_2)$ 上升。同时,缺氧使肺部小血管收缩、肺动脉压上升,导致右心负荷增加,右心衰竭。血氧下降,脑与心缺氧,动脉血 pH 下降,造成酸中毒。此外,硝基氧化剂进入体内,在肠道微生物作用下,将硝酸盐转化成亚硝酸盐,可将血红蛋白变成高铁血红蛋白,出现发绀等症。亚硝酸盐对血管有扩张作用,引起心悸、面色潮红甚至虚脱;一氧化氮对中枢神经有损伤作用,能使脑组织及脑膜出血。

(1)动物急性吸入 NO₂ 的致死浓度如下:

大白鼠吸入 NO_2 4 h,LC_{50} 值为 348 mg/m³;

狗吸入 NO_2 8 h,LC_{50} 值为 133 mg/m³;

猴吸入 NO_2 8 h,LC_{50} 值为 133 mg/m³;

长期慢性吸入 NO_2,可引起肺的慢性炎症及肺气肿等病变。

（2）人对 NO_2 的毒性反应如下：

2.05～6.15 mg/m³,可以嗅到;

10.25 mg/m³ 吸入 5 min,无明显作用;

20.5 mg/m³ 吸入 60 min,未见肺损伤,但长期吸入可导致慢性肺损伤;

51.25 mg/m³ 吸入 5 min,出现鼻刺激、胸部不适及肺功能轻微改变;

142.5 mg/m³ 吸入 6～8 周,引起支气管炎;

205 mg/m³,明显刺激喉部,引起剧烈咳嗽;

615～820 mg/m³ 吸入数分钟,可引起支气管肺炎而死亡;

1 025 mg/m³ 吸入数分钟,48 h 内因肺水肿死亡。

三、巡航火箭煤油

巡航火箭煤油的毒性等级为Ⅴ级或Ⅵ级,基本属于无毒物质,可以通过吸入蒸气、吞入液体和皮肤吸收等途径引起中毒,其毒性主要来自于巡航火箭煤油中的芳香烃。

巡航火箭煤油的毒性随其组成有很大的变化,但是一般巡航火箭煤油的挥发性都较低。长期吸入低浓度巡航火箭煤油蒸气,可引起慢性中毒。吸入大量高浓度蒸气,可引起急性中毒,但通过这种途径中毒的概率很小。除了在通风不良的封闭空间内,通常不会吸入高浓度蒸气而引起中毒。

巡航火箭煤油的毒理作用表现在以下方面：

1)对中枢神经系统的损伤。巡航火箭煤油属于脂溶性化合物,吸收后溶于脑和其他脂肪含量丰富的器官内,对中枢神经系统有麻醉作用。低浓度巡航火箭煤油可引起条件反射改变,高浓度则可引起神经中枢抑制。

2)对呼吸系统的作用。巡航火箭煤油直接吸入呼吸道,可至右肺下叶,引起支气管炎、大叶性肺炎、肺水肿和渗出性胸膜炎。口服煤油中毒往往出现并发肺水肿。

3)对血液系统的作用。芳香烃含量较高的巡航火箭煤油可引起贫血和白细胞减少症。

4)对皮肤和黏膜的损伤。接触巡航火箭煤油可发生接触性皮炎、疱疹性红斑、增生性毛囊炎、皮肤脱脂干燥和皲裂。滴入眼内,可引起结膜性炎症。高浓度巡航火箭煤油蒸气接触眼及上呼吸道,引起流泪,鼻和咽喉发干。

5)病理改变。急性煤油中毒,神经系统、脑干、小脑区的损伤最为明显,神经细胞有不同程度损害,软脑膜出血、瘀血和脑水肿;肺部有出血、瘀血、水肿及支气管炎病变;肝瘀血、肝细胞肿胀及脂肪性病变;肾细胞水肿、肾小管和肾小球病变。慢性中毒动物往往出现肝、肾的增重,肺部慢性炎症。

2.3.3　中毒症状和诊断

一、肼类燃料

1)急性中毒症状:暴露在高浓度的肼、一甲基肼或偏二甲肼蒸气中,出现眼部和上呼吸道刺激症状,同时嗅到鱼腥味,脱离接触后刺激症状缓解并迅速消失。经数十分钟到数小时至潜伏期后,严重中毒者可突然发生痉挛,跌倒在地,四肢阵发性痉挛,进而转为强直性痉挛和角弓反张,牙关紧闭,口吐白沫;舌或口腔黏膜破损时,白沫中带血,突眼,神志不清,瞳孔散大,大小便失禁,呼吸停止,严重发绀,因呼吸先停而后心肌缺氧、循环衰竭导致死亡。有的病人痉挛得到缓解,但可再次或反复发作。轻者发作一次或数次后转入恢复期,重者反复发作后终因脑缺氧和心肌缺氧导致昏迷不醒,血压下降,皮肤出冷汗、苍白,脉搏速而弱,而后死亡。恢复期可出现头痛、眩晕、怕光、精神萎靡、淡漠、失眠、嗜睡及全身无力的症状,持续数周后精神和体力逐渐恢复,个别症状需要更长的复原期。除上述神经系统症状外,中毒者可能有恶心、干呕或呕吐、食欲不振,甚至厌食、腹胀、腹泻,右侧肋部不适或疼痛,肝大和肝功能障碍等症状。肼中毒病人肝功能受损较明显。一甲基肼和偏二甲肼中毒时可出现贫血。一甲基肼中毒者肾功能受损,可出现血尿、血红蛋白尿和高铁血红蛋白尿。

2)慢性中毒症状:其主要表现为神经衰弱症候群,头昏、注意力不集中、记忆力减退、恶心、呕吐、腹胀、腹泻或便秘、肝区不适、肝功异常以及贫血等。

3)诊断:急性中毒根据接触史和临床症状不难诊断。慢性中毒由于缺乏特异性体征和化验指标,需要根据职业史、患病过程与接触史关系及现场劳动卫生学调查,并应排除具有相似临床表现的非职业性疾病。一时不能做出明确诊断的病例,可进行动态观察,万不可草率行事,造成漏诊或误诊。

二、硝基氧化剂

1)急性中毒症状:对眼、鼻、咽喉有刺激作用,出现流泪、阵咳、黄痰、血痰、呕吐、呼吸困难、胸闷、肺水肿、发绀、胸痛、心跳加快、血压短暂上升后下降、高铁血红蛋白血症、肺水肿、严重的呼吸困难、脉搏快、体温高、严重缺氧、损及脑与心肌、呼吸衰竭、冷汗、苍白、神志不清,甚至昏迷死亡。吞入中毒时,常有肾刺激症状,可因虚脱、急性呼吸窒息或尿毒症致死。

2)慢性中毒症状:其主要表现为神经衰弱症候群,如失眠、头痛、头晕、全身无力、面色苍白、食欲不振、体重减轻、轻度贫血、血中含高铁血红蛋白、口舌溃疡、眼及上呼吸道慢性炎症等。

3)诊断:根据接触史、病程发展过程及典型症状来确定。化验检查在肺水肿发展时,血液有无进行性浓缩。X射线前后检查对比对肺水肿发展有一定帮助。尿中羟脯氨酸量升高。轻度吸入中毒者可进行肺功能测定。

三、巡航火箭煤油

煤油吞食急性中毒者会在口腔、食道、胃肠道出现严重刺激症状,有灼烧感、疼痛、恶心、呕吐、咳嗽及上腹不适的症状。吐出煤油、血液、黏液及坏死组织混合物,病人口渴、尿频及排尿疼痛、腹泻、便中带血。随着煤油的吸收,产生中枢神经症状,有头痛、疲劳、嗜睡、耳鸣、酒醉步态、虚脱、昏迷的症状,以致死亡。煤油吸入肺内,刺激肺部,发生肺炎及肺水肿。急性中毒死亡原因为呼吸循环衰竭及肝、肾功能衰竭。

慢性中毒以神经衰弱症候群为主,如头晕、头痛、失眠、精神不振、乏力、四肢疼痛、记忆力减退、易激动及食欲减退等。眼、呼吸道和皮肤刺激症状有眼部灼烧感、轻咳、轻度呼吸困难、皮肤痒、体重减轻、脉率增高及贫血。皮肤损害以皮炎、毛囊炎和皮肤干枯较为常见。

2.3.4　急救和治疗

一、肼类燃料中毒

肼类燃料中毒,一般采取的急救与治疗方法是:当发生蒸气吸入中毒时,将中毒人员立即从染毒环境中移到空气清洁的地方,进行早期医学处理;当大量肼类燃料液体喷溅到身体表皮时,应迅速脱去衣服,用大量水冲洗,清洗时间在 15 min 以上;如果只是小面积皮肤被肼、一甲基肼或偏二甲肼污染时,先用纸吸去液滴,防止污染面积扩大,然后,对于小面积肼的污染,用 30% 乙酰丙酮的二丙酮醇溶液洗消,再用水反复冲洗;对于小面积一甲基肼污染,用 15% 乙酰丙酮酒精溶液洗消,再用水清洗;对小面积偏二甲肼的污染区,用 2.5% 的碘酒反复擦洗,到碘酒不褪色为止。

肼类燃料发生吞入中毒的概率较低。如果发生这种中毒情况,应立即用手指触咽部催吐,并用 0.1% 高锰酸钾水溶液反复洗胃,直到洗出液不再变色。

当眼睛接触高浓度肼类燃料蒸气或液滴时,用大量水冲洗或用 2% 硼酸溶液冲洗。

肼急性中毒的特效抗毒药是丙酮基丙酮。因肼的渗透性极快,所以要求在肼中毒 5 min 内口服丙酮基丙酮,其服用量为:体重小于 50 kg 者,口服 10% 的丙酮基丙酮溶液 80 mL;体重 50~60 kg 者,口服 100 mL;体重大于 60 kg 者,口服 120 mL。接着静脉注射维生素 B_6,首剂 1.2 g,日总量不超过 2 g。次日改为口服或肌注 50~100 mg 维生素 B_6,一日三次,数日后酌减或停药。

一甲基肼和偏二甲肼急性中毒的特效抗毒药是维生素 B_6。根据染毒情况,可用静脉注射 1~5 g 维生素 B_6。如无静脉注射条件,可分数处肌注或口服。若发生痉挛,可重复注射 0.5~1 g 维生素 B_6 后,改为静脉滴注,每 30~60 min 滴注 0.5 g,直到痉挛停止发作,但当日维生素 B_6 的总量不得超过 10 g。次日改为肌注或口服维生素 B_6 50~100 mg,一日三次,持续数日后酌减或停药。

为了尽快将肼类燃料从体内排出,在中毒最初的 24 h,应用利尿促排的方法将毒物从体内排出。可采用静脉滴注 5% 葡萄糖液,或 5% 葡萄糖液生理盐水,或静脉注射 50% 葡萄糖液 40~60 mL。也可以将 25~50 mg 依他尼酸溶于 40 mL 50% 的葡萄糖液中,缓慢静脉注射,或者静脉滴注 20% 的甘露醇或 25% 山梨醇 125~250 mL。

二、硝基氧化剂中毒

与肼类燃料相同,首先将硝基氧化剂中毒人员移出污染区。如停止呼吸,应进行人工呼吸。要保持中毒人员安静、保暖,防止消耗体力,防止发生肺水肿。当皮肤受到污染时,立即脱去衣服,用大量水冲洗,冲洗时间一般在 10 min 以上。吞入时,应喝牛奶、鸡蛋清水或大量温开水催吐。

对于出现休克的中毒人员,应进行抗休克疗法。对烦躁不安的中毒人员,可注射小剂量镇静剂。出现高铁血红蛋白症时,用 1 g 维生素 C 或 5 mL 美兰加入 20 mL 5% 葡萄糖液静脉缓注。有喉头声带水肿或窒息时,可进行气管切开术。如果病人不能口服进食,可静脉注射葡萄糖生理盐水、水解蛋白或脂肪注射液及各种维生素。

不论肼类燃料或硝基氧化剂,慢性中毒者,应采取对症疗法和中西医结合治疗的方法,加强锻炼,增强体质。

三、巡航火箭煤油中毒

巡航火箭煤油急性中毒者,应立即脱离污染区,脱去被污染衣物,用大量清水或温肥皂水洗涤被污染部位。维持中毒人员呼吸道畅通,注意肺部病变发展,给氧、人工呼吸。呼吸抑制时,用 0.5 g 苯甲酸咖啡因钠和 30 mg 盐酸去氧麻黄碱,静脉注射,以兴奋呼吸。出现心血管机能不全时,使用洋地黄强心剂。

对于吞食中毒者,用橄榄油或牛奶、蛋白水洗胃,然后饮用少量橄榄油或牛奶,以减轻消化道刺激症状。

中毒人员应保护肝脏,加强营养,摄取高蛋白、高糖分食物,补充维生素 B_1、维生素 B_{12} 和维生素 C;晚期肺部炎症不消退时,可用可的松或地塞米松;眼部刺激可用 1∶1 000 肾上腺素滴眼或涂抹硼酸软膏。

慢性巡航火箭煤油中毒引起的神经衰弱症候群,应对症治疗。

2.3.5　卫生标准和防护措施

一、液体推进剂的卫生标准

液体推进剂的卫生标准是预防中毒和保护环境不受污染的重要环节。由于人们认识的不断深入和变化,在不同时期制定不同的标准。肼类燃料和硝基氧化剂这两类液体推进剂的卫生标准如下。

(1)最高允许浓度和阈限值。

工作区的最高允许浓度和阈限值的定义有所不同,但其基本含义相同。我国规定硝基氧化剂在空气中的最高允许浓度,其中,硝酸为 5 mg/m^3、四氧化二氮为 5 mg/m^3。有关单位建议使用的肼类燃料最高允许浓度,肼为 0.14 mg/m^3、一甲基肼为 0.35 mg/m^3、偏二甲肼为 1 mg/m^3。

(2)应急暴露限值。

美国全国火箭技术协会和国家科学研究委员会制定的肼类燃料和氮氧化物的应急暴露限值列于表 2-3。

表 2-3　肼类燃料和氮氧化物的应急暴露限值

推进剂名称	应急暴露限值/($mg \cdot m^{-3}$)			提出年份
	10 min	30 min	60 min	
肼	43	29	L_0	
一甲基肼	21	14	6	1966 年
偏二甲肼	268	134	80	1970 年
四氧化二氮	62	41	21	1970 年

(3)居民区大气中的最高允许浓度。

肼类燃料在居民区大气中的最高允许浓度,各国均没有制定。我国有关单位建议偏二甲肼日平均值为 0.03 mg/m^3。对氮氧化物,中国、俄罗斯和美国均制定为 5 mg/m^3。

(4)嗅阈值。

关于肼类燃料及二氧化氮的嗅阈值,各国测定结果不尽相同,如表 2-4 所示。从该表可以看出,肼类燃料的嗅阈值大体相当或高于最高允许浓度。当嗅到气味时,已经超过了最高允许浓度。

表 2-4　肼类燃料及二氧化氮的嗅阈值　　　　　　　　单位:mg/m³

化合物	美国测定值	中国上海复旦大学医学院测定值
肼	3～4	
一甲基肼	1～3	
偏二甲肼	0.3～1	0.037
二氧化氮	<0.5	0.1～0.14

(5)水的卫生标准。

我国制定的标准和有关单位的建议如下。

地面水:肼的最高允许浓度是 0.02 mg/L;一甲基肼最高允许浓度是 0.04 mg/L;偏二甲肼最高允许浓度是 0.1 mg/L;二氧化氮最高允许浓度是 1 mg/L。

渔业水源:偏二甲肼最高允许浓度是 0.06 mg/L。

排放标准:肼是 0.1 mg/L;一甲基肼是 0.2 mg/L;偏二甲肼是 0.5 mg/L。

二、防护措施

推进剂的防护措施分为集体和个人防护两类。这里只述及个人防护的技术问题。

(1)防护服装。

防护服装分为防粉尘服、防腐蚀服、防渗透服以及防冻服等。当从事大量液体肼类燃料和硝基氧化剂的作业时,为了阻断皮肤中毒途径和化学烧伤,必须穿戴全身或两截式防护衣。对于肼类燃料,可用聚丁烯胶布制作,这种材料抗肼类燃料液体和蒸气的时间较长。对于硝基氧化剂,可用天然橡胶、丁基橡胶制作防护衣和耐酸手套、长筒靴。聚乙烯手套也有防酸和一定防渗透作用。

(2)呼吸防护器。

呼吸防护器通常分过滤式和隔离式两种。一般情况下,可选用轻便的过滤式防护面具。

当空气中肼类燃料浓度高于 2%、硝基氧化剂的 NO_2 浓度高于 1% 或空气中氧气浓度低于 18% 时,必须使用自供氧或蛇管式防毒面具。

2.4　固体推进剂的毒性与医学救治

2.4.1　硝化甘油的毒性

一、物理化学性质

硝化甘油的代号为 NG,广泛用于发射药、推进剂等,是无色无嗅、有甜味的油状液体,熔点为 13.2℃(三斜晶形、稳定)或 2.2℃(正交晶形、稳定),密度为 1.596g/cm³,不吸湿,易溶于乙醚、甲醇、丙酮、苯、氯仿、二氯甲烷和乙酸乙酯,难溶于二硫化碳及含水乙醇。硝化甘油的沸点为 145℃（分解，其蒸气压数据如表 2-5 所示），但其在 60℃ 以上就已发生分解而形成各种氮的氧化物，主要有 NO,N_2O,N_2,CO_2,CO,H_2 和 O_2 等。

表 2-5 硝化甘油在不同温度下的蒸气压

温度/℃	20	30	40	50	60	70	80	90
蒸气压/10^5 Pa	0.033	0.111	0.320	0.973	3.506	5.732	13.06	30.66

二、对人体的毒性

初始接触硝化甘油，可出现不同程度的头痛、头晕、头闷、动脉搏动感、心悸、灼热、倦怠无力等症状，严重时常伴有一时性眩晕或虚脱、耳鸣、视物模糊、恶心、呕吐、腹痛、食欲减退等。大量吸收可引起低血压、抑郁症和精神恍惚，也可出现高铁血红蛋白症而发绀，饮酒则可加重上述症状。硝化甘油的吸收多半是由于吸入了硝化甘油蒸气或是通过皮肤接触，一般来说，一周左右可以对硝化甘油产生适应性，但这种适应性中断数日即消失，再接触必须重新适应。

由 Lango 等人对硝化甘油的毒性及临床研究可知，其发病机制可概括如下：

急性反应：大面积持续地接触硝化甘油，会导致血管收缩、动脉血压过低、静脉回流减少和心动过速，一般包括头痛和血压过低。

慢性反应：经过一段时间，血管收缩的补偿作用变强，在这种状况下，出现心舒张血压升高，脉压降低，头痛或其他急性症状减轻，这样会导致固定的心舒张期血压过高。

停药反应：停止接触硝化甘油 30～72 h，将导致动脉收缩，这段时间间歇的胸痛并不剧烈，服用硝化甘油可以缓解。如果不服用硝化甘油，将引起冠状动脉亢进或急性心肌梗死，96～120 h 是血管收缩缓解时期。

工业卫生的防护措施主要包括以下四方面：

1）具有硝化甘油和粉尘的工序，应有良好的通风设施，药粉混合应在通风排气罩中进行；

2）为减轻硝化甘油粉尘和蒸气对人体的危害，操作人员应佩戴干净手套、口罩和帽子，穿工作服，操作完毕后应及时洗澡和更换衣物；

3）工作场所严禁进食，操作完成后，需要进食的，必须先洗手洗脸并到指定地点用餐；

4）操作工具需在每次使用后及时清洗干净。

人体摄入酒精后再吸收硝化甘油会对身体产生更不利的影响，酒精能降低人体对硝化甘油的免疫力，酒精还能与硝化甘油共同作用，形成一种具有严重麻醉性的致醉物质。

三、代谢与分解

大白鼠的动物实验表明，在对典型样品进行放射性分析时，其肝脏中含有的大量放射性物质平均为服用量的 2%～9%。服用 4 h 和 24 h 后在肝脏中的放射性物质基本相同，只有小部分放射性物质存在于其他组织中。将服用 4 h 和 24 h 后的放射性物质的比例进行比较，结果表明，大部分组织中都保留有放射性物质，尤其是肝脏和肾脏。经口服的硝化甘油中的放射性物质大部分从尿和呼出的气体中排出。随尿中各种硝化物排出的放射性代谢物平均占所服用剂量的 30%～50%；呼出气体中的放射物质占所服用剂量的 20%～30%。呼出气体中含有大量放射性物质表明，硝化甘油中的甘油大部分已经发生转化。少部分未转化的原始成分可在尿液中发现，尿液中的代谢物质包括游离的甘油一硝酸酯、甘油和一些其他的急性代谢产物。这表明，硝化甘油经过脱硝后结合成了可溶于水的代谢产物，相当一部分未变化的甘油一硝酸酯被排泄掉,可能因其是较易溶于水的物质,另外有一部分甘油一硝酸酯转化成甘油或其他一些未经鉴别的成分。

研究表明,硝化甘油可以在体内迅速地通过两种途径进行代谢。第一种途径是硝化甘油逐步脱去硝基形成甘油二硝酸酯、甘油一硝酸酯、甘油,最后氧化成 CO_2;第二种途径是相当一部分脱去硝基的代谢产物被结合成它与葡萄糖醛酸的共轭物并经尿液排出。甘油二硝酸酯的脱硝活性仅有硝化甘油的 2%～5%,甘油一硝酸酯的生成几乎仍然是由肝消化酶进行。因此,硝化甘油的脱硝不会促使甘油的产生。在活体中的有机硝化物的降解解离,与肝的谷胱甘肽-有机硝化物在酶的作用下脱硝的机理相似。虽然硝化甘油脱硝生成甘油二硝酸酯和甘油一硝酸酯的过程很迅速,但其与肝匀浆的反应过程并无 CO_2 生成。

在不同条件下,不论是间断的还是连续的,细菌都能分解硝化甘油。这个分解过程要经过二硝酸酯到一硝酸酯的阶段,与硝化甘油在哺乳动物体内的代谢途径一致。

四、对环境的影响

硝化甘油生成过程产生的废气、废酸和废水会对环境造成有害影响。如废水中含有的硝酸根、硫酸根和钠离子浓度较高,还含有相当数量的硝化甘油和甘油二硝酸酯,这会严重污染环境。

2.4.2　黑索金的毒性

黑索金是研究部炸药(Research Department Explosive)的俗称,其爆炸能量高于现有其他单质炸药,是具有里程碑意义的单质炸药之一。黑索金的分子式为 $C_3H_6N_6O_6$,相对分子质量为 222.12,是一种无色、无味、无嗅的晶体。黑索金基本上不吸湿,室温下不挥发,不溶于水剂四氯化碳,微溶于乙醇、乙醚、苯、甲苯等,易溶于丙酮、浓硝酸等。

黑索金是具有一定毒性的物质,长期吸入微量黑索金粉尘可导致慢性中毒,如头痛、消化障碍、尿频等,妇女可能引起闭经现象。大多数患者会贫血,红细胞、血红蛋白及网状红细胞的数目大大降低,淋巴球及单核球数目增多。如短期呼吸道或者消化道吸入大量黑索金,则可引起急性中毒,如头痛、眩晕、恶心、干渴等,可延续几分钟至十几小时。

黑索金在空气中的最大允许浓度为 1.5 mg/m^3。

2.4.3　奥克托今的毒性

奥克托今是高熔点炸药(High Melting Point Explosive)的俗称,是当前已使用的能量水平最高、综合性能最好的单质炸药之一。奥克托今的分子式为 $C_4H_8N_8O_8$,学名为环四亚甲基四硝胺,相对分子质量为 296.16,是一种白色晶体。奥克托今不吸湿,几乎不溶于水、二硫化碳、甲醇及异丙醇等,难溶于苯、氯仿、四氯化碳等,易溶于二甲基亚砜、二甲基甲酰胺等。

奥克托今的溶解度比黑索金小,较难被人或其他哺乳类动物吸收,故其毒性一般比黑索金低。奥克托今对大鼠的口服 LD_{50} 大于 5 000 mg/kg,这说明奥克托今仅为微毒物质。对小鼠高喂量的临床观察,发现有“动作增强”、对声音刺激敏感性增加及痉挛等症状,同时血红素轻微下降,白血细胞和淋巴细胞增加,糖、丙氨酸转氨酶和碱性活性磷酸酯下降。对大鼠和小鼠喂药(5 000 mg/(kg·d),4d)检查,绝大部分奥克托今从尿、粪便及呼出的气体(以 CO_2 形式)中排出,体存留量仅为 0.7%,这说明奥克托今能较快从摄入的生物体内排出或者代谢。

长期接触大量奥克托今仍有中毒可能,且由于环硝胺经紫外线照射可能光降解成亚硝胺,其潜在毒性不应被忽视。奥克托今在空气中的最大允许浓度为 1.5 mg/m³。

2.4.4　高氯酸铵的毒性毒理

高氯酸铵又称过氯酸铵,为白色结晶颗粒,有潮解性。它在超过 150℃ 时分解,并释放氧,促进燃烧。它易溶于水,不溶于有机溶剂。高氯酸铵属低毒类。

一、毒性毒理

大白鼠口服高氯酸铵的 LD_{50} 为 4 000 mg/kg,小白鼠口服的 MLD(最小致死剂量)为 1 900 mg/kg,大白鼠口服的 LDL_0(最低致死剂量)为 3 500 mg/kg。

高氯酸铵粉末接触眼和上呼吸道黏膜可引起角膜灼伤,结膜刺激和上呼吸道结膜刺激。进入口腔、食道、接触皮肤,均可引起灼伤。

二、中毒症状

高氯酸铵粉末接触眼、上呼吸道,进入口腔、食道,沾染皮肤均可引起刺激、灼伤,个别敏感者可诱发过敏性皮疹。其主要症状有眼疼痛、红肿、流泪、咳嗽、咽痛、恶心和呕吐,产生灼伤,诱发过敏性皮疹。

三、中毒的救治

高氯酸铵颗粒落在眼睛或皮肤上,应立即用水彻底清洗。当高氯酸铵进入消化道时,要用 5% 碳酸氢钠洗胃,然后服用氢氧化铝保护上呼吸道黏膜。对于中毒出现的症状,采用对症治疗的措施。

高氯酸铵是强氧化剂,与精细的有机物粉末混合能形成爆炸性混合物,遇冲击也会爆炸或起火,造成炸伤和烧伤。若发生炸伤或烧伤,应尽快进行抢救和对症治疗。

2.4.5　固体推进剂黏合剂的毒性

一、端羧基聚丁二烯的毒性

端羧基聚丁二烯又名丁羧胶,为棕色胶状液体,微带芳香气味。它可溶于吡啶、苯、甲苯、石油醚、环乙烷、四氯化碳、三氯甲烷、加氢煤油等,不溶于水和乙醇。

端羧基聚丁二烯属低毒物质。对人体的影响主要是其低分子聚合物和未聚合单体的作用。动物口服端羧基聚丁二烯毒性极微,对皮肤的毒性极微,而且 72 h 后即可恢复,不能看作原发性皮肤刺激,对眼黏膜的刺激也不大,无致敏作用。人长期接触端羧基聚丁二烯可有中枢神经及呼吸道等方面的损害,出现嗜睡、神经衰弱、失眠、记忆力减退、食欲不振等症状。

二、端羟基聚丁二烯的毒性

端羟基聚丁二烯又名丁羟胶,为无色或浅黄色透明胶状液体,有刺鼻气味,化学性能稳定。它溶于苯、石油醚和四氯化碳等有机溶剂。它的相对密度为 0.95。它用作固体推进剂的黏合剂。端羟基聚丁二烯本身的毒性很低,其毒性主要取决于低分子物质和未聚合的单体及某些杂质。

动物口服端羟基聚丁二烯毒性极微,无皮肤、黏膜反应,无致敏作用。人长期接触,出现嗜睡、神经衰弱、失眠、记忆力减退和食欲不振等症状。

三、丁腈橡胶的毒性

丁腈橡胶又名布纳-N,呈淡黄色,具有耐油、耐热、耐磨、耐辐射等性能,溶于苯等多种有机溶剂。

丁腈橡胶为高聚物,自身毒性极低,其毒性主要取决于可挥发的低分子或未聚合的单体。丁腈橡胶的单体为丁二烯和丙烯腈。丁腈橡胶本身无致癌作用。

四、聚硫橡胶的毒性

聚硫橡胶又名液态胶或聚硫丁二烯,为琥珀色液体,化学性能稳定。它不溶于油类和多种有机溶剂。

聚硫橡胶为大分子聚合物,本身毒性很小,其毒性主要是未聚合单体对皮肤的刺激作用,可致接触性皮炎。

聚硫橡胶的单体有四硫化钠、五硫化钠、二氯乙烷、二氯丙烷、二氯乙醚、二氯乙基缩甲醛等。其中,只有二氯乙醚毒性较大,具有强烈刺激性。大鼠口服的聚硫橡胶的 LD_{50} 为 105 mg/kg,小鼠口服的聚硫橡胶的 LD_{50} 为 136 mg/kg,兔口服的聚硫橡胶的 LD_{50} 为 126 mg/kg,吸入能致死。

2.5　火箭推进剂燃气和污水中某些物质的毒性毒理和中毒的救治

火箭推进剂的燃气和污水中可能含有一氧化碳、二氧化碳、氰化氢、氮氧化物、氟化氢、氯化氢、二氧化硫、氧化铝、甲醛和臭氧等有害物质。本节介绍其中部分物质的毒性毒理和中毒的救治方法。

2.5.1　一氧化碳的毒性毒理和中毒的救治

一氧化碳为无色、无嗅、有刺激性的气体,相对密度为 0.967,熔点为 $-207℃$,沸点为 $-190℃$。一氧化碳在水中的溶解度很小,但易溶于氨水。

一、毒性毒理

1. 吸收、代谢

一氧化碳经呼吸道吸入和排出。吸收一氧化碳,通过肺泡进入血液循环,立即与血红蛋白结合形成碳氧血红蛋白。空气中一氧化碳的分压越高,血液中碳氧血红蛋白饱和度的百分比越大,达到此饱和度的时间也就越短。活动时肺通气量增大,形成的碳氧血红蛋白量增多,可比静止时高三倍。

吸收的一氧化碳绝大部分以不变的形式由肺排出,在体内被氧化为二氧化碳的不到 1%,在正常大气压下(氧分压为 0.21 绝对大气压)一氧化碳的半排出期为 320 min。

2. 毒性

一氧化碳属中等毒性类物质。

小鼠吸入的 LC(致死浓度)为 2 300~5 700 mg/m³,兔子吸入的 LC 为 4 600~17 200 mg/m³,人吸入浓度为 0.5% 的一氧化碳时,只要 20~30 min 就会出现脉弱,呼吸变慢,最后衰竭致死。长期接触低浓度一氧化碳会产生慢性影响,主要表现如下:

1）对心血管系统的影响：能促使大血管中类脂质沉积量增加，使原有的动脉硬化症加重，从而影响心肌，使心电图出现异常；

2）对神经系统的影响：可造成大脑皮层和苍白球受害，产生缺氧，从而引起细胞呼吸内窒息，发生软化和坏死，出现视野缩小、听力受损、头痛、头晕、记忆力降低，并兼有心前区紧迫感和针刺样疼痛；

3）造成低血氧症。

3. 中毒机制

一氧化碳中毒机制，首先是因一氧化碳与血红蛋白的亲和力比氧与血红蛋白的亲和力大300倍，致使血液携氧能力下降，而碳氧血红蛋白一经形成，其解离速度又仅是氧合血红蛋白的解离速度的1/3 600，且碳氧血红蛋白的存在还影响氧合血红蛋白解离，阻碍氧的释放和传递，导致低氧血症，引起组织缺氧。

中枢神经系统对缺氧最为敏感，往往最先受到损害。急性一氧化碳中毒造成脑缺氧后，由于神经调节的机制，脑血管迅速麻痹扩张，脑容积增大，在缺氧基础上发生细胞内和细胞间脑水肿，不仅可产生严重脑功能障碍，而且可出现颅内压增高甚至形成脑疝，危及生命。脑缺血和脑水肿继发的脑血循环障碍，又可使解剖上血管吻合支较少和血管结构上不甚健全部位发生血栓或缺血性软化或广泛的脱髓鞘病变，致使一部分急性一氧化碳中毒患者在昏迷不醒后，经过2～30 d的假愈期，又可出现多种精神神经症状，构成所谓急性一氧化碳中毒神经系统后发症。

二、中毒症状

1. 急性中毒症状

轻度中毒出现头痛、头沉、眩晕、心跳、眼花、恶心、呕吐、四肢无力等症状，离开中毒场所，吸入新鲜空气后即可好转，数小时后症状多可消失。

中度中毒除上述症状外，还可出现面色潮红、多汗、脉快、烦躁、步态不稳、意识模糊，甚至昏迷。但持续时间不长，若及时抢救可较快苏醒，经过1～2 d治疗多可恢复，一般无明显并发症或后遗症。

重度中毒患者迅速进入昏迷，持续数小时至数昼夜不等，常见瞳孔缩小、对光反射迟钝、四肢肌张力增高、牙关紧闭、腱反射增强，并可出现大小便失禁，部分患者面、唇呈樱桃红色，体温常升高，脉搏呼吸增快，血压上升，大汗。部分患者心律不齐，肺中出现湿啰音，偶尔可出现肺水肿，约1/5的患者出现肝大，两周后可缩小。有的患者有自主神经营养障碍，表现为四肢或躯干部皮肤出现大小水疱或类似烫伤的皮肤病变，或成片的皮肤红肿，类似丹毒样改变，经对症治疗不难痊愈。

危重患者表现为持续深度昏迷，持续去大脑强直发作，角膜反射迟钝，面色苍白，四肢发凉，发绀，高热（39～40℃），脉快而弱，出现陈-施氏呼吸，血压下降，有的患者眼底检查见视网膜动脉不规则痉挛，静脉充盈，或见乳头水肿，显示颅内压增高，并提示有脑疝形成的可能，这类患者以及伴发肺水肿、酸中毒、氮质血症、继发感染者，均愈后不良。

高度中毒患者从昏迷不醒的过程中常出现躁动、意识混浊、定向力丧失，或失忆。部分患者还可出现以智能障碍为主的精神症状。少数患者出现去大脑皮层状态，表现为睁眼不语、意识丧失、去大脑强直，这类患者愈后不好。

2. 急性中毒的神经系统后发症

部分急性一氧化碳中毒者于昏迷苏醒后意识正常,但经 2～30 d 的痊愈期后,又可出现神经精神症状,表现出"双相"的临床过程,亦称为急性一氧化碳中毒神经系统后发症。常见症状如下。

(1)精神异常。

突然定向力丧失,表情淡漠,反应迟钝,记忆力出现障碍,大小便失禁,生活不能自理或出现幻觉、错觉,语无伦次,行为失常,表现为急性痴呆木僵型精神病。

(2)脑局灶损害。

1)锥体外系损害。以帕金森综合征为多见,患者四肢呈铅管状或齿轮样肌张力增高,步态碎小,双上肢失去伴随运动,或出现书写过小症,或静止性震颤。少数患者出现舞蹈症。

2)锥体系损害。其表现为一侧或两侧的轻偏瘫,上肢屈曲强直,腱反射亢进,踝阵挛阳性,引出一侧或两侧病理反射,也可出现运动性失语或假性延髓性麻痹。

3)皮层性失明,癫痫发作,还有顶叶综合征(失认、失用、失写或失算)、间脑综合征(头痛、多汗、血压波动)。

(3)颅、脊神经损害。

如视神经萎缩、Horner 综合征,或耳鸣、眩晕、重听等第八颅神经损害,或正中神经、尺神经、腓神经、胫神经等单神经炎。

3. 慢性影响

长期接触低浓度一氧化碳可能造成以下两个方面的影响。

(1)神经系统。

在慢性接触一氧化碳者中,头晕、头痛、耳鸣、乏力、睡眠障碍、记忆力减退等神经衰弱症状症候群比较多见,脑电图可见 α 波幅下降或出现慢波,有可能是慢性一氧化碳中毒的一种表现。

(2)循环系统。

长期接触低浓度一氧化碳者,可使心电图出现心律不齐、ST 段下降、QT 时间延长,或右束支传导阻碍者等异常。当一氧化碳血红蛋白饱和度达 5% 以上时,可见到乳酸脱氢酶、羟丁酸去氢酶、肌酸磷酸激酶增高,这些酶活性的增高可能与心肌损害有关。

三、中毒的救治

1. 急性中毒的救治

一旦发现急性一氧化碳中毒者,应立即将其移至空气新鲜处,使其脱离中毒场所,松开衣领,保持呼吸道通畅,并注意保暖,在现场可进行针灸治疗,刺太阳、人中、少商、十宣等穴。轻度中毒者,常于吸入新鲜空气后迅速好转。中、重度患者依病情进行以下治疗。

(1)积极纠正脑缺氧。

立即给予氧气吸入。呼吸已停止者,立即施行人工呼吸,或气管插管,加压给氧,注射呼吸中枢兴奋剂。血压下降者,给予抗休克处理。

对于频繁抽搐、极度烦躁不安或出现高热的患者,可使用安定等镇静剂或头部局部降温,或使用冬眠疗法以减少组织耗氧量。

能量合剂(包括三磷酸腺苷、细胞色素 C、辅酶 A 等)静脉滴注,这有助于改善脑组织的代谢,促进神经细胞的恢复。

（2）解除脑水肿。

重度急性一氧化碳中毒患者由于脑缺氧的病理机制，中毒后 2～4 h 即出现脑水肿，其高潮可持续 5～7 d，一般应用高渗透水剂（如甘露醇）静脉注射或点滴，以消除细胞内脑水肿。每日 10～20 mg 地塞米松静脉注射，对消除血管源性脑水肿有良好的效果。若合并酸中毒，应及时应用碳酸氢钠静脉滴注，将 pH 纠至正常范围，以免加重血管源性脑水肿。

（3）防治神经系统后发症。

急性一氧化碳中毒者昏迷苏醒后应尽可能休息观察两个星期。尤其是以精神障碍为主要表现者，其病理基础多为大脑皮层下白质广泛的脱髓鞘病变，可用 10～20 mg 地塞米松加 500 mg 维生素 B_{12} 溶于 100～200 mL 10% 葡萄糖静脉滴注，每日一次，持续半月至一月。

（4）其他措施。

昏迷期注意营养、水与电解质和酸碱平衡，保持呼吸道通畅，预防褥疮，防止继发感染。恢复期遗留神经精神症状者，可采用针灸理疗或其他对症治疗措施。

2.慢性影响的处理

出现顽固性神经衰弱症候群或心电图异常的慢性一氧化碳接触者，可暂时脱离作业，进行对症处理。

2.5.2　氰化氢（氢氰酸）的毒性毒理和中毒的救治

氢氰酸为无色液体，具苦杏仁特殊气味，沸点为 25.7℃，蒸气压为 107.62 kPa（27.22℃），溶于水、酒精、乙醚。氰化氢溶解于水，称为氢氰酸。

一、毒性毒理

1.代谢与中毒机制

职业性无机氰化物中毒，主要是从呼吸道进入氰化氢气体或氰化物盐类的粉尘所致。生活中氰化物中毒均以误服为主，氰化物均为肠道吸收，一般吸收较完全，有的经口腔黏膜即可吸收。

氰化物进入体内后，析出的氰离子与高铁型细胞色素氧化酶结合，变成氰化高铁型细胞色素氧化酶，失去传递氧的作用，引起组织缺氧而致中毒，氰离子在体内，多数形成硫氰酸盐随尿排出。

2.毒性

氰化物属高毒类物质。

人接触氰化氢易发生急性中毒，当氰化氢浓度为 5～20 mg/m³ 时，个别人感到头痛头晕；浓度为 20～40 mg/m³ 时，接触几小时后，出现轻度症状，如头痛、恶心、呕吐、心悸；浓度为 50～60 mg/m³ 时，能耐受 30 min～1 h 无立即或后遗症；浓度为 120～150 mg/m³ 时，一般在 1 h 内死亡；浓度为 200 mg/m³ 时，吸入 10 min 后，可致命；浓度为 300 mg/m³ 时，立即致死；人对于氢氰酸液体经口染毒的 MLD 为 0.7～3.5 mg/kg。成人氰化钠口服染毒的 LD 为 150～200 mg。

每种温血动物的中毒表现与人体中毒基本相同，可见呼吸先快后慢、痉挛、窒息、呼吸停止，5～10 min 后心跳停止而死亡。

二、中毒症状

1. 急性中毒症状

氰化氢及其可溶性简单盐类的中毒发展迅速。人在吸入高浓度氰化氢或吞服致死剂量的氰化钠、氰化钾时,几乎可立即停止呼吸,造成骤死。非骤死经过的氰化氢中毒,一般临床表现可分为以下四期。

(1)前驱期。

中毒者呼气具杏仁气味,眼和呼吸道有轻度刺激症状,呼吸加深加快,出现乏力、头昏、头痛、胸闷等症状。经口轻度中毒者尚有舌尖口腔和咽喉发麻、灼热感、流涎,偶有恶心和呕吐。前驱期一般短暂。

(2)呼吸困难期。

血压随之升高,脉搏加快,心慌,皮肤黏膜呈鲜红色,瞳孔缩小,胸部有压迫感,呼吸困难,步态不稳,意识障碍。

(3)惊厥期。

出现强直性和阵发性抽搐,甚至角弓反张,昏迷,血压骤降,呼吸变浅变慢或暂停,心率也减慢,中毒者出现发绀,常表现为并发肺水肿和呼吸衰竭。

(4)麻痹期。

全身肌肉松弛,反射消失,呼吸停止,但减慢的心搏常可维持一段时间,随后心脏停搏而死亡。

由于病情进展很快,上述各期往往不易区分,若抢救及时,经 2～3 d 治疗,一般可逐渐恢复。

2. 慢性中毒症状

长期接触一定量氰化物的人员可能发生慢性中毒,主要出现神经衰弱症候群,如乏力、头痛、胸痛、胸部及上腹部压迫感、肌肉疼痛、腹痛、失眠等,并可伴有眼及上呼吸道刺激症状。血象可有血红蛋白和红细胞代偿性增多,血压偏低。

皮肤接触氰化物后,常引起皮疹,表现为斑疹、皮疹、丘疹,极痒。皮肤和黏膜接触浓氢氰酸,可发生灼伤。

三、中毒的救治

氰化物中毒发展很快,急性中毒的救治需要分秒必争,应强调就地使用解毒剂。

中毒的解毒首先是利用高铁血红蛋白中三价铁离子把血液中的氰化物络合成不太稳定的氰化高铁血红蛋白,然后通过硫氰酸酶的作用使氰化物转化为硫氰酸盐。因此,在使用高铁血红蛋白生成剂之后,要迅速投以供硫剂,以便使氰离子转变为不活泼的硫氰酸盐。

氰化物中毒的治疗最有效的协同解毒作用是高铁血红蛋白生成剂和供硫剂合用。目前,临床上公认的最好方法是亚硝酸盐和硫代硫酸盐钠并用。

目前,通用的急救方法如下:

1)立即打开亚硝酸异戊酯一至数支(每支 0.2 mL),滴在手帕或海绵上,每分钟令患者吸入 15～30 s,直至开始使用亚硝酸钠时为止。

2)静脉注射 3% 亚硝酸钠,每分钟不超过 2.5～5 mL,注射时注意血压。

3)随即用同一针头,给硫代硫酸钠 12.5～25 g(配成 25% 的溶液),缓慢静注(不少于

10 min)。

4)若中毒症状重新出现,可按半量再给亚硝酸钠和硫代硫酸钠。

5)静脉注射高渗葡萄糖液。

6)皮肤或眼污染时用大量清水冲洗。皮肤灼伤时,用 0.01％高锰酸钾溶液冲洗。

7)若属口服中毒,在注射亚硝酸钠和硫代硫酸钠以后,立即用氧化剂溶液如 0.2％高锰酸钾或 3％过氧化氢洗胃。

2.5.3　二氧化硫的毒性毒理和中毒的救治

二氧化硫为具有强烈辛辣刺激性气味的气体,相对密度为 2.3,熔点为 $-72.27℃$,沸点为 10℃。二氧化硫溶于水,生成具有腐蚀性的亚硫酸,在阳光或空气中氧化物的作用下,可氧化成吸湿性很强的三氧化硫而形成硫酸雾。

一、毒性毒理

二氧化硫属中等毒性类物质。

易为黏膜的湿润表面吸收,变成亚硫酸,一部分进而被氧化成为硫酸,因而对呼吸道及眼有强烈刺激作用,大量吸入可引起喉水肿、肺水肿、声带痉挛,以致窒息。

大多数人对二氧化硫的嗅觉阈值为 $1.5\ mg/m^3$,引起眼睛刺激症状及窒息感的浓度为 $50\ mg/m^3$,立即引起喉头痉挛、喉头肿而窒息的浓度为 $5\ 240\ mg/m^3$。

二氧化硫和飘尘产生联合毒作用,它们一起进入人体。飘尘气溶胶微粒能把二氧化硫带到肺的深部,使毒性增加 3～4 倍。

二氧化硫具有致癌作用。动物实验证明,$10\ mg/m^3$ 的二氧化硫可以增加致癌物苯并(α)芘的致癌作用。

二氧化硫进入体内,可与血中的维生素 B_1 结合,使体内维生素 C 的平衡失调,从而影响新陈代谢。由于在正常情况下维生素 B_1 和维生素 C 能形成结合性维生素 C,维生素 C 不易被氧化。

二、中毒症状

1.急性中毒症状

二氧化硫急性中毒症状有不同程度的呼吸道及眼黏膜的刺激症状。高浓度时,引起喉水肿、声带痉挛,甚至窒息。皮肤接触二氧化硫可造成灼伤,进入眼睛引起角膜上皮损伤,造成角膜白斑浸润和间质性空泡形成。

严重中毒可引起支气管炎、肺炎、肺气肿和呼吸麻痹。

2.慢性中毒症状

长期接触低浓度二氧化硫,可有头昏、头痛、乏力等全身症状以及慢性鼻炎、支气管炎、嗅觉和味觉减退、肺部纤维组织增生、肺纹理增多、肺气肿等表现。

三、中毒的救治

二氧化硫急性中毒时,应立即将患者移出中毒现场。眼及皮肤污染时,用大量清水冲洗。引起呼吸道和皮肤症状时,应实施对症治疗。慢性中毒较明显者,应考虑让其脱离原作业,进行对症治疗。

2.5.4　氯化氢和盐酸的毒性毒理和中毒的救治

氯化氢的水溶液即为盐酸,含 38% 的氯化氢的盐酸相对密度为 1.19。纯氯化氢的沸点为 $-84.9℃$,熔点为 $-114.8℃$。盐酸为无色或浅黄色的有强烈刺鼻气味的液体。

无水氯化氢无腐蚀性,但其水溶液能与绝大多数金属反应放出氢气。盐酸与某些硫化物反应形成氯化物和硫化氢。硫化氢虽然很稳定,但在高温下分解为氯气和氢气。

一、毒性

氯化氢和盐酸的主要危害是腐蚀皮肤黏膜,刺激眼睛和呼吸道。

二、中毒症状

接触盐酸蒸气可刺激眼睛,引发眼睑浮肿、结膜炎和鼻喉黏膜刺激症状,鼻和口腔黏膜有烧灼感,牙龈出血,进而引起气管炎,有咳嗽、胸闷、头晕的症状。痰中可带血。皮肤受盐酸气体刺激后,露出部位及多汗处发生皮炎,局部潮红发痒或出现红色小丘疹及水疱。长期接触一定浓度的盐酸蒸气引起牙龈酸蚀症及牙齿失去光泽,变黄、变软、变尖,最后折断。

三、中毒的救治

吸入氯化氢的人员一旦发现中毒,应立即移出污染区静卧并及时对症治疗。偶然食入盐酸,应服中和剂并洗胃,不要引吐,因为引吐会扩大伤势;盐酸溅入眼内,立即用大量水冲洗;皮肤沾染盐酸,应用布和大量水擦洗,沾染的衣服应脱去,最后用 5% 的三乙醇胺溶液擦拭沾污的皮肤。

2.5.5　甲醛的毒性毒理和中毒的救治

甲醛为无色有刺激性的气体,相对密度为 0.815,沸点为 $-19.5℃$,蒸气压为 $1\,333.22\,Pa$ $(-88℃)$。蒸气相对密度为 1.075,易溶于水、醇和醚。甲醛易聚合为多聚甲醛,加入少量甲醇可防止其聚合。

一、毒性毒理

甲醛对皮肤和黏膜有强烈的刺激作用,溶液可引起皮肤过敏,气体可经呼吸道吸收。

大鼠经口染毒的 LD_{50} 为 $0.8\,g/kg$;吸收 4 h 的 LC 为 $0.3\,g/m^3$,尸检可见肺水肿和出血,肝、肾充血和血管周围水肿。

甲醛溶液经人口染毒的 LD 为 $10\sim20\,mL$。

甲醛在体内可转变为甲醇,故吸入一定量可引起较弱的麻醉作用,并对视丘有强烈的作用。甲醇的毒性比甲醛高 150 倍。

甲醛在呼吸道及消化道黏膜中很快反应,与不同的功能基团结合成另外的产物,或开始聚合反应,并很快在各种组织中,特别是在肝及红细胞中氧化成甲酸。

将 40% 的甲醛溶液涂在兔去毛的腹部皮肤上,24 h 可见皮肤发红,$3\sim5\,d$ 后开始结痂,$30\sim35\,d$ 脱落。将几滴 40% 甲醛溶液滴入猫眼内,出现强烈的眼和鼻的刺激现象,第二天眼睑发红,严重者可发生眼眶蜂窝组织炎及坏死。

大鼠每天吸入甲醛蒸气 $1\,mg/m^3$ 和 $3\,mg/m^3$ 8 h,三个月后可见鼠脑杏仁核神经元和树状突受体突触装置受体的改变,神经胶质细胞增生以及拮抗肌时值改变。在 $3\,mg/m^3$ 浓度时,血胆碱酯酶活性下降,大鼠吸入 0.035 mg/m³ 的甲醛蒸气,每天 8 h,吸入 1,2,6 月后的三组动物均见肝脏再生,脱氧核糖核酸合成周期缩短。

二、中毒症状

1. 对皮肤黏膜的刺激作用

接触甲醛蒸气,可引起眼部烧灼感、结膜炎、结膜水肿、角膜炎、鼻炎、嗅觉丧失、咽喉炎和支气管炎,出现不同程度的流泪、流涕、咽痛、咳嗽、气短等症状,严重者发生喉痉挛、声门水肿和肺炎等症状。

皮肤接触甲醛,多表现为急性皮炎,皮疹主要为粟粒至米粒大小红色丘疹簇集,周围皮肤潮红或轻度红肿。在皱襞部位可见湿润现象,瘙痒明显。发病原因除甲醛的直接刺激作用外,可能与过敏作用有关。过敏作用主要由甲醛溶液引起。蒸气引起过敏作用罕见。过敏者接触后很快出现荨麻疹样皮疹,浓甲醛溶液可引起皮肤凝固性坏死。

甲醛可抑制汗腺分泌,长期接触可使皮肤干燥、皲裂、手掌角化过度。甲醛溶液可引起皮炎,主要表现为红斑、丘疹、瘙痒,严重者有甲沟炎和指甲软化。长期接触低浓度甲醛可增高机体对甲醛的敏感性,发生湿疹也可引起皮肤呈鞣革状和色素沉着。

空气中甲醛浓度为 19.2~36 mg/m³ 时,可发生伴有疼痛的荨麻疹、皮炎。

2. 急性经口中毒症状

口服 40% 的甲醛溶液后,口咽食管和胃部立即有烧灼感。口腔黏膜糜烂,上腹剧痛,有血性呕吐物,有时伴腹泻、血便、蛋白尿,严重者可发生胃肠道糜烂、溃疡、穿孔以及呼吸困难、休克、昏迷、尿闭、尿血症和肝脏损害,可死于呼吸衰竭。

3. 慢性影响

长期接触低浓度甲醛蒸气可能出现头晕、头痛、乏力、两侧非对称的感觉障碍、排汗过剩和视力减退。

三、中毒的救治

中毒的救治主要为对症处理。

吸入大量甲醛蒸气时,应速将患者移离现场,并吸入氧气,使用抗生素预防感染,但忌用磺胺类药物,以防在肾小管形成不溶性甲酸盐而致尿闭。

甲醛溶液溅在皮肤或黏膜时用大量清水冲洗,亦可再用肥皂水或 2% 的碳酸氢钠溶液洗涤。

口服甲醛中毒时应尽快用水洗胃,但亦要谨慎,以防胃穿孔。洗胃后可给 3% 碳酸铵或 15% 醋酸铵 100 mL,使甲醛变为毒性较小的六次甲基四胺,并给止痛剂,抗休克,纠正酸中毒以及维持呼吸功能等的药物。

2.5.6 臭氧的毒性毒理和中毒的救治

臭氧为无色气体,有特殊的刺激性气味,相对密度为 1.65,100 mL 水中能溶解 49 mL 臭氧。臭氧是强氧化剂,具有强烈氧化作用,能氧化许多低分子有机物。

一、毒性毒理

臭氧具有强烈的氧化作用,对眼结膜及呼吸道黏膜有刺激作用,可引起支气管炎。高浓度臭氧可引起肺水肿。较低浓度臭氧能引起视力降低,头晕、头痛。

人对臭氧的嗅阈为 $0.02 \sim 0.03$ mg/m³。0.10 mg/m³ 接触 30 min，对上呼吸道开始产生刺激；0.61 mg/m³ 接触 15 min，对呼吸道产生明显的刺激症状；$1.96 \sim 5.89$ mg/m³ 接触 30 min，发生肺功能障碍；$7.85 \sim 9.62$ mg/m³ 接触 60 min 开始发生肺水肿。

二、中毒症状

短时间吸入较高浓度臭氧（10 mg/m³ 左右），立即引起黏膜刺激症状，几小时后肺水肿逐步发展，与氮氧化物中毒相似。短时间吸入较低浓度的臭氧时，引起的症状主要是咽喉干燥、胸闷、咳嗽并伴有嗜睡或失眠、食欲减退、疲劳无力等；长期吸入低浓度臭氧，会引起支气管炎、肺水肿和肺硬化等症状。

三、中毒的救治

发生臭氧急性中毒时，应将患者立即移离现场，脱离接触，将患者放置在安静的环境中，并使其得到充分的休息，若发生肺水肿，则应输氧并使用抗泡沫剂，维持呼吸道畅通，限制液体的输入量，适当使用脱水利尿剂。注意对并发症的治疗。

出现其他症状，应进行对症治疗。

第3章 液体推进剂在环境中的
迁移转化规律

3.1 液体推进剂在大气中的行为

在液体推进剂的生产和使用中,排放的大量污染气体有很强的毒性。例如,偏二甲肼被空气氧化会生成二甲基亚硝胺,属于强致癌物;硝基氧化剂放出的二氧化氮与多种癌症及肺水肿、心脏病有关。推进剂排放到大气中以后,随着气体扩散稀释的同时,大气中的各种组分与推进剂组分也发生了一系列复杂的化学反应,产生一系列反应产物。

3.1.1 肼类燃料在大气中的行为

肼类燃料在大气中的变化很复杂,例如,能被大气中的氧气氧化;与二氧化碳反应生成盐;与水作用生成水化物;与臭氧、氮氧化物、二氧化硫等也可发生反应。肼类燃料还可在小于290 nm的紫外光照射下发生光解,与NO_x发生光化学反应,与O_3或$\cdot OH$基发生反应。肼在$\cdot OH$基存在的情况下,衰变加快,半衰期小于1 h;在有臭氧存在时,半衰期小于10 min。一甲基肼和偏二甲肼在O_3或$\cdot OH$基存在时的半衰期比肼还小一个数量级。肼类燃料在大气中的半衰期分别是:肼1~10 h,一甲基肼2~7 h,偏二甲肼100 h。在室温下,低浓度偏二甲肼不稳定,分解最快。表3-1是肼类燃料在大气中的衰变产物。

表 3-1　肼类燃料在大气中的衰变产物

燃 料	反应类型	主要反应物	微量产物
肼	$N_2H_4+O_2$	N_2,H_2O	NH_3,N_2O,$HN=NH$
	$N_2H_4+O_3$	N_2,H_2O	H_2,N_3O,H_2O_2,$HN=NH$
	$N_2H_4+NO_x+O_2$ 光化学反应	N_2,H_2O	NO_2,O_3,$HN=NH$,N_2H_4,HNO_3
一甲基肼	$CH_3N_2H_3+O_2$	N_2,CH_4	CH_3OH,NH_3,$CH_3N=NCH_3$,$CH_3N=NH$,$CH_3NH=NCH_2$(一甲腙),CH_2NNH_2(肼腙),二甲基哌嗪的两个异构体,三甲基哌嗪,三甲肼,N_2O,H_2
	$CH_3N_2H_3+O_3$	N_2,CH_4	过氧甲酸,CH_3-NH,CH_3NHNCH_2,$HCHO$,CH_3OH,H_2O_2,CH_3NNO
	$CH_3N_2H_3+NO_x+O_2$ 光化学反应	N_2,CH_4	HNO_2,$CH_3N=NH$,O_3,$HCOOH$,CH_3ONO_2,$CH_3N=NH_2$,$XHNO_3$,NH_3,N_2O,$CH_3=NH$
偏二甲肼	$(CH_3)_2N_2H_2+O_2$	偏腙	二甲基亚硝胺
	$(CH_3)_2N_2H_2+O_3$		二甲基亚硝胺,$HCHO$,H_2O_2,NO_2,CH_3ONO_2
	$(CH_3)_2N_2H_2+NO_x+O_2$ 光化学反应		一甲基亚硝胺,二甲基亚硝胺,N_2O,$HCHO$,$HCOOH$,HNO_2,HNO_3,O_3,未知物

一、肼类燃料在大气中的变化

1. 肼与氧气的反应

Bowen 和 Birley 提出,在 373～423 K 时,肼与氧气气相反应的主要产物是 N_2 和 H_2O。反应速度与反应容器表面积有关,反应级数随时间变化。

Stone 研究了人工合成空气($20\%O_2$,$80\%He$)中肼蒸气的自动氧化,用气相色谱仪和 IR 光谱仪对肼浓度进行连续监测,得到肼的氧化历程:

$$N_2H_4+O_2 \longrightarrow N_2+H_2O$$

氧气的减少服从一级反应动力学,在 13.3 kPa O_2 中,100 μL 肼的半衰期为 19.5 min,而当加入聚四氟乙烯改变反应室表面积/体积时,半衰期降为 8.2 min。这表明肼氧化不是均匀气相反应,而是表面催化反应。对不同反应室中结果进行比较,发现表面积是速度控制因素,半衰期与表面积成正比。

2. 一甲基肼与氧气的反应

一甲基肼在空气中氧化可生成氮气和甲烷,在玻璃容器中一甲基肼的半衰期是 34 min,在聚乙烯容器中 10 min 可反应完全,表现出了表面催化作用。用 IR 光谱仪监测一甲基肼与氧气的反应产物,得出的反应机理如下:

$$CH_3NHNH_2+O_2 \longrightarrow H_2O_2+CH_3N{=\!=}NH$$

$$H_2O_2+CH_3NHNH_2 \longrightarrow 2H_2O+CH_3N{=\!=}NH$$

$$CH_3N{=\!=}NH \longrightarrow CH_4+N_2$$

Stone 研究了空气和氧气对一甲基肼的氧化作用,100 min 内氧气被全部消耗掉,主要反应产物是氮气和甲烷;6 h 后,IR 光谱在 3 260 cm^{-1} 处的 N—H 伸展谱(stretching band)减小,23 h 后完全消失;6 h 后在 3 080 cm^{-1} 处出现一个新的光谱,23 h 后加强。一甲基肼在人工合成空气中的半衰期根据容器表面积和材料的不同分别为 2 ～7 h,在高浓度时主要是多相反应历程(Heterogeneous process),化学反应方程式是

$$8CH_3NHNH_2+6O_2 \longrightarrow 3CH_3NHN{=\!=}CH_2+CH_4+CH_3OH+5N_2+11H_2O$$

3. 偏二甲肼在空气中的氧化

偏二甲肼接触空气后可能被转化为潜在的致癌物亚硝基二甲胺。在贮存的偏二甲肼中也发现含有少量的亚硝基二甲胺,而在偏二甲肼的生产、转运、使用等过程中,偏二甲肼和其中的亚硝基二甲胺可能通过各种途径进入大气,威胁人体健康。亚硝胺是众所周知的动物致癌物,在环境中二甲胺与亚硝酸反应可能生成亚硝胺,而二甲胺与亚硝酸或氮氧化物又是偏二甲肼在大气环境中的降解产物。因此,偏二甲肼在空气中的行为越来越引起人们的注意。

为了确定偏二甲肼在空气中的反应,需要了解以下的情况:①偏二甲肼从排放点进入大气环境的总速度;②偏二甲肼在环境中发生反应,直接或间接生成亚硝基二甲胺的速度;③如果在环境中生成亚硝基二甲胺,其可能发生降解的总速度。此外,还要考虑到偏二甲肼和亚硝基二甲胺在环境中的迁移速度,以及它们发生光化学降解和非光化学反应的速度。重要的光化学反应还要考虑各种活泼的大气污染物(如臭氧、单线态分子氧和 NO_x(NO,NO_2,$HONO$))对偏二甲肼及其氧化产物生成亚硝基二甲胺的影响,以及由太阳光引起的亚硝基二甲胺的直接光分解反应。

偏二甲肼的非光化学空气氧化反应包括:①偏二甲肼接触空气后,偏二甲肼的消失及生成

亚硝基二甲胺;②亚硝基二甲胺在空气中消失;③在空气中二甲胺和 NO_x($NO,NO_2,HONO$)发生反应生成亚硝基二甲胺;④甲醛二甲基腙和空气反应生成亚硝基二甲胺。这些反应可表示如下:

$$(CH_3)_2NNH_2 + 空气 \longrightarrow \qquad (RX.1)$$

$$(CH_3)_2NNO + 空气 \longrightarrow \qquad (RX.2)$$

$$(CH_3)_2NH + NO_x \longrightarrow \qquad (RX.3)$$

$$(CH_3)_2NN{=}CH_2 + 空气 \longrightarrow \qquad (RX.4)$$

关于 RX.1 反应已有不少人进行过研究,结果表明这个反应不是一个简单反应,可能包括自由基过程。美国海军军械试验站用 5.3~13.3 kPa 的偏二甲肼在接近于纯氧气氛中进行气相反应,观察到很多产物,其中鉴定到的主要产物是甲醛二甲基腙、氮和水,少量的产物有氨、二甲胺、亚硝基二甲胺、重氮甲烷、氧化亚氮、甲烷、二氧化碳和甲醛。这些产物是包括自由基机理在内的偏二甲肼自动氧化的结果。但是,在自动氧化反应中偏二甲肼的衰减速度不一定对应于偏二甲肼在环境中的消失速度,这是由于偏二甲肼的起始浓度高,并在接近于纯氧的气氛中。G. L. Toper 用 393.3 Pa 的偏二甲肼和 94 kPa 的干空气反应 49 h,以及用 4.3 kPa 的偏二甲肼和约 101.3 kPa 的干空气进行气相反应,得到类似的结果。所记录到的红外谱带的位置不能归因于可能的甲烷、水、氨等产物或任何取代胺、重氮甲烷、甲醛、氧化亚氮、二氧化碳或亚硝基二甲胺。紫外吸收带也不能说明产生了取代胺、重氮甲烷、甲醛、氧化亚氮或亚硝基二甲胺。进一步用 GC-MS 分析技术证实了甲醛二甲基腙是偏二甲肼的主要空气氧化产物:

$$\begin{array}{c} H_3C \\ \diagdown \\ N{-}N{=}CH_2 \\ \diagup \\ H_3C \end{array}$$

通过把已知的甲醛二甲基腙加到反应混合物中记录 IR 和 UV 光谱,发现吸收带的强度得到加强,这表明前面记录到 IR 谱带和 235 nm 的 UV 吸收带主要是由甲醛二甲基腙产生的。

GC-MS 分析还鉴定到少量的氧化产物:甲醛一甲基腙 $\begin{array}{c} H_3C \\ \diagdown \\ N{-}N{=}CH_2 \\ \diagup \\ H \end{array}$ 、甲醛腙

$\begin{array}{c} H \\ \diagdown \\ N{-}N{=}CH_2 \\ \diagup \\ H \end{array}$ 、甲胺、二甲胺和亚硝基二甲胺。由于背景干扰太大,因此既没检测到氨,也没检测到水。

用 92.5 Pa 偏二甲肼和 100.9 kPa 干空气进行气相氧化,用 UV 检测技术研究其反应动力学,得到了其反应速度常数 k 为 4.3×10^{-2},半衰期为 16 h。根据反应生成的主要产物,以及对其化学计量关系的研究,提出了偏二甲肼自动氧化的反应方程式:

$$3(CH_3)_2NNH_2 + 2O_2 \longrightarrow 2(CH_3)_2NN{=}CH_2 + 4H_2O + N_2$$

丁达尔空军基地的 Daniel A. Stone 用红外光谱研究偏二甲肼自动氧化反应时,也提出了同样的反应方程式。

Urry 等人提出偏二甲肼气相自动氧化是按照自由基链式机理进行反应的。在诱导期生

成过氧化物 $(CH_3)_2N—NH—OOH$ 分解产生自由基使反应引发。

4. 肼类燃料的表面催化空气氧化

在肼类燃料的氧化过程中,反应速度受反应器表面催化影响,Kilduff,Davis 和 Koontz 研究了肼类燃料在表面积为 $2\sim24\ m^2$ 的 Al/Al_2O_3、不锈钢、镀锌钢和钛板上表面催化空气氧化反应,Al/Al_2O_3(表面积为 $23.8\ m^2$)作为催化剂时肼的半衰期为 $2\ h$,中间产物有 N_2H_2 及少量氨;一甲基肼的中间氧化产物是 $HN=NCH_3$ 及微量甲醇。Al/Al_2O_3 催化氧化肼和一甲基肼的速度常数与金属板的表面积的平方成正比,速度表达式为

$$速度=kc_{肼类燃料}[表面积]^2$$

式中,$c_{肼类燃料}$ 为肼类燃料的浓度。

肼被金属表面催化氧化形成 $HN=NH$ 的反应历程:肼类燃料蒸气通过氢键吸附到金属氧化物表面,通过一个六元环过渡态的脱氢作用生成 $HN=NH$ 和一个金属羟基化合物。同样,$HN=NH$ 也可在吸附/解吸后,通过同样的过渡态生成氮气和另一种表面羟基氢化物,氢化物分子可被还原产生还原性活性表面和水,由于这些反应是在空气中进行的,还原性活性表面会被再次氧化。

对于一甲基肼,Kilduff,Davis 和 Koontz 提出了如下机理:

$$CH_3NHNH_2+M=O \xrightleftharpoons{K_{sc}} CH_3NHNH_2 \cdot O=M$$

$$CH_3NHNH_2 \cdot O=M \xrightarrow{K_1} HN=NCH_3+H_2O+M$$

$$HN=NCH_3+M=O \xrightarrow{K_2} CH_3OH+N_2+M$$

$$HN=NCH_3+M=O \xrightarrow{K_3} CH_4+N_2+M=O$$

$$M+\frac{1}{2}O_2 \xrightarrow{K_4} MO$$

$$-\frac{dc_{CH_3NHNH_2}}{dt}=K_1 c_{CH_3NHNH_2 \cdot O=M}=K_1 K_{sc} c_{CH_3NHNH_2} c_{M=O}=K_{obs} c_{CH_3NHNH_2}$$

金属表面由 M 代表,$M=O$ 代表催化活性表面氧化点。K_{sc} 是等比容吸附平衡常数。

对于一甲基肼,金属的总表面活性大小顺序:

$$Fe>Al_2O_3>Ti>Zn>316ss>Cr>Ni>Al>304L$$

降解反应活性顺序:

$$Fe>Ti>Al_2O_3>Zn>Cr>Ni>316ss>Al>304L$$

$M=O$的稳定性按下列顺序依次减弱:

$$Ti>Zn>Ni>Al>Cr>Fe$$

二、肼类燃料与臭氧的相互作用

1. 反应产物

对于大多数释放至大气中的化合物而言,主要反应是光解、与臭氧及·OH 基反应。但对于肼类燃料,光解作用不是主要的反应过程,这是由于肼类燃料在光活性区(大于 290 nm 处)不能吸收能量,但与臭氧及·OH 基反应则较显著。Tuazon 和 Carter 用 FT - IR 谱研究了在模拟大气环境中肼、一甲基肼和偏二甲肼的气相反应,反应是在 $3\ 800\sim6\ 400\ L$ 聚四氟乙烯反应箱中,空气中相对湿度小于 25%,温度为 $20\sim25℃$,压力约为 $98.7\ kPa$,反应物初始浓度是

$4 \times 10^{-6} \sim 2 \times 10^{-5}$（体积分数），为研究·OH 基对臭氧＋肼类燃料反应的作用，加入自由基捕获剂和示踪剂。示踪剂数据表明，随着初始 $c_{臭氧}/c_{肼类燃料}$ 增加，·OH 基浓度增加。

1）肼类燃料和臭氧反应的主要产物是 H_2O_2，N_2H_2 及少量 NH_3，随着初始 $c_{臭氧}/c_{肼类燃料}$ 增加，每单位肼反应消耗臭氧量也增加，N_2H_2 生成量减少。N_2H_2 仅在肼过量时作为最终产物出现，而在等当量反应或臭氧过量时则仅作为中间产物出现，且生成量很少。臭氧与肼之间的反应很迅速，无自由基捕获剂时，初始 $c_{臭氧}/c_{肼}$ 比值对 H_2O_2 的生成量的影响程度要比有自由基捕获剂存在时低得多。

2）一甲基肼与臭氧反应的主要产物是 CH_3OOH，CH_2NNH，$HCHO$，CH_2N_2 和 H_2O_2，少量的 CH_3OH，CO 和 $HCOOH$ 及微量的 NH_3 和 N_2O。

反应的理想配比及产物取决于初始反应比值和是否存在自由基捕获剂。随着初始 $c_{臭氧}/c_{一甲基肼}$ 的增加，CH_3NNH 的生成量显著减少，在臭氧过量时无 CH_3NNH 产生。随着 $c_{臭氧}/c_{一甲基肼}$ 的增加，CH_2N_2 生成量减少，表明该生成物也可与臭氧反应。CH_3NNH 和 CH_2N_2 被过量臭氧氧化为 $HCHO$ 和 CH_3OOH，一甲基肼过量时无 $HCHO$，但臭氧过量时 $HCHO$ 则是主要产物。

自由基捕获剂和示踪剂的结果也说明了·OH 基在一甲基肼＋臭氧体系中的作用，如肼体系一样，随着初始 $c_{臭氧}/c_{一甲基肼}$ 的增加，·OH 基浓度增大，自由基捕获剂抑制了 H_2O_2 和 CH_3OOH 生成，却促使 CH_3OH，$HCHO$ 和 CH_2N_2 的产生。

3）偏二甲肼与臭氧反应的主要产物是 $(CH_3)_2NNO$（NDMA），CH_3OOH，CH_3NNH 和 H_2O_2，少量 CH_3OH，CO，$HCOOH$，$HON=O$，NO_2 和 NH_3，微量 CH_2N_2。亚硝基二甲胺生成量是所消耗偏二甲肼的 $60\% \sim 70\%$，偏二甲肼与前面两种肼类燃料与臭氧反应不同在于有 HONO 生成，而且 H_2O_2 生成量相当低。

自由基捕获剂和示踪剂数据表明在偏二甲肼＋臭氧体系中也有·OH 基生成，·OH 基浓度随初始 $c_{臭氧}/c_{偏二甲肼}$ 增加而增加，自由基捕获剂导致亚硝基二甲胺生成量的增加，而其他产物生成量降低。

2. 反应机理

肼和一甲基肼与臭氧反应机理相似，偏二甲肼与臭氧反应机理则与它们不同。肼和一甲基肼与臭氧反应机理如下：

链引发：

$$RNHNH_2 + O_3 \longrightarrow \begin{cases} RNH-\dot{N}H + OH + O_2 \\ R\dot{N}-NH_2 + OH + O_2 \end{cases} \quad (R=H \ 或 \ CH_3)$$

链传递：

$$RNHNH_2 + OH \longrightarrow RNH-\dot{N}H + H_2O$$

$$\left. \begin{matrix} RNH-\dot{N}H \\ R\dot{N}-NH_2 \end{matrix} \right\} + O_2 \longrightarrow RN=NH + HO_2$$

$$RN=NH + O_3 \longrightarrow R\dot{N}=\dot{N} + OH + O_2$$

链终止：

$$RN=NH + OH \longrightarrow RN=N + H_2O$$

产物生成：

$$RN\!=\!\dot{N} \longrightarrow R\cdot + N_2$$

$$R\cdot + O_2 \xrightarrow{M} RO_2$$

$$HO_2 + HO_2 \longrightarrow H_2O_2 + O_2$$

$$HO_2 + CH_3O_2 \longrightarrow CH_3OOH + O_2$$

$$CH_3O_2 + CH_3O_2 \longrightarrow \begin{cases} HCHO + CH_3OH + O_2 \\ 2CH_3O\cdot + O_2 \end{cases}$$

$$CH_3O\cdot + O_2 \longrightarrow HCHO + HO_2$$

偏二甲肼与其他肼类燃料不同在于$(CH_3)N$ 自由基不能与臭氧反应生成二氮烯，最合理的机理是偏二甲肼与臭氧反应生成亚硝基二甲胺和 H_2O_2。

偏二甲肼与臭氧的反应机理如图 3-1 所示。

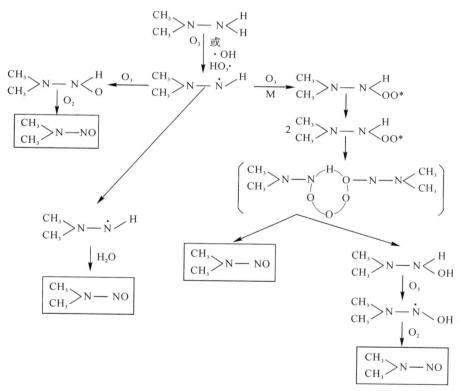

图 3-1　偏二甲肼与臭氧的反应机理

三、肼类燃料与 NO$_x$ 的相互作用

肼类燃料蒸气扩散到大气中后，可与大气中的氮氧化物发生反应。肼、一甲基肼和偏二甲肼在气相中与 NO_2 反应迅速，其中肼速度最慢，偏二甲肼最快。肼与 NO_2 反应的主要产物是 $HONO$，$N_2H_4\cdot HNO_3$，N_2H_2（肼过量时），N_2O 和 NH_3。一甲基肼与 NO_2 反应的产物与之类似，主要产物是 $HONO$，$CH_3NHNH_2\cdot HNO_3$，CH_3NNH，微量的 N_2O 和氨，还有 CH_3OOH（仅在一甲基肼过量时），CH_3OH 和两种未知产物。在 NO 存在时，还有中间产物

HOONO$_2$ 及 HO$_2$ 中间体。在 NO 存在时,偏二甲肼与 NO$_2$ 反应的主要产物是 HONO 和四甲基四氮烯,总的反应式为

$$(CH_3)_2NNH_2 + 2NO_2 \longrightarrow 2HONO + \frac{1}{2}(CH_3)_2NN{=}NN(CH_3)_2$$

当 NO 存在时,HONO 和四甲基四氮烯产量降低,并有 N$_2$O,亚硝基二甲胺和一种未知产物生成。

肼类燃料与 NO$_2$ 反应最可能的历程始于氢原子分离,形成亚硝酸和一个 RNH—$\dot{N}$H 基,后者(对肼和一甲基肼)与氧气反应形成相应二氮烯。

$$RNHNH_2 + NO_2 \longrightarrow RNH{-}\dot{N}H + HONO$$

$$RNH{-}\dot{N}H + O_2 \longrightarrow RN{=}NH + HO_2 \quad (R{=}H \text{ 或 } CH_3)$$

对于偏二甲肼+NO$_2$ 体系则要简单一些。在无 NO 时,主要产物是 HONO 和四甲基四氮烯。

$$(CH_3){-}\dot{N}NH + NO_2 \longrightarrow HONO + (CH_3)_2N\overset{+}{N}{=}\overset{-}{N}$$

$$2(CH_3)_2\overset{+}{N}{=}\overset{-}{N} \longrightarrow (CH_3)_2$$

$$2(CH_3)_2\overset{+}{N}{=}\overset{-}{N} \longrightarrow (CH_3)_2N{-}N{=}N{-}N(CH_3)_2$$

当 NO 存在时,它可与 RNH—$\dot{N}$H 基反应生成亚硝基肼,亚硝基肼与 NO$_2$ 反应生成 N$_2$O 和 N-亚硝基二甲胺。

对于偏二甲肼,在大气环境中与 NO$_x$ 和空气中的氧气及光作用下的反应机理如图 3-2 所示。

四、三肼的蒸发模型

关于三肼的蒸发量的计算,美国空军工程服务中心工程实验室曾提出 ESL 公式作为粗略估计方法。

$$Q = 0.08\, r^{\frac{3}{4}} F(1 + 4.3 \times 10^{-3} T_p^2)\, Z$$

式中　　Q——蒸发量,kg/h;

　　　　r——风速,m/s;

　　　　F——三肼泄漏造成的污染面积,m^2;

　　　　T_p——泄漏地面处的温度,℃,对于偏二甲肼,一般取 $T_p = T_a - 10$ ℃;在很强烈光照条件下,取 $T_p = T_a + (10 \sim 20)$℃;T_a 为环境气温;

　　　　Z——修正值,肼的 Z 为 1,一甲基肼的 Z 为 4.3,偏二甲肼的 Z 为 20.7。

3.1.2　氮氧化物在大气中的行为

硝基氧化剂中的四氧化二氮和红烟硝酸蒸气释放到大气中,分解的主要产物是 NO$_2$ 和 NO,这种产物在大气中经过一系列反应,最终形成硝酸和亚硝酸及相应盐。

NO$_2$ 在大气中会产生光化学烟雾,具体过程是 NO$_2$ 吸收波长小于 4 200Å(1Å = 10^{-10} m)光后会发生光解反应。

$$NO_2 + h\nu \xrightarrow{\text{光解反应}} NO + O_2$$

$$O+O_2 \xrightarrow{M} O_3$$

上式中，$h\nu$ 为光子，M 为保护气体，如空气中的 N_2。

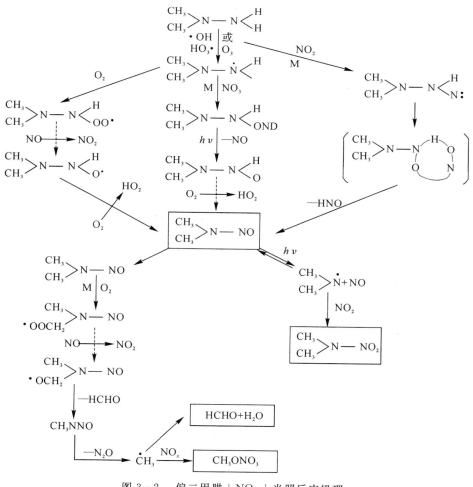

图 3-2　偏二甲肼+NO_x+光照反应机理

NO 与 O_3 可发生反应：

$$NO+O_3 \longrightarrow NO_2+O_2$$

NO_2，O_2，O_3 和 NO 之间形成循环反应，由于碳氢化合物燃烧产生了大量 CO 排放到大气中，大气中 CO 和自由基·OH 对 NO 转化为 NO_2 有促进作用。

$$\begin{cases}
\cdot OH+CO \longrightarrow CO_2+H\cdot \\
H\cdot +O_2+M \longrightarrow HO_2\cdot +M \\
HO_2\cdot +NO \longrightarrow HO\cdot +NO_2 \\
HO_2\cdot +HO_2\cdot \longrightarrow H_2O_2+O_2
\end{cases}$$

$$H_2O_2 \xrightarrow{h\nu} 2\cdot OH$$

在上述光化学反应中，NO_2 是光分解的基础，CO 起催化作用，碳氢化合物的存在使光化学反应更加复杂，碳氢化合物在可见光作用下，可分解为自由基，自由基形成后，通过一系列反应,生成过氧酰基硝酸酯和醛等,这些物质是光化学烟雾中的强刺激物。

$$RRC = O \xrightarrow{h\nu} R \cdot + R \cdot CO$$

为研究推进剂蒸气形成及扩散规律,美国 Lawrence Livermore 国家实验室在 1983 年秋为美国空军在能源部内华达试验场进行了系列大规模(3~5 m³)N_2O_4 泄漏试验,用来研究 N_2O_4 的蒸发速度和蒸气扩散规律。N_2O_4 沸点低(21.15 ℃),因此当 N_2O_4 泄漏至温暖的土壤上后,会迅速蒸发,并分解为 NO_2。整个试验的泄漏设备是一辆 N_2O_4 槽车和一辆氮气车,氮气车主要是为槽车提供将 N_2O_4 压至泄漏点的压力,并于每次泄漏试验后提供清洗气体,还可为操作系统提供所需压力。具体的试验步骤是:打开氮气车上的手动阀,设置所需压力,再打开 N_2O_4 槽车上的手动阀,N_2O_4 通过一个长 30 m、直径为 7.62 cm 的 PVC 管流至泄漏点。记录 N_2O_4 在泄漏管中到出口前的温度以及不同地点的土壤温度。在泄漏区的测量还包括大气边界层、风场、蒸气云温度和浓度、表面热量测量等,主要分为三个测量系列:气象测量系列、质量测量系列和扩散测量系列。其中气象测量系列由 9 个风速计和一个 20 m 的高塔组成,风速和风向每 10 s 测一次。风场数据被传至控制车,用于确定泄漏试验的最佳时间。大气边界层数据由安装于泄漏地点上风向 50 m 处的 20 m 高塔上的 4 个温度计和 3 个风速站测得,同时还可测地面热量、温度及当地气压。质量测量系列是用于确定 N_2O_4 蒸发速度或源强,通过 N_2O_4 浓度、气相温度及速度而得。得到的质量密度和速度在蒸气云截面上积分可得到瞬时通过的质量流率,如果质量测量系列捕获到整个蒸气云的质量流率即为 N_2O_4 泄漏源的强度。质量测量流率由位于下风向 25 m 处的 7 个蒸气测量站和 2 个风速站组成。扩散测量系列由位于泄漏点下风向 78.5 m 处的 5 个 10 m 高塔组成,用于记录泄漏 N_2O_4 蒸气的垂直截面范围。在试验中另有两个便携式 NO_2 气体传感器,用于监测试验中 2 800 m 处的数据。摄像系统共包括 5 台摄像机,所有摄像机都是遥控操作,从泄漏阀一打开就开始摄像,摄像范围是泄漏点上风向 20 m 处。整个泄漏控制和数据获得、贮存全部由位于泄漏点 1 000 m 处的 CCDRS 控制车完成。

泄漏点的源强主要是质量系列确定的,瞬时质量通量($\dot{m}$)由在整个蒸气云横截面上密度和速度积分而得:

$$\dot{m} = \int \rho \mu \, \mathrm{d}A$$

式中　　ρ——密度;

　　　　μ——气体速度;

　　　　A——蒸气云截面积。

注:这种总质量汽化是假定没有 N_2O_4 渗入地面。

对于 N_2O_4 蒸气扩散规律与 OB/DG 模型进行了对比,所谓 OB/DG 模型是指,空军在弗罗里达州的肯尼迪角和加利福尼亚州的范登堡空军基地进行了一系列扩散试验,所有得到的数据经过相关和归一化,得出一个简单的扩散预测模型,该模型表示为 NO_2 浓度(距地面 1.5 m 处)c_p(mg/m³)是源强 Q(kg/min)、距泄漏点的下风向距离 X(m)、水平风向上的垂直偏差 σ_θ(°)和在 16.5 m 和 1.83 m 处的大气边界层温度差 ΔT(℃)等的函数:

$$c_p = 3.535 Q X^{-1.96} (1.8 \Delta T + 10)^{4.33} \sigma_\theta^{-0.506}$$

将 N_2O_4 大规模泄漏试验结果与 OB/DG 模型相比较,由计算及测量可知,源强在 23~2 030 kg/min 之间,每 10 s 间隔 σ_θ 为 13.2°;而 OB/DG 模型中要求的是间隔 15 s。试验中

ΔT 在高度为 16.19 m 和 2.46 m 处为 0.5℃。用 OB/DG 模型预测 23 kg/min 和 2 030 kg/min 源强在 785 m 和 2 800 m 处的浓度值见表 3-2。OB/DG 模型结果对 ΔT 和 σ_θ 的选择非常敏感,表 3-2 中计算结果准确度在 $\pm30\%$ 之内。

表 3-2　NO_2 试验数据与 OB/DG 预测比较

下风向距离/m	OB/DG 预测(体积分数)		试验测得浓度(体积分数)
	$Q=23$ kg/min	$Q=2\ 030$ kg/min	
785	1.5×10^{-6}	1.3×10^{-6}	$>5\times10^{-4}$
2 800	1.2×10^{-7}	1.06×10^{-5}	$\geqslant9\times10^{-6}$

3.2　液体推进剂在水体中的迁移转化

当液体推进剂排入水体后,由于推进剂本身的毒性,不可避免地会对水中生物及使用该水源的动、植物带来危害。但推进剂排入自然水体后,由于自然水体中含有大量溶解氧、微生物、悬浮物及金属离子等,在氧气、光、金属离子及微生物的作用下降解非常迅速。偏二甲肼污水中不仅含有偏二甲肼,而且含有氧化分解产物偏腙、四甲基四氮烯、硝基甲烷、一甲胺、二甲胺、甲醛、氰化物以及亚硝胺(二甲基亚硝胺、二乙基亚硝胺、二丙基亚硝胺、二丁基亚硝胺、亚硝胺哌啶、亚硝基吡咯烷、亚硝基吗啉)等,这些降解产物中有的毒性比偏二甲肼更大,如亚硝胺、氰化物等。

3.2.1　对水生生物的毒性

Fisher 等用两种淡水无脊椎动物(等足目动物和片脚类生物)、两种鱼(斑点叉尾鮰和金体美鳊鱼)试验肼、一甲基肼和偏二甲肼的毒性,LC_{50} 值列于表 3-3,发现肼的毒性最大。对片脚类生物而言,肼比一甲基肼和偏二甲肼毒性大,另外,一甲基肼与偏二甲肼毒性相差不大。

肼对鱼的毒性作用主要有两方面:一方面是直接被鱼吸收,另一方面是消耗水中溶解氧。对于孔雀鱼,其肼的 LC_{25} 大于 0.25 mg/L,鱼甚至可以在 5 mg/L 时存活 4 d。如果用于养鱼的肼溶液是由硬水配制的,那么肼的浓度随时间变化非常迅速,很难确定肼是被鱼消耗掉还是通过自动氧化反应消耗掉。

表 3-3　肼对鱼和无脊椎动物的毒性

种　类	化合物	$LC_{50}/(mg \cdot L^{-1})$
片脚类生物	肼	0.04
	一甲基肼	1.2
	偏二甲肼	4.7
等足目动物	肼	1.3
	一甲基肼	0.8
	偏二甲肼	12.4

续 表

种 类	化合物	$LC_{50}/(mg \cdot L^{-1})$
斑点叉尾鮰	肼	1.0
	一甲基肼	3.5
	偏二甲肼	11.3
金体美鳊鱼	肼	1.1
	一甲基肼	2.3
	偏二甲肼	34

Slonim 分别用硬水和软水做的肼、一甲基肼、偏二甲肼和 Ae-50 对普通孔雀鱼急性中毒的研究发现,96 h 的 LC_{50} 随着所用水的硬度不同而不同。例如,肼在硬水中的 LC_{50} 是 3.85 mg/L,在软水中则是 0.61 mg/L。其他肼类燃料硬水/软水的 LC_{50} 数据分别是:一甲基肼为 3.26/2.58 mg/L,偏二甲肼为 10.1/26.5 mg/L,Ae-50 为 2.25/1.17 mg/L。不论在什么情况下,肼对孔雀鱼的毒性都是最大的。肼 96 h 内对 b 铜吻鳞鳃太阳鱼的 LC_{50} 是 1.08 mg/L。使用 LC_{50} 1/100～1/10 的非致死浓度可引起鱼运动增加,不能保持平衡。这可能是肼氧化引起水中溶解氧降低造成的。肼对铜吻鳞鳃太阳鱼的毒性与水温有很大的关系,其毒性随着水温升高而增加。

在 MH-30(含有 58% MH 的二乙醇胺盐)中,斑点叉尾鮰 96h LC_{50} 是 562 mg/L,虹鳟 96h LC_{50} 为 430 mg/L,铜吻鳞鳃太阳鱼 96 h LC_{50} 为 730 mg/L。

Christopher 等人用了几种单细胞绿藻:Selenastrum capricornutum(S)、Dunaliella tertiolecto(D),Chlorella stigmatophera(C),进行了肼的毒性研究,发现肼的毒性最大,一甲基肼次之,偏二甲肼最小。肼的 6 d 安全浓度(Safe Concentration=SC)对 S 是 0.01(体积分数),对 D 是 0.005(体积分数),对 C 是 0.000 1(体积分数),6 d 中等影响浓度(media effect concentration=EC_{50})分别是 0.01(体积分数),0.010(体积分数)和 0.000 4(体积分数)。一甲基肼毒性稍小一些,SC 为 0.2(体积分数),偏二甲肼毒性最小,SC 在 1～3(体积分数)之间。肼对藻类的毒性比一甲基肼或偏二甲肼大约大 200 倍。在静态试验中,肼类物质的毒性与其稳定性有关,肼最稳定,毒性最大,而偏二甲肼最不稳定,毒性也最小,见表 3-4。

表 3-4 肼、一甲基肼、偏二甲肼对绿藻毒性比较(基于 6d EC_{50})

种 类	肼		一甲基肼		偏二甲肼	
	SC	EC_{50}	SC	EC_{50}	SC	EC_{50}
S	0.01	0.016	0.2	0.5	2.0	5.0
D	0.005	0.001 0	0.8	1.1	0.1	2.3

Ae-50 的毒性由肼决定,因为肼是毒性最大的组分。

在 21 d 的连续流动试验中,低浓度肼(0.065 mg/L)可有助于附着生物底栖生物在充分曝气的容器中生长,但在 0.17 mg/L 和 0.52 mg/L 时,肼却对其生长有显著抑制作用,这可能是抑制了光合作用的结果。对于棘鱼,一甲基肼的 336 h LC_{50} 是 3.85 mg/L,肼的是 1.1 mg/L。对于蟹和贻贝,肼的 100% 致死浓度是 0.15 mg/L,非致死浓度是 0.012 mg/L。对于附着生物底栖生物试验,一甲基肼的毒性比肼大。

3.2.2　在地表水中的降解

偏二甲肼的毒性很强,已引起各方面的关注。为了弄清偏二甲肼在水环境中的行为,美国空军科研办公室委托西拉鸠斯研究公司就此进行了研究。研究内容包括:①湖水和河水中天然存在的微生物群落对偏二甲肼的降解作用,确定该过程的动力学;②鉴定微生物降解产生的产物。该公司首先研究了蒸馏水和湖水中溶解氧氧化偏二甲肼的动力学,并初步鉴定了化学降解和微生物降解的一些产物。

一、蒸馏水中偏二甲肼的氧化

该公司的 S. Banerjee 等人在初步试验中观察到,含有痕量硫酸铜的碱性偏二甲肼溶液氧化产生紫色或黄色的溶液,在 326 nm 的紫外波段有吸收峰。当酸化时吸收可逆地移向较长的波段(356 nm),并且离解的 pK_a 介于 8 和 9 之间,两个吸收峰的高度随时间增加,表明生成共轭产物。在较高的偏二甲肼浓度(3.34×10^{-3} mol/L)下,由紫外光谱和气相色谱证实存在着四氮烯。

他们采用质子磁共振谱研究了这个氧化反应,以便随时监测生成的产物。在含有 $CuSO_4$ 晶体的 0.5 mL D_2O 中,$(CH_3)_2NNH_2 \cdot HCl$(约为 30 mg)被氧化 5 h,在 5 h 后记录谱图,而后将溶液碱化再记录谱图。没有合适的参考物,因此对所记录的谱图无法解释。但大量的高场共振谱线表明肯定生成了一些产物,而低场共振谱线则相应于甲酸的谱线,因为加入已知物可以使该共振吸收峰加强。此外,很重要的一点是检测不到 N,N-二甲基亚硝胺。

偏二甲肼氧化的产物在很大程度上取决于试验条件。Urry 及其同事发现,偏二甲肼自动氧化产生氨、二甲胺、二甲基亚硝胺、重氮甲烷、一氧化二氮、甲烷、二氧化碳、甲醛。自动氧化反应对偏二甲肼是一级的,对氧是零级的,受到金属催化,受到自由基清除剂(如 2,3-丁二烯)的抑制。

偏二甲肼的最初氧化产物可能是短寿命的 1,1-二甲基二氮烯,当浓度足够高时可能再发生二聚生成四氮烯(McBridde and Bens,1959 年),或进一步被氧化(McBride and Kruse,1957 年)。关于肼类被溶解氧氧化的这些研究证实偏二甲肼具有很高的反应活性,以及痕量金属离子的催化效果(Gormley,1973 年)。

为了更清楚地了解这个氧化过程,S. Banerjee 等人研究了这个反应的动力学。他们使用含有硫酸铜的曝过气的缓冲溶液,在(30.0 ± 0.1)℃恒温搅拌至少 10 min,然后加入微量的浓偏二甲肼贮备液,并调节偏二甲肼和 O_2 的比例,开始反应。用溶解氧监测仪测定氧的消耗情况。

Banerjee 的研究指出,偏二甲肼以游离碱的形式发生反应,当 Cu^{2+} 的浓度低于 1×10^{-8} mol/L 时,Cu^{2+} 没有明显的催化作用。Cu^{2+} 对氧化速度影响表明,反应是通过自由基机理进行的。

研究结果还表明,偏二甲肼的氧化包括受 Cu^{2+} 催化的部分和不受 Cu^{2+} 催化的部分,因此,反应速度常数可表达为 $k_{obs} = k_1 + k_2 c_{Cu^{2+}}$。根据试验结果 $k_2 = 1.91 \times 10^{-3}$ min^{-1},$k_2 = 596$ $mol^{-1} \cdot L \cdot min^{-1}$,不受催化的部分可能代表壁反应或可能是氧和偏二甲肼的直接反应。从理论上说,产生氢过氧化物可能与亚硝胺和水有关,但试验中没有检测到。MacNaughton 等人在 1977 年也独立提出过相同的机理。

用两种不同的湖水和不含 Cu^{2+} 的蒸馏水进行的研究表明,湖水和蒸馏水的动力学结果具有相同的数量级。但是这里必须考虑到 pH 的差异,因为反应是按下式进行的:

$$(CH_3)_2NNH_2 \underset{}{\overset{K}{\rightleftharpoons}} (CH_3)_2NNH \cdot H^+$$

$$\downarrow k$$

$$k = k_{obs}\left(\frac{K + c_{H^+}}{K}\right)$$

式中,$K = 7.21$,是偏二甲肼离子的电离常数。

在高 pH 的情况下 $K \gg c_{H^+}$,$k_1 = k_{obs}$。pH $\gg 7.2$ 时就出现这种情况。对于湖水的试验来说,$k \approx 2.5k_{obs}$,数值范围为 $2 \times 10^{-3} \sim 3.5 \times 10^{-3}$ min^{-1}。已经证实在所用的湖水中没有任何异常的催化剂或抑制剂,因此,在试验的真实 pH 下,偏二甲肼消失的半衰期值可以用上述方程及 $k = 30 \times 10^{-4}$ min^{-1} 的值来计算。他们提出了一些偏二甲肼消失的半衰期与 pH 的关系数据(30℃),并认为这些值可用作预测值。

二、湖水中偏二甲肼的降解

S. Banerjee 等人用纽约州拉鸠斯当地水库的水研究了偏二甲肼的降解。湖水先经粗滤纸过滤除去固体颗粒,然后分成两份,其中的一份通过 0.45 μm 微孔膜过滤器杀菌,另一份未杀菌的水中微生物数量是 2.12×10^5 个/mL。两种水都配制成 10 mg/m^3 的 $(CH_3)_2NNH_2 \cdot HCl$ 溶液,并在 8 d 的试验时间内用 5 cm 液槽测量紫外光谱。

用膜过滤过的水样在 326 nm 的吸收逐渐展开,酸化后移向 356 nm。因此,很可能这种产物与用蒸馏水进行偏二甲肼氧化时观察到的产物一样。未杀菌的湖水只在 230 nm 和 326 nm 有很弱的吸收峰。8 d 以后,把 25 mL 未杀菌的湖水加到 500 mL 杀菌的水中,并测定吸收光谱。又过 4 d,两个峰的强度大大减弱,微生物数目上升到 2.12×10^5 个/mL。

很显然,在没有微生物的湖水中,$(CH_3)NNH_2 \cdot HCl$ 被氧化生成在 326 nm 有吸收峰的产物,而且这个产物可被微生物降解。在没有杀菌的水中观察不到这个产物,可能是微生物作用的结果。

以上结果表明,偏二甲肼在天然水中的氧化反应速度与在纯蒸馏水中的速度相同,而且氧化产物可被湖水中的微生物降解,因此,以上研究结果可用来估计偏二甲肼在水环境中的残留期。

三、在地表水中的降解动力学

Slonim 和 Giscland 研究了不同硬度、溶解氧和 pH 的七种水样中肼的降解,每种水样中肼的浓度都是 5 mg/L,并连续分析 4 d,其结果是,在河水中,肼的浓度在 2 d 内下降到检测限(0.05 mg/L)以下,在池水中,4 d 内降至 0.27 mg/L。自来水由于被软化和氯化,肼浓度在 4 d 内下降很少,肼在硬水中降解快。

在地表水中,肼的氧化速度可通过加入已知量肼、一甲基肼和偏二甲肼在氧饱和蒸馏水中,测量 pH 和溶解氧随时间的变化求出。

水合肼的降解规律研究是选取一家水合肼生产厂的下游污水,采集水样进行室内试验及室外监测,室内试验数据表明,水合肼的降解规律符合动力学一级反应。

$$c_t = c_0 e^{-Kt}$$

式中　c_0—— 起始浓度;

t——降解时间；

K——降解系数；

c_t——t 时的浓度。

在不同条件下水合肼的降解速度不同,试验证明水温、水中微生物、溶解氧和 pH 对降解系数有较大的影响。

水温对水合肼降解的影响见下式：

$$K_T = K_{20}\theta^{T-20}$$

式中　K_{20}——20℃ 时的降解系数；

　　　θ——常数；

　　　K_T——温度为 T 时的降解系数。

利用城市生活污水作微生物接种液,取不同的污水加入水合肼溶液,分别在不同温度、自然光照及通风条件下放置。试验结果表明,有微生物的水合肼污水比无微生物的含水合肼污水溶液降解速度快,θ 为 1.079,大于无微生物时的 θ(1.041),微生物在水合肼降解过程中起一定作用。

溶解氧对水合肼的降解影响较大,在富氧条件下的降解速度大于正常氧条件下的降解速度,正常氧条件下的降解速度大于缺氧条件下的降解速度。在不同的 pH 条件下对水合肼的降解不同,一般 pH 在 6～8 之间水合肼可自然降解,pH 在 4 以下及 10 以上时,水合肼基本稳定。pH 对降解系数的影响为 $K_{pH=5} > K_{pH=8} > K_{pH=10} > K_{pH=4}$。

Banerjee,Sikka 和 Gray 研究了偏二甲肼在蒸馏水和湖水中被溶解氧氧化的动力学及微生物的作用。先将硫酸铜溶液在 (30.0±0.1)℃ 充分搅拌气至少 10 min。然后加入几微升浓偏二甲肼溶液则 $c_{(CH_3)_2NNH_2} \gg c_{O_2}$,$O_2$ 的消耗量由一台溶解氧检测仪测量,由 c_{O_2}-t 曲线可得出速度常数。由不同 Cu^{2+} 浓度、不同 pH 推导出的一级速度常数列于表 3-5。表中数据表明,在 Cu^{2+} 浓度小于 $1×10^{-6}$ mol/L 时,对偏二甲肼的催化作用不明显。表中的一个特征是负的截距,这可能是因为偏二甲肼纯度不高。在任何一种情况下,这种误差只会影响到截距,而对速度常数没有影响。

表 3-5　$(CH_3)_2NNH_2 \cdot HCl$ 氧化动力学

序　号	pH	$\dfrac{c_{Cu^{2+}}}{10^6\ mol \cdot L^{-1}}$	$\dfrac{K}{(min^{-1})×10^4}$[1]	$\dfrac{截距}{(min^{-1})×10^7}$[1]	Cc[2]
1	9.13	0.020 6	25.8	−88.6	0.996
2	9.13	0.061 8	35.4	−14.6	0.997
3	9.13	0.206	25.2	−49.4	0.983
4	9.13	2.06	55.4	−130	0.941
5	9.13	7.73	208	−584	0.990
6	9.13	15.5	178	−984	0.997
7	9.13	20.6	294	−416	0.992
8	9.13	25.8	342	−388	—
9	8.40	0.020 6	14.4	−32.4	0.989
10	8.88	2.18	21.0	−108	0.996
11	10.7	2.18	34.0	−17.0	0.987

注：①由 K_{abc} 对 $c_{(CH_3)_2NNH_2 \cdot HCl}$ 作图得到值；②线性回归系数。

Cu^{2+} 对氧化速度的影响见下列自由基反应机理：

$$(CH_3)_2N\overset{+}{-}NH_3 \underset{}{\overset{H^+}{\rightleftharpoons}} (CH_3)_2N-NH_2 \overset{Cu^{2+}}{\longrightarrow} (CH_3)_2N\overset{+\cdot}{-}NH_2 \overset{O_2}{\longrightarrow}$$

$$(CH_3)_2N\overset{+\cdot}{-}NOOH \overset{Cu^+}{\longrightarrow} (CH_3)_2N-NHOOH \longrightarrow (CH_3)_2\overset{+}{N}=NH$$

湖水是一种天然缓冲溶液，在加入 $(CH_3)_2NNH_2 \cdot HCl$ 前后 pH 不发生变化。湖水中的动力学与蒸馏水中是同一个数量级，然而如果直接进行比较，则必须考虑到 pH 的不同。偏二甲肼在不同 pH 时的半衰期（预测值）见表 3-6。

表 3-6   30℃时偏二甲肼半衰期与 pH 的关系

pH	$t_{1/2}$/h
5	630
6	66
7	10
8	4.5
9	3.9

四、在水溶液中的寿命

在水环境中，化学物质的寿命由种种不同反应历程决定，如化学降解、物理相之间迁移、稀释扩散等。肼类燃料在水中如果没有金属离子存在时相当稳定。Braun 和 Zirrdli 对非催化水溶液中肼类燃料的降解进行了研究，一甲基肼和偏二甲肼在蒸馏水、海水和池水中很稳定，在池水和海水中的半衰期为 10～14 d。一甲基肼不论是在蒸馏水还是在自然水中，如果没有催化金属离子或曝气，分解很慢。在去离子（蒸馏）水中，一甲基肼降解 300 h 后还剩下 20%。尽管在淡水和海水中，降解速度要快一些，但仍很慢，半衰期一般为 2 周左右，在不同自然水体中变化不大，且与初始一甲基肼浓度关系不大。偏二甲肼的降解速度与一甲基肼相似，为了更准确地外推出偏二甲肼水溶液的半衰期并表征其分解产物，用较低浓度的偏二甲肼试验了 30 d，其半衰期为 2 周。

五、在污水处理厂中的降解

MacNaughton 和 Farwald 对肼、一甲基肼和偏二甲肼在活性污泥处理系统中的降解进行了研究。

在连续进料时，当肼类燃料的浓度超过 10 mg/L 时，在反应池中滞留 9 h，有机碳的去除效率明显降低，剩余一甲基肼和偏二甲肼分别为 5 mg/L 和 8 mg/L。对活性污泥不产生影响的 3 种浓度分别是：肼为 2 mg/L，一甲基肼和偏二甲肼为 1 mg/L，然而，即使在如此低的浓度下也不能确保肼类燃料完全降解，只有在极低的肼类燃料浓度（<1 mg/L）时，水中的肼类燃料才在检测限之下。而在同样条件下，仍可检测到一甲基肼和偏二甲肼。对于藻类，如果使其不产生影响，必须将进水中液体推进剂浓度控制在 1 mg/L 以下。

肼类燃料对氮的硝化作用产生抑制的浓度分别是：偏二甲肼和肼是 1 mg/L，一甲基肼是 0.5 mg/L。但保持一个固定的有机氮浓度是很难的，因此定量地估测肼类燃料对有机氮的作用也很难。定性地讲，有机氮的去除与有机碳的去除非常类似。对于进水中液体推进剂浓度为 20 mg/L 的污水,在反应池中偏二甲肼表现出较高的稳定性,其浓度为 12.6 mg/L,而肼下降至 6.1 mg/L,一甲基肼则下降至 3.7 mg/L。反应池中降解百分比可由衰减常数 k 来估算。假设是稳定状态,在完全混合反应池中应用质量守恒定律,出水中浓度(c)与进水中浓度(c_0)之比可由下式计算:

$$\frac{c}{c_0} = \frac{1}{1 + k\theta}$$

如滞留时间(θ)为 6.67 h,采用在最低浓度下的衰减常数,去除百分率分别是肼为 77%,一甲基肼为 67%,偏二甲肼为 39%,除偏二甲肼外,其他的与实测值很符合。偏二甲肼的低降解率和相应的低毒性表明,偏二甲肼被自养型和异养型生物的利用率都比肼和一甲基肼要少。

间隙进料(slug close)可能是偶然泄漏的结果,可能会产生 25~250 mg/L 的废水,此时出水中仍然有推进剂存在。即使其下限为 25 mg/L 时,出水中肼类燃料的浓度仍然对鱼、藻类和其他水生有机物产生毒害。对污水处理厂造成影响的浓度分别是,肼为 44 mg/L,一甲基肼约 32 mg/L,偏二甲肼为 74 mg/L。间隙进料对自养型生物的影响要比异养型生物影响显著得多。

3.2.3　偏二甲肼在水环境中的热力学平衡

一、相间分配平衡过程

1. 水(aq)-气(g)相平衡过程

由于偏二甲肼是易挥发物质,因此水-气相界面处存在着分配平衡,根据亨利定律可得

$$c_{(CH_3)_2NNH_2(aq)} = H p_{(CH_3)_2NNH_2}$$

式中　$c_{(CH_3)_2NNH_2(aq)}$——偏二甲肼在水相中的平衡浓度;

　　　　　　H——亨利常数;

　　　$p_{(CH_3)_2NNH_2}$——偏二甲肼在空气中的分压。

假设偏二甲肼的水中稳态平衡浓度为 $c_{稳}$,可得水气分配平衡浓度:

$$p_{(CH_3)_2NNH_2} = c_{稳}/H$$

2. 水(aq)-固(s)相吸附平衡过程

偏二甲肼被沉积物和土壤吸收的过程实际上就是有机物溶解进入沉积物和土壤有机质的过程,亦即在水相中溶解与在沉积物中溶解的分配过程,从而有

$$(CH_3)_2NNH_2 + P \Longrightarrow (CH_3)_2NNH_2 \cdot P$$

其分配系数为

$$K_{aqs} = \frac{c_{(CH_3)_2NNH_2 \cdot P}}{c_{(CH_3)_2NNH_2} \cdot c_P}$$

一般地,

$$K_{aqs} = K_{ac} \cdot OC$$

式中　K_{ac}——沉积物的吸附系数;

　　　OC——沉积物中有机碳的百分数;

　　　c_P——$1/c_{沉积物的百分数} - 1$。

水相中的偏二甲肼吸附平衡浓度为

$$c_{(CH_3)_2NNH_2} = \frac{K_{oc}OCc_Pc_{ap}}{1 + K_{oc}Oc_P}$$

式中，c_{aq} 为吸附前偏二甲肼的浓度。

3. 水（aq）-生物（B）相吸附平衡过程

偏二甲肼的生物吸附过程可看作是水-生物相的吸附平衡过程。

$$(CH_3)_2NNH_2 + B \Longrightarrow (CH_3)_2NNH_2 \cdot B$$

其分配系数为

$$K_{aqB} = \frac{c_{(CH_3)_2NNH_2 \cdot B}}{c_{(CH_3)_2NNH_2} \cdot c_B}$$

另外，生物富集因子（Bioconcentration Factor，BCF）表示平衡时化学品在生物体内的浓度与水环境中浓度的比值，即

$$BCF = \frac{\text{平衡时化学品在生物体内的浓度}}{\text{化学品在水中的浓度}}$$

显然，

$$K_{aqB} = BCF$$

从而水相中的偏二甲肼生物吸附平衡浓度为

$$c_{(CH_3)_2NNH_2} = \frac{BCF c_B c_{0B}}{1 + BCF c_B}$$

式中，c_{0B} 为生物吸附前偏二甲肼的浓度。

二、溶液解离平衡

1. 水相（aq）中解离平衡

偏二甲肼是有机弱碱，在水溶液中其解离平衡为

$$(CH_3)_2NNH_2 + H_2O \Longrightarrow (CH_3)_2NNH_3^+ + OH^-$$

解离平衡常数为

$$K_b = \frac{c_{(CH_3)_2NNH_3^+} \cdot c_{OH^-}}{c_{(CH_3)_2NNH_2}}$$

设偏二甲肼排放初始浓度为 c_0，则平衡时偏二甲肼浓度为

$$c_{[(CH_3)_2NNH_2]平衡} = c_0 - \frac{\sqrt{K_b^2 - 4K_b c_0} - K_b}{2}$$

2. 沉积物相吸附对解离过程的影响

有机离子可与沉积物发生交换，交换程度取决于沉积物的离子交换容量，另外，沉积物的粒径分布也影响沉积物对有机离子的吸附。实际过程中偏二甲肼的解离程度较小，故忽略沉积物吸附对偏二甲肼溶解离子态的影响，仅考虑其化合态的吸附。

3. 生物相吸附对解离平衡的影响

生物相吸附的平衡常数

$$(CH_3)_2NNH_2 + B \Longrightarrow (CH_3)_2NNH_2 \cdot B$$

$$(CH_3)_2NNH_3^+ + B \Longrightarrow (CH_3)_2NNH_3^+ \cdot B$$

$$K_{aqBH} = \frac{c_{(CH_3)_2NNH_3^+ \cdot B}}{c_{(CH_3)_2NNH_3^+} \cdot c_B}$$

忽略离子的生物相吸附，仅考虑生物相吸附对偏二甲肼化合态的影响。

三、综合平衡分布系数

综合相间分配和解离平衡过程，偏二甲肼排放后初始浓度为

$$S_t = c_{(CH_3)_2NNH_2(g)} + c_{(CH_3)_2NNH_2(aq)} + c_{(CH_3)_2NNH_2 \cdot P} + c_{(CH_3)_2NNH_2 \cdot B} +$$

$$c_{(CH_3)_2NNH_3^+} + c_{(CH_3)_2NNH_2)HP^+} + c_{(CH_3)_2NNH_2)HB^+} =$$

$$\left(1 + \frac{RT}{H}\right) c_{(CH_3)_2NNH_2(aq)} + c_{(CH_3)_2NNH_2 \cdot P} + c_{(CH_3)_2NNH_2 \cdot B} +$$

$$c_{(CH_3)_2NNH_3^+} + c_{(CH_3)_2NNH_2 \cdot HP^+} + c_{(CH_3)_2NNH_2 \cdot HB^+}$$

从而各型体对 $c_{(CH_3)_2NNH_2(aq)} / S_t$ 的分母贡献如下。

(1) $c_{(CH_3)_2NNH_2(aq)}$ ：

$$Q_1 = 1 + RT/H$$

(2) 沉积物吸附：

$$Q_2 = K_{aqs} c_P$$

(3) 生物吸着：

$$Q_3 = K_{aqB} c_P$$

(4) 偏二甲肼水解：

$$Q_4 = K_b / c_{OH^-}$$

(5) 沉积物吸附 $(CH_3)_2NNH_3^+$ ：

$$Q_5 = K_{aqsH} K_b / c_{OH^-}$$

(6) 生物吸附 $(CH_3)_2NNH_3^+$ ：

$$Q_6 = K_{aqBH} K_b / c_{OH^-}$$

从而各型体的综合分布系数为

$$\beta = \frac{1}{Q_1 + Q_2 + Q_3 + Q_4 + Q_5 + Q_6}$$

$$c_{(CH_3)_2NNH_2(g)} : \alpha_0 = RT/H$$

$$c_{(CH_3)_2NNH_2(aq)} : \alpha_1 = Q_1/St = \beta$$

$$c_{(CH_3)_2NNH_2 \cdot P} : \alpha_2 = K_{aqs} c_P$$

$$c_{(CH_3)_2NNH_2 \cdot B} : \alpha_3 = K_{aqsB} c_B$$

$$c_{(CH_3)_2NNH_3^+} : \alpha_4 = K_b c_{H^+} / K_w$$

$$c_{(CH_3)_2NNH_2)HP^+} : \alpha_5 = K_b K_{aqsH} c_{H^+} / K_w$$

$$c_{(CH_3)_2NNH_2)HB^+} : \alpha_6 = K_b K_{aqBH} c_{H^+} / K_w$$

总溶解态分数：

$$\alpha_{aq} = \alpha_1 + \alpha_4 = \frac{\beta(K_w + c_{H^+})}{K_w}$$

总沉积物吸着态分数：

$$\alpha_p = \alpha_2 + \alpha_5 = \frac{\beta(K_{aqB} K_w c_P + K_b K_{aqsH} c_{H^+})}{K_w}$$

总生物吸着态分数：

$$\alpha_B = \alpha_3 + \alpha_6 = \frac{\beta(K_{aqB} K_w c_B + K_b K_{aqBH} c_{H^+})}{K_w}$$

若不考虑沉积物和生物相对离子态的吸附作用，则可令 $K_{aqsH} = 0$，$K_{aqBH} = 0$，代入 c_P，c_B，c_{H^+}，K_b，K_{aqs}，K_{aqB}，H 和 T 的值，即可求出各型体的综合平衡浓度。

3.3 液体推进剂在土壤中的迁移转化

液体推进剂的泄漏除了污染大气和水体外,还会对土壤造成污染。因为在土壤中存在着气、液、固相,故推进剂在土壤中的行为非常复杂,包括不可逆的化学吸附及可逆的物理吸附、从土壤溶液到胶体的迁移、微生物降解等过程。当推进剂泄漏至地面时,有一部分挥发到大气中,一部分溶解于水溶液中,还有一部分渗到土壤中。表 3-7 总结了肼类燃料在大气及水中的蒸发速度及半衰期。

表 3-7　肼类燃料在大气及水中的蒸发速度及半衰期

化合物	蒸发速度 $mg \cdot cm^{-2} \cdot min^{-1}$	半衰期	
		大气/h	水/d
肼	0.49	1.10	7
一甲基肼	1.7	2.7	10
偏二甲肼	13	100	10

在土壤中,肼与土壤的相互作用非常复杂,与土壤的类型有关。肼可被土壤胶体物理吸附或者化学吸附。在较低 pH 时,肼与黏土之间的作用主要是可逆离子交换,但在 pH 较高时,由于在土壤表面形成的不溶的铝和铁的氢氧化物,可通过氢键作用结合大量肼。如果黏土被 Cu^{2+} 活化并且充分曝气,则肼的降解非常迅速。

肼对土壤微生物的毒性大小是肼>一甲基肼>偏二甲肼,当 $c_{N_2H_4} > 0.05$ mg/L 时,细菌对肼的反应是以对数规律递减,并依赖于肼的剂量,表现出杀菌作用和抑菌作用。

3.3.1 肼类燃料与土壤中胶体组分的相互作用

在土壤环境中,对吸附和解吸附过程有活性作用的是胶体组分,胶体组分是黏土的主要成分,它与黏土中矿物质、各种氢氧化物特别是 Al,Fe 和 Mn 的氢氧化物、有机腐殖质有关。胶体中每一组分都可单独存在于土壤中,但每一种土壤中都是黏土各组分构成的成团土壤胶体结构。常温下,肼类燃料在土壤中有较高的蒸气压,土壤胶体-肼类燃料的气相反应很重要,特别是在吸附质浓度很高、pH 很高且土壤中含水量很少的情况下,溶解氧能很大程度降解肼类燃料,因此在碱性条件下,区分吸附和降解很重要。很多过渡金属都可以催化肼类燃料的降解,这些催化剂在没有氧气存在的情况下作为一个或两个电子的接受体。Hayes 等(1984 年)研究表明肼类燃料与同离子交换土壤胶体的相互作用大大提高了肼类燃料的降解。Hayes,Chia 和 Totmah 等研究了肼、一甲基肼与同离子交换黏土和腐殖酸作用,在有氧气存在的情况下,肼可在溶液中被降解,降解随 pH 升高而增强,被 K^+,Na^+,Mg^{2+},Cu^{2+},Mn^{2+},Ca^{2+} 和 Fe^{3+} 同离子交换黏土表面催化加强,在 Cu^{2+}-蒙脱土存在时,肼的降解剧烈而迅速。Na^+-黏土的吸附随 pH 从 4 增加到 8 而增加,腐殖酸吸附则由大分子的形状控制,这反过来也影响了电荷中和。在土壤环境中,吸附作用受腐殖质影响很大,而受黏土影响很小。

用 50 mL 水即可从沙砾中将 100% 偏二甲肼沥滤出,但在腐殖质中,观察到两者有很强的相互作用,滤出液用 500 mL 水萃取后,回收率小于 20%。肼类可由基本不变形的泥土胶体物理吸附或不可逆化学吸附。可逆的离子交换是低 pH 下肼类燃料-黏土相互作用的主要机理，但在较高的 pH 下，在表面生成不溶性的铝和离子水合氧化物，并将大量的肼类燃料通过氢键和阳离子形式的肼化作用而结合在一起。如若黏土用 Cu^{2+} 活化并增加透气性，则能极为有效地使肼类燃料降解。肼类对泥土微生物生长动力学的影响毒性顺序为肼＞一甲基肼＞偏二甲肼。其细菌特性曲线在对数增长一开始就被延缓。因肼类燃料实际上是作为某些固氮菌的中间产物而产生的，故耐肼类燃料细菌的繁殖与肼类燃料的浓度有关。固氮菌中的酶能使肼类燃料催化分解，并通过固氮菌加速肼类燃料的吸收。

一、肼类燃料在蒙脱土中的降解

用 Camp Berteaa 蒙脱土和 Oneal Pit 高岭土试验，在溶液中肼类燃料首先被溶解氧氧化，如果溶液中没有黏土，肼和一甲基肼分别为降解初始浓度的 90% 和 85%。把肼类燃料加入黏土悬浊液中，一部分肼被吸附，另一部分被氧化，其中吸附很迅速。利用下式可测定降解程度。

$$K = A/(B - C)$$

式中　K —— 在 1% 黏土悬浊液中肼类燃料的降解程度；

　　　A —— 反应一段时间后，上层清液中肼类燃料的量；

　　　B —— 初始肼类燃料的量；

　　　C —— 被吸附肼类燃料的量。

表 3-8 中数据表明，除了 Cu^{2+}-黏土外，其余系统 3 h 后肼类燃料被降解约 30%，延长时间对 Mn^{2+} 和 Fe^{3+} 深度降解影响较明显。肼类燃料的吸附作用在 pH＝8.8～9.9 较小，被 Fe^{3+} 和 Al^{3+}-黏土(pH＝7.6)吸附量较高。

表 3-8　不同 pH 时，同离子交换蒙脱土制备 1% 悬浊液中肼类燃料的降解和吸附程度

黏土中的可交换离子		悬浊液 pH		非吸附降解/(%)		吸附(g^{-1}黏土) $\mu mol \cdot g^{-1}$
		加肼类燃料前	加肼类燃料后	3 h 后	24 h 后	
加入肼	K^+	6.4	9.6	30～35	40～45	
	Na^+	5.6	9.9	30～35	40～45	100
	Ca^{2+}	7.2	9.2	30～35	40～45	90
	Mg^{2+}	6.5	9.2	30～35	40～45	83
	Cu^{2+}	4.9	5.2	＞95	＞95	243
	Mn^{2+}	5.6	9.6	30～35	60～45	113
	Al^{3+}	3.6	7.6	30～35	30～45	738
	Fe^{3+}	2.8	7.6	30～35	50～45	819
加入一甲基肼	Na^+	5.6	8.8	30～35		81

表 3-9 给出了在不同 pH 时，金属氯化物中阳离子浓度为 320 mg/L 时肼类燃料的降解数据。将肼类燃料加入 $CuCl_2$，$AlCl_3$，$FeCl_3$ 溶液中不会引起 pH 升高，其中在 $CuCl_2$ 溶液中降解得最快并伴随有灰白色沉淀生成。在 3～24 h 内，$MnCl_2$ 溶液中肼类燃料的降解百分数显著增大，并有暗的浅白色胶状沉淀生成，$FeCl_3$ 溶液中的降解伴有浅褐色胶状沉淀生成。

表 3-9 在不同 pH 时,在金属氯化物溶液中(320 mg/L M^{2+})肼类燃料的降解程度

阳离子	溶液 pH		肼类燃料降解百分数/(%)	
	加肼类燃料前	加肼类燃料后	3 h 后	24 h 后
K$^+$	5.4	8.4	<10	<10
Na$^+$	5.7	8.5	<10	<10
Ca^{2+}	5.5	8.1	<10	20
Mg^{2+}	5.2	8.4	<10	20
Cu^{2+}	4.5	4.3	50	>95
Mn^{2+}	5.8	8.3	<10	75
Al^{3+}	3.6	3.6	<5	<5
Fe^{3+}	2.2	2.2	<5	20

二、肼、一甲基肼与同离子交换黏土的相互作用

肼类燃料在 Na$^+$-蒙脱土、K$^+$-蒙脱土,Mg^{2+}-蒙脱土和 Ca^{2+}-蒙脱土的悬浊液(pH=9.2~9.9)中的降解比在相应的金属氯化物溶液中(pH=8.1~8.5)要迅速得多,体系中非均质成分-蒙脱土可催化降解反应,较高 pH 和黏土的催化作用可增强降解程度。

肼类燃料在 Mn^{2+}-蒙脱土中的降解要比 MnCl$_2$ 溶液中大(分别是 30%,10%,pH 为 9.6 和 8.3),在 pH 较高时会形成锰的氢氧化物,Mn^{2+} 比 Na$^+$-蒙脱土、K$^+$-蒙脱土、Mg^{2+}-蒙脱土和 Ca^{2+}-蒙脱土有更强的促进降解作用,Mn^{2+} 与肼类燃料络合的能力及它的易水解性(pK_a=10.5)增强了吸附质和 Mn^{2+}-蒙脱土之间的作用。

在 CuCl$_2$ 溶液中,初始降解速度很快,同时 Cu^{2+} 被肼类燃料还原为 Cu$^+$,由于生成 Cu(I) 络合物从而使肼类燃料不易被降解。而在黏土溶液中,由于黏土表面增大了有效 Cu^{2+} 浓度,从而使肼类燃料的降解作用增强,即使在上层清液中肼类燃料的浓度为 0,在黏土中仍可检测到肼类燃料。Cu^{2+} 的水解或还原都将引起黏土多电荷的不平衡,而吸附肼类燃料离子。肼类燃料被黏土吸附后很稳定,不易分解。

表 3-10 给出了被同离子交换蒙脱土和高岭土吸附肼类燃料的最大吸附量和被 Al^{3+}-蒙脱土吸附的一甲基肼量。表 3-10 中数据表明,溶液的 pH 对肼类燃料的吸附影响很显著,随着 pH 升高,Na$^+$-黏土吸附作用减弱。Ca^{2+}-蒙脱土的吸附很低,Al^{3+}-黏土在 pH≥8 时吸附量增加很大,这是由于生成了氢氧化铝。Fe(OH)$_3$-蒙脱土的吸附等温线是线性的,像 Al(OH)$_3$ 体系一样,在 pH=8 时吸附的肼类燃料的量比 pH=10 时多,这是由于在 pH 从 8 调到 10 时出现了解吸。

表 3-10 蒙脱土(M)和高岭土(K)吸附肼、甲基肼的最大量

黏 土	黏土悬浊物初始 pH	肼类燃料溶液的 pH	最大吸附量/(μmol·g^{-1})	
			肼	一甲基肼
Na$^+$-M	5.6	4.0	650	
	5.6	8.0	100	

续 表

黏　土	黏土悬浊物 初始 pH	肼类燃料溶液的 pH	最大吸附量/$(\mu mol \cdot g^{-1})$	
			肼	一甲基肼
$Ca^{2+}-M$	4.0	4.0	70	
	6.8	10.0	97	
$Al^{3+}-M$	4.0	4.0	149	
	4.0	10.0	900	1 000
	8.0	8.0	1 500	1 500
	10.0	10.0	225	
$Fe^{3+}-M$	2.8	8.0	900	
	2.8	10.0	1 100	
$Na^{+}-M$	6.7	4.0	120	
	6.7	8.0	75	
$Al^{3+}-K$	4.5	4.0	42	
	8.0	8.0	220	

三、黏土对一甲基肼的气相吸附

一甲基肼气相被 Na^{+}-蒙脱土吸附的等温线是 Ⅱ 型,但沿着整个吸附一解吸路线有一个很明显的迟滞。等温线"环形"是极性蒸气被蒙脱土吸附和解吸的特征,是由于在层间有有机分子的插入。一甲基肼被 Na^{+}-高岭土吸附的等温线也是 Ⅱ 型,尽管在较高的相对压力时解吸等温线出现了一些迟滞,但大部分解吸与吸附等温线还是很接近的。一甲基肼被 Fe^{3+}-高岭土吸附的等温线也是 Ⅱ 型,但在解吸过程中迟滞很明显,当吸附过程被逆转时,只有 0.4 mmol/g 没有被解吸。数据见表 3-11。

必须注意,虽然 BET 的应用和等比容分析在吸附不可逆时并非绝对有效,然而所得的数据对于比较反应历程还是有用的。

表 3-11　同离子交换黏土吸附一甲基肼和水蒸气的吸附等温线的 BET 分析数据

BET 分析	一甲基肼			水蒸气		
	$Na^{+}-K$	$Fe^{3+}-K$	$Na^{+}-M$	$Na^{+}-K$	$Fe^{3+}-K$	$Na^{+}-M$
C(常数)	506	33	434	36	245	6.4
比表面积/$(m^2 \cdot g^{-1})$	50	32	725	29	15	460.2
单层容量/$(mmol \cdot g^{-1})$	0.39	0.21	2.5	0.39	0.21	3.1
吸附热/$(kJ \cdot mol^{-1})$	−15.4	−8.6	−15.1	−8.9	−13.4	−4.6
吸附质:可交换离子	4:1	7:1	3:1	4:1	7:1	4:1

四、肼被腐殖酸的吸附

在 $pH=4$ 时，H^+-腐殖酸、Ca^{2+}-腐殖酸和 Al^{3+}-腐殖酸与肼溶液的相互作用表明，水合肼极易被 H^+-腐殖酸固定，然后是 Ca^{2+}-腐殖酸和 Al^{3+}-腐殖酸。在任何情况下，测得的最大吸附量仅是吸附剂阳离子吸附容量的一部分（12%～23%），大分子结构内部扩散到键位的立体障碍使吸附程度较低。

五、pH 对吸附的影响

在 $pH=4$ 时，吸附质是 $N_2H_5^+$ 或 $CH_3NHNH_3^+$，其在黏土表面与阳离子键合的强度为：$Na^+ < Ca^{2+} < Al^{3+} < Fe^{3+}$。阳离子极化能和配位能按 $Fe^{3+} > Al^{3+} > Ca^{2+} > Na^+$ 顺序递减。在 $pH=4$ 时，肼被 Al^{3+}-蒙脱土吸附的量比 Na^+-黏土小，但比 Ca^{2+}-黏土大。Al^{3+}-体系吸附量高归因于阳离子极化能。交换反应如下所示：

$$Al(H_2O)_6^{3+} + N_2H_5^+ \longrightarrow [Al(H_2O)_5(OH)^-(N_2H_5^+)]^{3+} + H^+$$

在 $pH=8$ 时，溶液中肼被 Na^+-蒙脱土吸附比在 $pH=4$ 时小得多，此时溶液中肼的浓度等于肼离子的浓度。肼被 Ca^{2+}-蒙脱土的吸附在 $pH=8$ 和 $pH=4$ 时非常接近，对于该物质，阳离子交换不占优势，不如阳离子水解和配位重要。在 Fe^{3+}-蒙脱土和 Al^{3+}-蒙脱土中，吸附作用引起阳离子水解，而与多价阳离子配位水合物的离解程度越强，肼离子与黏土越近，与 H^+ 交换也增加。Fe^{3+}-蒙脱土和 Al^{3+}-蒙脱土与黏土的交换容量相近，这表明阳离子水解为中性物质。

六、被氢氧蒙脱土和氢氧高岭土的吸附

当黏土在 NaOH 稀溶液中平衡 24 h 后，可在 Fe^{3+}-黏土、Al^{3+}-黏土表面形成氢氧化"砂土"。对 Al^{3+}-黏土体系的深入研究表明阳离子被中和为 $Al(OH)_3$，这种氢氧化物不能与 $0.1\ mol/L$ NaCl 溶液进行离子交换，$Al(OH)_3$ 中的 OH^- 对负电荷有贡献。在 $pH=8$ 时肼和一甲基肼被 Al^{3+}-蒙脱土键合的主要机理是肼离子与 Na^+ 的交换（Na^+ 来自生成 $Al(OH)_3$ 的 NaOH），主要包括以下方面：

1）强碱与氢氧化物作用，其方程式为

$$-Al-OH + N_2H_4 \longrightarrow AlO^- + N_2H_5^+$$

2）在吸附质与黏土表面之间以及在表面吸附质分子之间的范德瓦耳斯的作用。

3）质子化和非质子化物质之间的 OH 键。

4）肼和一甲基肼作为单配位基或在铝晶格之间作为成键配位基。

$pH=10$ 时的吸附作用比 $pH=8$ 时小的事实说明，氢氧化物仅在某一 pH 时才是稳定的，最大吸附量出现在黏土表面形成中性物质最多时，而不是生成 OH^- 时。

3.3.2　肼在砂质土壤中迁移数值模拟

Mansell 提出了一个描述含有 N_2H_4，$N_2H_5^+$ 和土壤阳离子如 Cu^{2+} 的溶液流过水饱和土壤时的迁移转化模型。在模型中假设存在于土壤中的 N_2H_4，$N_2H_5^+$ 通过不可逆的化学吸附转移到土壤溶液中，通过可逆的物理吸附转移至土壤固体相上，并可由细菌和化学降解作用完全降解。当 $pH < 7.8$ 时，假定一部分 N_2H_4 通过水解作用转化为 $N_2H_5^+$，$N_2H_5^+$ 可与土壤交

换相中最初存在的离子(如 Cu^{2+})进行离子交换。

N_2H_4(溶液 1♯)、$N_2H_5^+$(溶液 2♯)和土壤阳离子(溶液 3♯)的迁移转化数学方程如下:

$$\frac{\partial c_1}{\partial t} = D\frac{\partial^2 c_1}{\partial z^2} - v\frac{\partial c_1}{\partial t} - \sum_i^3 \varphi_{1i} \tag{3-1}$$

$$\frac{\partial c_2}{\partial t} = D\frac{\partial^2 c_2}{\partial z^2} - v\frac{\partial c_2}{\partial t} - \sum_i^4 \varphi_{2i} \tag{3-2}$$

$$\frac{\partial c_3}{\partial t} = D\frac{\partial^2 c_3}{\partial z^2} - v\frac{\partial c_{13}}{\partial t} - \varphi_{3i} \tag{3-3}$$

式中　c_1, c_2, c_3——N_2H_4, $N_2H_5^+$ 和土壤阳离子浓度,$\mu g/mL$;

　　　　D——扩散系数,cm^2/h;

　　　　v——$v = q/\theta$ 是孔隙水速度,cm/h,q 是达西速度,cm/h,θ 是体积水含量,cm^3/cm^3;

　　　　z——通过土壤的距离,cm;

　　　　t——时间,h;

　　$\varphi_{1i}, \varphi_{2i}, \varphi_{3i}$——$N_2H_4$, $N_2H_5^+$ 和土壤离子的反应沉降项。

式(3-1)～式(3-3)中的三个沉降项由特定的反应给出,如肼的动力可逆物理吸附由式(3-4)给出:

$$\varphi_{11} = k_f c_1^n - \left(\frac{\rho}{\theta}\right)k_b \bar{c}_1 \tag{3-4}$$

式中　k_f, k_b——分别代表正、逆反应速度系数,h^{-1};

　　　　ρ——土壤容积密度,g/cm^3;

　　　　$\bar{c}_1$——在固相中肼的浓度,$\mu g/g$;

　　　　n——在平衡状态下,与 Freundlich 吸附等温线有关的无量纲指数。

在流动状态下对于局部平衡,方程(3-4)可变为

$$\varphi_{11} = n\left(\frac{\rho}{\theta}\right)kc_1^{n-1}\frac{\partial c_1}{\partial t} = n\left(\frac{\rho}{\theta}\right)\frac{k_f}{k_b}c_1^{n-1}\frac{\partial c_1}{\partial t} \tag{3-5}$$

式中　k——Freundlich 扩散系数,cm^3/g。

假定肼的化学吸附、细菌降解和化学降解为一阶不可逆反应,则

$$\varphi_{12} = k_1 c_1 \tag{3-6}$$

式中　k_1——反应速度系数总和,h^{-1}。

其中肼的水解方程为

$$\varphi_{13} = 10^{pH-7.8}\frac{\partial c_2}{\partial t} \tag{3-7}$$

其中包括与土壤离子进行交换的 $N_2H_5^+$ 反应项:

$$\varphi_{21} = \left(\frac{\rho}{\theta}\right)\frac{\partial \bar{\bar{c}}_2}{\partial t} \tag{3-8}$$

式中　$\bar{\bar{c}}_2$——土壤交换相中肼离子浓度,mol/mL。

在方程(3-8)中需输入所用土壤的离子交换容量和交换选择性系数。肼的降解可表示如下:

$$\varphi_{22} = k_2 c_2 \qquad (3-9)$$

式中 k_2——总速度系数，h^{-1}。

物理吸附见式(3-10)：

$$\varphi_{23} = k_a c_2^m - \left(\frac{\rho}{\theta}\right) k_d \bar{c}_2 \qquad (3-10)$$

式中 $\bar{c}_2$——吸附相中肼离子的浓度，mol/mL；

m——Freundlich 指数；

k_a——正速度系数，h^{-1}；

k_d——逆速度系数，h^{-1}。

对于吸附速度还需一个独立方程：

$$\frac{\partial \bar{c}_2}{\partial t} = \left(\frac{\theta}{\rho}\right) k_a c_2^m - k_d c_2 \qquad (3-11)$$

水解由式(3-12)给出：

$$\varphi_{24} = 10^{7.8-\mathrm{pH}} \frac{\partial c_1}{\partial t} \qquad (3-12)$$

Cu^{2+} 交换由式(3-13)给出：

$$\varphi_{31} = \left(\frac{\rho}{\theta}\right) \frac{\partial \bar{\bar{c}}_3}{\partial t} \qquad (3-13)$$

式中 $\bar{\bar{c}}_3$——交换相中最初的土壤阳离子浓度，$mmol/mL$。

在水饱和的土壤圆柱体中溶液和固相中 c_2 和 $\bar{c}_2$ 浓度最初为0，在整个期间维持液体流速恒定（v 是常数），溶液浓度为 c_0，边界条件是

$$vc_0 = vc_2 - D \frac{\partial c_2}{\partial z} \quad (t>0) \qquad (3-14)$$

在长度为 $L(cm)$ 的柱底，边界条件是

$$\frac{\partial c_2}{\partial z} = 0 \quad (t>0) \qquad (3-15)$$

用 Crank-Nicholsm 有限差分法解在式(3-14)和式(3-15)条件的式(3-2)和式(3-8)～式(3-10)，在数据解中，调整时间间隔 Δt 和距离间隔 Δz，以确保解中累积质量平衡误差最小。

3.3.3 肼类燃料在土壤中的渗滤和吸附

用三种不同土壤作为肼类燃料在土壤中的渗漏和吸附研究对象。这三种土壤成分见表3-12。

表 3-12 土壤成分

土 壤 类 型	潮湿组分/（%）	砂/（%）	黏土/（%）	有机质/（%）	pH
砂		100.0			
黏土	1.5	69.3	27.9	微量	3.7
有机质土壤	0.2	96.1	1.0	1.0	6.4

土壤渗滤结果见表 3 - 13,从表中可以看出,肼与所有自然土壤之间的作用都很强烈。

表 3 - 13　土壤柱中肼类燃料的回收百分率

土壤类型	肼的回收百分率	一甲基肼的回收百分率	偏二甲肼的回收百分率
砂土	89.1 ± 0.4	86.9 ± 0.7	99.9 ± 0.1
有机质土壤	1.3 ± 0.6	6.5 ± 0.3	21.9 ± 1.8
黏土(10%)	7.6 ± 2.0	6.3 ± 1.6	7.2 ± 0.8

推进剂与自然土壤的相互作用反映两个主要历程:①推进剂的化学吸附;②推进剂物理吸附到土壤组分。在有机质土壤中,推进剂与土壤的相互作用强弱反映了各种推进剂的反应活性大小为:肼>一甲基肼>偏二甲肼,这表示在这些土壤中,推进剂分解是主要历程。在肼和一甲基肼中,每个氮原子上都有氢键,可分解形成活泼的二酰亚胺中间体。

$$RNH—NH_2 \xrightarrow{OX \cdot} RN=NH \quad (注:R 为 H 或 CH_3)$$

这些不稳定的二酰亚胺产物迅速分解,而偏二甲肼在一个氮原子上有两个甲基,不易形成二酰亚胺中间产物。相反地,两个氢原子被缓慢氧化,形成一种稳定的二氮烯。

$$(CH_3)_2N—NH_2 \xrightarrow{OX \cdot} (CH_3)_2N^+=N^-$$

土壤吸附研究旨在确定在肼类燃料与土壤之间相互作用中的化学降解和物理吸附的作用。如前所述,"吸附的肼类燃料"是由肼溶液与土壤混合前后浓度之差而计算得出,这个计算值实际包括了与土壤混合时的肼类燃料的物理吸附和化学降解。肼类燃料的物理吸附可由肼类燃料和土壤混合后从土壤酸洗洗脱出的燃料量而精确测量,在肼类燃料-土壤混合相中的化学降解可由"吸附"和"洗脱"之差估算出,吸附结果列于表 3 - 14。这些结果再次表明肼与干净砂土不发生作用,但与自然土壤作用非常强烈,肼类燃料与自然土壤之间相互作用有几种不同趋势。首先,所有肼类燃料与黏土作用最强,对于肼和一甲基肼主要是物理吸附,而对于偏二甲肼则是吸附和化学降解,因此,大部分被吸附的肼和一甲基肼可被酸洗回收。其次,肼和一甲基肼与所有类型土壤的相互作用都比偏二甲肼强,又反映了它们的较大的活性。

表 3 - 14　肼类燃料在土壤吸附中的行为

土壤类型	肼类燃料①	吸附②	洗脱③	没有回收④
砂土	肼	1	2	
有机质土壤	肼	53	25	28
黏土	肼	77	59	18
砂土	一甲基肼	0	3	
有机质土壤	一甲基肼	46	26	20
黏土	一甲基肼	73	64	8
砂土	偏二甲肼	0	5	
有机质土壤	偏二甲肼	26	15	11
黏土	偏二甲肼	80	30	50

注:①肼类燃料初始浓度为 0.002%(体积分数);

②肼类燃料-土壤混合时分解或吸附百分率;

③用 0.1 mol/L HCl 酸洗百分率;

④吸附/分解和洗脱之差,可表示被分解的部分。

3.3.4　肼类燃料与土壤微生物作用

肼类燃料对许多生物都是有毒的,Street 对它们在土壤中的残留性,肼和一甲基肼与土壤微生物的作用进行了研究。将 100 g 或 200 g Arredondo 细砂土置于 250 mL 或 500 mL 有螺旋盖的塑料瓶中,用 10~500 $\mu g/g$ 的肼或一甲基肼溶液处理,混合后,加水使土壤中水含量为 8 mL/g。从土壤中提取残留肼类燃料的方法是将悬浮于 0.1 mol/L NaCl 溶液的试样振荡 10 min 后,离心分离。对于土壤呼吸量的测定是将土壤试样放出的 CO_2 由 KOH 捕集,由滴定法确定。

一、肼

在较低浓度(≤100 $\mu g/g$)时,肼迅速从 Arredondo 土壤中消失,即使在 500 $\mu g/g$ 时,在 8 d 内可完全化学去除。通过比较在无菌和有菌条件下肼的损失可知,自动氧化是主要因素,生物降解作用相对较小,仅占 20% 左右。

在肼处理过的土壤试样中,总 CO_2 放出量刚开始时被阻滞,并随肼的浓度增加阻滞作用也增强,然而,这种阻滞作用是暂时的。2 d 后,所有试样都从阻滞作用中恢复过来。

在肼处理试样中,刚开始时细菌数量有所减少,但真菌数量不受影响。对于 100 $\mu g/g$ 处理过的试样,细菌数量迅速恢复,这反映了在该浓度上肼在 1 d 内迅速消失的事实。

从 Arredondo 土壤中分离出一种 Achromobacter,这种细菌可迅速降解肼。用高压釜消毒后对肼没有降解能力,这说明起降解作用的主要是微生物。Achromobacter 可降解肼盐和肼,将肼氧化为 N_2,同时还可提高水中肼的降解速度。当培养 18 h 后的 Achromobacter 被加入含有 50 $\mu g/g$ 肼的六种水溶液中时,2 h 内有 96%~22% 的肼被降解,如果不加入细菌,肼在这些水中保温 2h 没有任何降解。

二、一甲基肼

与肼类似,一甲基肼在 Arredondo 土壤中降解非常迅速,对于 100 $\mu g/g$ 和 500 $\mu g/g$ 的一甲基肼,在 48 h 内可完全降解。10 $\mu g/g$ 和 100 $\mu g/g$ 的一甲基肼不会对土壤中细菌和真菌有任何毒性。事实上,28 d 后 10 $\mu g/g$ 和 100 $\mu g/g$ 处理过的土壤的呼吸作用比对比实验的还要大,部分是由于一甲基肼-碳降解为 CO_2,部分是由于一般的土壤呼吸作用没有被抑制。

Achromobacter 不仅对肼有高度降解能力,而且对一甲基肼的降解能力也很强。另外,从 Arredondo 土壤中分离出的另一种细菌——Pseudomonas 也可降解一甲基肼。

3.3.5　偏二甲肼在土壤中的吸附研究

徐勤等取我国西北地区常见的黄棕壤土和南方的红壤土为试验对象,用特制的取样器钻取 0~20 cm 表层土壤,土样在空气中晾干、磨碎、过筛后,在实验室的温度为 20℃,准确称取 0.5~1 g 土样于 6 个三角瓶中(其中 0~3 号为红壤土,4~6 号为黄棕壤土,1~6 号中偏二甲肼溶液质量与土壤质量的比值分别为 5∶1,10∶1,15∶1,5∶1,10∶1,15∶1),盖上反口胶塞充氮,各按比例加入 5% 偏二甲肼的水溶液,立即用分光光度法测悬浊液中的偏二甲肼浓度,然后每隔一定时间用相同的方法测量悬浊液中的偏二甲肼的浓度,观其变化趋势,等其基本稳定后,即可认为其浓度为吸附平衡浓度。用同样的方法分别测偏二甲肼浓度为 10%,22.22%,49.90%,98.80% 的水溶液与土壤吸附后的平衡浓度。通过试验得到偏二甲肼在土壤中的吸附曲线,建立吸附模型,同时对偏二甲肼在土壤中的吸附以及降解产生甲醛的动力学进行了初步探讨。

对于 1 号试样,因红壤土显弱碱性,而偏二甲肼为弱碱性物质,红壤土对偏二甲肼吸附中有较强的化学吸附,吸附等温线类似于 Ⅰ 型吸附曲线,其吸附模型为

$$\frac{x}{m} = 23.23c^{0.6687}$$

式中　x——吸附质的量,kg;

　　　c——吸附达到平衡时溶质在溶液中的浓度,mol/L;

　　　m——吸附剂的量,kg。

其余的试样吸附等温线类似于 Ⅱ 型吸附等温线,这说明在这五种试样中,土壤对偏二甲肼的吸附均以物理吸附为主。4～6 号样中土壤是显弱碱性的黄棕壤土,对同样显弱碱性的偏二甲肼化学吸附较弱,而 2～3 号样虽然为红壤土,但由于偏二甲肼与土壤的比例大,物理吸附与化学吸附相比占优势。2～6 号样的吸附模型分别为

$$\frac{x}{m} = 44.02c^{0.9178}$$

$$\frac{x}{m} = 115.72c^{0.8246}$$

$$\frac{x}{m} = 24.82c^{0.9781}$$

$$\frac{x}{m} = 100.97c^{0.8276}$$

$$\frac{x}{m} = 188.54c^{0.7539}$$

土壤对偏二甲肼的吸附过程由初始阶段的快速反应和后续期的慢速反应两部分组成,前者历时约 6 h,土壤胶体的吸附部位大部分迅速被偏二甲肼占据,吸附量增长很快,但 6 h 后,土壤吸附量虽也随时间增加,但增值越来越小,吸附量逐渐接近最大值,说明土壤对偏二甲肼的吸附不是简单的一级或二级动力学反应。1 号试样的吸附率在 35%～65% 之间,比较其他试样的吸附率(70%～90%)要小,这是因为 1 号样中土壤对偏二甲肼是单分子层吸附,当土壤胶体表面被一层偏二甲肼分子覆盖后,不再吸附偏二甲肼分子。2～6 号样为多分子层吸附,在吸附一层偏二甲肼分子后还可继续吸附,第一层吸附是偏二甲肼分子与土壤胶体表面直接发生联系,吸附热一般较大,相当于化学反应的数量级,而第二层以后的各层是相同分子之间的相互作用,其吸附热都相等,而且相当于该气体的冷凝热。在吸附的同时还伴随着解吸过程,因此在吸附过程中出现了吸附量迅速增大的快速反应和后续期缓慢增长的慢速反应两个部分。

偏二甲肼在土壤中的分解产物有甲醛、二甲胺、甲胺和氢氰酸。甲醛在水-土体系中存在着吸附-解吸平衡,同时由于甲醛的挥发性,在水相与气相中还存在一个挥发-溶解的平衡,如图 3-3 所示。

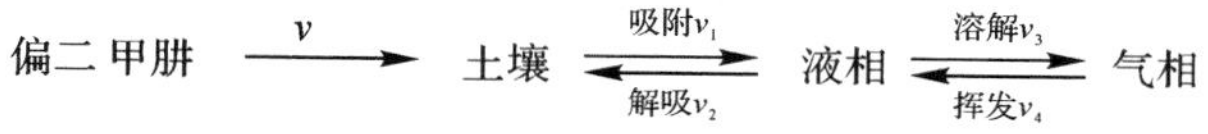

$$\text{偏二甲肼} \xrightarrow{\ \ v\ \ } \text{土壤} \underset{\text{解吸}v_2}{\overset{\text{吸附}v_1}{\rightleftarrows}} \text{液相} \underset{\text{挥发}v_4}{\overset{\text{溶解}v_3}{\rightleftarrows}} \text{气相}$$

图 3-3　偏二甲肼在土壤中的相平衡

在试验条件下,试样与大气隔绝,因此可认为在此条件下,甲醛的挥发量相当少,其挥发和溶解达到平衡时,即 $v_3 = v_4$。由试验数据可知,在低浓度下,水相中甲醛浓度在出现一个下降峰后,逐渐上升,最后趋于一个恒定值。这是由于在低浓度下,土壤吸附的偏二甲肼量小,则降解产生的甲醛量较小,同时土壤对甲醛的吸附速度主要是由甲醛分子在土壤胶体上的覆盖率决定,显然 $v_1 > (v_2 + v)$,因此水相中甲醛出现一个低峰值。在这个过程中,v_1 逐渐变小,而 v_2 慢慢增大,当 $v_1 = v_2$ 时达到吸附平衡,而附在土壤上的偏二甲肼分子一直在缓慢降解,产生的甲醛进入液相,可以近似认为 v 为定值,当 $v_1 = (v_2 + v)$ 时,达到最低点,而此时并未达到吸附平衡,因此 v_1 继续下降,v_2 继续升高,即 $v_1 < (v_2 + v)$,液相中甲醛浓度升高,达到吸附平衡后,土壤中偏二甲肼的降解完全主导了液相中甲醛的浓度,在实验中一开始就测到了甲醛的浓度,这是因为在配制试样中所用去离子水中有氧气,同时偏二甲肼本身亦含有微量氧化产物。

第4章 火箭推进剂污染的监测

4.1 推进剂污染的监测方法与控制标准

为保证发射任务的顺利完成,及时掌握推进剂对水体和大气的污染状况,必须对有关场所的水和大气中推进剂的浓度进行监测。

4.1.1 推进剂污水和废气浓度的表示方法

一、推进剂污水浓度表示方法

推进剂污水浓度用 10^{-6} 或 mg/L 表示。

二、推进剂废气浓度表示方法

推进剂废气浓度以 mg/m^3 或 10^{-6}(体积分数)表示,两种浓度表示方法的换算公式如下:

$$mg/m^3 = (M/24.4) \times 10^{-6}$$

式中 M——被测物的相对分子质量。

4.1.2 推进剂污染监测项目和监测方法的选择

一、监测项目的选择

推进剂污染监测项目的选择应根据推进剂组分的用量大小、使用频度、毒性高低和对环境污染的严重程度进行。选择那些毒性高、使用量大、使用频度高、对环境的污染相对比较严重的推进剂组分、降解产物和燃气成分作为监测的主要项目。

二、监测方法的选择

选用推进剂污染监测方法,需考虑以下方面。

(1)灵敏度要高。

在被推进剂污染的水体和空气中,推进剂组分及其降解、燃烧产物的浓度往往可低至 10^{-6} 甚至 10^{-9} 数量级。因此,要求监测方法具有足够高的灵敏度。一般要求监测方法的检测极限至少应小于污染物最高容许浓度的 1/3,力求小于污染物最高容许浓度的 1/10。当被监测物质浓度低于监测方法的检测极限的 1/3 时,可采用适当方法进行富集,然后进行测定。

(2)选择性要好。

推进剂污水和废气的成分比较复杂,要求选用的监测方法具有足够好的选择性,以增强方法的抗干扰能力,最大限度地消除干扰的影响。也可以采用掩蔽或预分离的方法消除干扰。

(3)稳定性要好。

稳定性好的方法,才能保证监测结果具有良好的重现性和较高的准确度。

(4)操作简单快速。

在执行火箭发动机试车和航天器发射任务时,要及时检查加注设备和火箭燃料贮箱是否存在泄漏情况,就要求监测方法简单快速,即时报出监测结果,立即做出判断。监测方法操作简单快速,易于掌握,便于推广应用。

4.1.3 推进剂污染监测的质量控制

推进剂污染监测的质量控制,目的是把监测分析误差控制在容许限度内,以保证测定结果具有较好的精密度和准确度。

一、进行空白实验

以不被推进剂污染的水样代替实际样品,完全按照实际试样的分析程序操作后,所测得的浓度值,称为全程序空白实验值。全程序空白实验值的大小和分散程度,对于监测结果的精密度和监测方法的检出限都有很大影响,并在一定程度上反映了一个监测实验室和分析人员的操作水平。

在常规监测分析中,每次测定两份全程序空白实验平行样,结果的相对偏差一般不大于50%,取其平均值作为同批试样测定结果的空白校正值。

二、绘制标准曲线

凡应用标准曲线的监测分析方法,均在测得样品信号后,从标准曲线上查得被测物质的含量。因此,绘制准确的标准曲线是保证样品分析结果准确度的重要的质量控制措施之一。标准曲线还确定了方法的适用范围。

标准曲线的斜率常随环境温度、试剂批号和保存时间等实验条件的改变而变化。因此,最好是在测定试样的同时,绘制标准曲线,并经常对标准曲线进行核准。

三、实施平行双样

进行平行双样测定,有助于减小随机误差,是对测定进行最低限度的精密度检查。

原则上试样均应作平行双样测定。当一批试样数量较多时,可随机抽取 10%～20% 的试样进行平行样测定;当同批试样数减少时,应适当增大测定率,每批中以不少于 5 个为宜。

平行双样测定结果的相对偏差不应大于标准方法或统一方法所列相对标准偏差的2.83倍。

四、采用加标回收

采用加标回收在一定程度上能反映测定结果的准确度。当加标回收率超出所要求的范围时,可肯定测定的准确度有问题。

加标回收的做法是:在分取样品的同时,另取一份样品,加入适量标准,然后按程序操作,测定标准的回收率。加的标样一般为试样的 0.5～2 倍,且加标样后的总含量不应超过测定上限;标样的浓度应当较高,加标样的体积一般以不超过原始样体积的 1% 为宜。

五、使用标准参考物

使用标准参考物可以发现和尽量减小可能存在的系统误差。

对于直接定量法的仪器,为控制其测量的准确度,常采用标准参考物对仪器进行标定。

在进行试样分析的同时,用相近浓度的标准参考物,在确知二者的基体效应没有或只有很小的差异时,根据标准物质的实测值与保证值的符合程度,能够确定试样分析结果的准确度。

六、进行方法对照

用标准方法可检测所用方法的准确度。在一些重要的分析中,方法对照常被采用。由于用不同方法对同一试样进行分析,可有效地发现系统误差。所以,用方法对照来检查分析结果的准确度,比使用加标回收或应用标准参考物对照分析更为优越。

4.2   肼类燃料污染的监测

为了保证发射任务的完成,避免危害工作人员的健康,必须对有关场所的大气和水中肼类燃料污染物进行监测和治理。

4.2.1   空气中肼类燃料污染物的监测

一、肼

1.固体吸附/分光光度法

空气中微量的肼通过涂硫酸的固体吸附剂富集,与硫酸作用生成硫酸肼,脱附后与对二甲氨基苯甲醛反应,生成黄色的连氮化合物。于 460 nm 波长下测定,在 25 mL 溶液中含 $0\sim 11.25$ μg 肼时符合朗伯-比尔定律,摩尔吸光系数为 6.5×10^4 L/(mol·cm)。

测定范围:$(7.14\times10^{-3}\sim1.00)$ mg/m³。

以 1 L/min 的流量,采集 60 L 空气的最小检出浓度为 0.001 2 mg/m³。

本方法受氯气、一甲基肼、偏二甲肼的氧化产物干扰;空气中的氨、偏二甲肼、二氧化氮、二氧化硫、硫化氢等不干扰肼的测定。

选好采样点,安装好采样器,调整高度使其距地面 1.5 m 左右,接上采样管,令管口向下,调好定时器,以 1 L/min 流量采样。生活区采 60 L,厂区采 30 L,同时记录环境温度、大气压力、风向、风速等。采平行样时,将 2 支采样管捆在一起。采完样后,取下采样管,用聚乙烯帽密封管两端,放塑料袋中,送实验室分析。采样管在常温下可保存半年。

根据相应的操作步骤,对样品进行分析。

按下式计算空气中肼的浓度:

$$c = \frac{nm \times 1.013 \times 10^5 \times (273 + T)}{q^{\ominus}\, p_T \times 273}$$

式中 c—— 空气中肼的浓度,mg/m³;

n—— 稀释倍数;

m—— 测得肼含量,μg;

$q^{\ominus}$—— 采样流量,L/min;

t—— 采样时间,min;

p_T—— 采样时的大气压,Pa;

T—— 采样时环境温度,℃。

该方法在肼浓度为 $7.14\times10^{-3}\sim1.00$ mg/m³ 范围内的平均变异系数为 0.074。

2.固体吸附/气相色谱法

用涂有硫酸的固体吸附剂捕集空气中的肼,然后用水洗涤,加入糠醛衍生试剂,生成肼的衍生物。用乙酸乙酯萃取,将萃取液注入色谱仪进行分析。根据峰高查标准曲线,计算肼的含量。本方法可同时测定偏二甲肼。

测定范围:肼为 $7.14\times10^{-3}\sim1.00$ mg/m³,偏二甲肼为 $0.026\sim6.7$ mg/m³。测定上限可以扩展。

该方法的最小检出浓度:肼——采样 60 L 时为 0.007 14 mg/m³,偏二甲肼——采样 120 L 时为 0.020 8 mg/m³。

采样的操作步骤及要求同肼的固体吸附/分光光度法。

按相应操作准备好试剂制作、仪器调试步骤,用标准曲线法测定肼。

按下式计算空气中偏二甲肼及肼的浓度:

$$c_1=\frac{a}{q^\ominus t}$$

$$c_2=\frac{b}{q^\ominus t}$$

式中　c_1—— 空气中偏二甲肼的浓度,mg/m³;

c_2—— 空气中肼的浓度,mg/m³;

a—— 样品中偏二甲肼含量,μg;

b—— 样品中肼含量,μg;

$q^\ominus$—— 校正到标准状态的流量,L/min;

t—— 采样时间,min;

此方法的误差:偏二甲肼的平均相对误差为 9.3%;肼的平均相对误差为 3.7%。

二、一甲基肼

1. 固体吸附/分光光度法

空气中微量一甲基肼通过涂硫酸的固体吸附剂富集,用酸性溶液解析后与对二甲氨基苯甲醛成色反应,在测定范围内符合朗伯-比尔定律,在波长 470 nm 处比色测定。

空气中氮、二氧化氮、二氧化硫对本方法无干扰。肼和偏二甲肼显正干扰,尤其是肼有严重干扰。

测定范围:$0.01\sim2.5$ mg/m³,大于 2.5 mg/m³ 时可稀释后测定。

采样总面积为 100 L 时,最小检出浓度为 0.003 1 mg/m³。

将大气采样器固定在三角支架上,连接电源,接上采样管,管口垂直向下距地面 $1.3\sim1.5$ m,调整定时器(厂区 30 min,生活区 60 min),启动采样泵,采样器工作,记录环境温度、大气压力、风向、风速及湿度。

采样结束后,立即取下采样管,用聚乙烯帽密封管两端,一个月内完成分析工作。每个采样点必须同时采集一对平行样。用同批的采样管做空白。

按相应操作规程,做好测试准备工作,制作标准曲线并测量实际样品。

按下式计算空气中一甲基肼的浓度:

$$c=\frac{nm}{q^\ominus t}$$

式中　c—— 空气中一甲基肼的浓度,mg/m³;

n—— 稀释倍数;

m—— 样品中一甲基肼含量，μg；

$q^\ominus$—— 标准状态下的采样流量，L/min；

t—— 采样时间，min；

该方法的平均变异系数为 0.036，平均相对误差为 5.5%。

2．固体吸附/气相色谱法

空气中微量一甲基肼通过涂硫酸的固体吸附剂富集，用氢氧化钠溶液洗涤，加 2,4-戊二酮衍生，使一甲基肼与之生成 1,3,5-三甲基吡唑。用乙酸乙酯萃取，气相色谱仪分析，保留时间定性，外标法对峰高定量。

空气中的肼、偏二甲肼对测定有正干扰，在制定标准曲线及分析样品时，加入过量肼或偏二甲肼可消除干扰并提高检测的灵敏度。

测定范围：0.01~2.5 mg/m³。测定上限可以扩展。

最小检出浓度：0.004 2 mg/m³。

采样量：厂区 50 L，生活区 180 L。采样流量可在 1~3 L/min 范围内调节。

按要求采集样品，制作标准曲线。将采样管中的固体吸附剂和不锈钢网倒入具塞试管中。用氢氧化钠洗涤液冲洗采样管，洗涤液并入具塞试管中，按制作标准曲线时的色谱条件及样品洗涤、衍生、萃取方法进行操作，记录峰高。

根据样品峰高在标准曲线上查得一甲基肼总量，按下式计算一甲基肼的浓度：

$$c = \frac{m}{q^\ominus t}$$

式中　c—— 空气中一甲基肼的浓度，mg/m³；

m—— 样品中一甲基肼含量，μg；

$q^\ominus$—— 标准状态下的采样流量，L/min；

t—— 采样时间，min；

该方法的平均变异系数为 0.026。

三、偏二甲肼

1．固体吸附/分光光度法

空气中微量偏二甲肼通过涂硫酸的固体吸附剂富集，用缓冲溶液解吸后与氨基亚铁氰化钠（TPE）在弱酸性条件下反应，生成红色络合物。在测定范围内颜色的深度与偏二甲肼的含量成正比，符合朗伯-比尔定律。红色络合物的最大吸收波长是 500 nm。

空气中氮、二氧化氮、二氧化硫、硫化氢、氯对本方法无干扰。肼低于 0.3 mg/m³、一甲基肼低于 0.5 mg/m³，对偏二甲肼的测定基本无干扰。

测定范围：0.027~5.46 mg/m³，大于 5.46 mg/m³ 时可稀释后测定。

采样总体积为 120 L，最小检出浓度为 0.015 mg/m³。

选好采样点，安装好采样器，调整高度使其距地面 1.5 m 左右。接上采样管，令管口向下，调好定时器，以 3 L/min 流量采样 180 L。厂区可采样 30~100 L。同时记录环境温度、大气压力、风向、风速等。采平行样时，将 2 支采样管捆在一起。采完样后，取下采样管，用聚乙烯帽密封管两端，放于黑纸袋内，送实验室分析。采样管在常温下可保存两周。

按操作规程准备好显色剂氨基亚铁氰化钠、缓冲溶液、固体吸附剂等药品，制作标准曲线，解吸吸附的偏二甲肼并进行比色分析。

按下式计算空气中偏二甲肼的浓度：

$$c = \frac{nm \times 1.013 \times 10^5 \times (273 + T)}{q^{\ominus} t p_{\mathrm{T}} \times 273}$$

式中　　c——空气中偏二甲肼的浓度，mg/m³；

　　　　n——稀释倍数；

　　　　m——测得偏二甲肼含量，μg；

　　　　$q^{\ominus}$——采样流量，L/min；

　　　　t——采样时间，min；

　　　　p_{T}——采样时的大气压，Pa；

　　　　T——采样时的环境温度，℃。

该方法的误差：当偏二甲肼的浓度低于 0.134 mg/m³ 时，相对标准偏差不大于 16%；浓度为 0.134～5.46 mg/m³ 时，相对标准偏差不大于 5.0%。

2. 固体吸附/气相色谱法

用涂有硫酸的固体吸附剂捕集空气中的偏二甲肼，然后用水洗涤，加入糠醛衍生物试剂，生成偏二甲肼的衍生物。用乙酸乙酯萃取，气相色谱仪分析，根据峰高计算偏二甲肼的含量。本法可同时测定肼。

测定范围：偏二甲肼 0.026～6.7 mg/m³；肼 0.007 146～1.00 mg/m³，测定上限可以扩展。

该方法的最小检出浓度：偏二甲肼——采样 120 L 时为 0.020 8 mg/m³；肼——采样 60 L 时为 0.007 2 mg/m³。

按操作要求，采集样品，制作标准曲线。

取被测样品的萃取液，注入色谱仪进行分析，测出偏二甲肼及肼的峰高，从纵标准曲线上查出偏二甲肼及肼含量（μg）。

偏二甲肼和肼的混合样，应在采样后当天分析。

按下式计算空气中偏二甲肼及肼的浓度：

$$c_1 = \frac{m_{\mathrm{a}}}{q_t^{\ominus}}$$

$$c_2 = \frac{m_{\mathrm{b}}}{q_t^{\ominus}}$$

式中　　c_1——空气中偏二甲肼的浓度，mg/m³；

　　　　c_2——空气中肼的浓度，mg/m³；

　　　　m_{a}——样品中偏二甲肼含量，μg；

　　　　m_{b}——样品中肼含量，μg；

　　　　$q^{\ominus}$——校正到标准状态的流量，L/min；

　　　　t——采样时间，min。

该方法的误差：偏二甲肼的平均相对误差为 9.3%；肼的平均相对误差为 3.7%。

4.2.2　水中肼类燃料污染物的监测

一、肼

水中微量肼在硫酸介质中与对二甲氨基苯甲醛-乙醇溶液反应生成黄色连氮化合物。在测定范围内黄色的深度与肼的含量成正比,符合朗伯-比尔定律。黄色络合物最大吸收波长是 458 nm。水中偏二甲肼、硝酸盐、氨、氟对本方法无干扰。一甲基肼含量在肼含量 3 倍以内干扰不计。该方法适用于地面水和航天工业污水中肼的测定。肼的测定范围为 0.002~0.30 mg/L,大于 0.30 mg/L 的肼可稀释后按本方法测定。

水样用玻璃瓶采集,然后加酸或加碱调 pH 至中性,尽快测定。

按下式计算水样中肼的浓度:

$$c = \frac{m}{V}$$

式中　　c—— 水样中肼的浓度,mg/L;

　　　　m—— 标准曲线上查得或按回归方程计算出的水样中的肼的含量,μg;

　　　　V—— 样品溶液体积,mL。

在 1 mol/L 硫酸 10 mL 的条件下测肼时相对标准偏差为 0.8%,在 1 mol/L 硫酸 30 mL 的条件下测肼时相对标准偏差为 1.5%。

二、一甲基肼

在硫酸乙醇介质中,微量一甲基肼与对二甲氨基苯甲醛反应生成黄色缩合物,在测定范围内黄色的深度与一甲基肼的含量成正比,符合朗伯-比尔定律。黄色络合物的最大吸收波长是 470 nm。

偏二甲肼、硝酸盐、磷酸盐、氨、尿素、硝基甲烷、甲醛、羟胺、氟及钙镁离子等对本方法测定水中一甲基肼含量无干扰。肼有严重干扰。亚硝酸盐随含量增加呈现负干扰,选择氨基磺酸胺作隐蔽剂。

本方法适用于天然水、航天工业废水中一甲基肼的测定。

一甲基肼的测定范围为 0.02~0.80 mg/L。浓度大于 0.80 mg/L 的一甲基肼,可稀释后按本方法测定。

按照国家标准及根据待测水样的类型进行采样。

样品处理:量取 500 mL 水样,用浓硫酸将水样 pH 调至 1.0 左右。该液为样品试液。

应用此法测定肼时,应注意亚硝酸盐等干扰物质是否存在。当试样中存在偏二甲肼时,则应先测出偏二甲肼的含量。

水样中一甲基肼的浓度 c(mg/L)由下式计算:

$$c = \frac{mn}{V}$$

式中　　m——标准曲线上查得或按回归方程计算出的水样中一甲基肼的含量,μg;

　　　　V——比色时所取水样体积,mL;

　　　　n——试样稀释倍数。

取平行测定结果。

当一甲基肼的浓度低于 0.10 mg/L 时,测定方法的相对标准偏差不大于 15%;当一甲基肼后浓度为 0.10~0.80 mg/L时,相对标准偏差不大于 3.6%。

4.2.3　偏二甲肼

微量的偏二甲肼与氨基亚铁氰化钠在弱酸性水溶液中能够生成红色络合物。在测定范围内,红色的深度与偏二甲肼的含量成正比,符合朗伯-比尔定律。红色络合物的最大吸收波长是 500 nm。

氨、尿素对本方法测定基本无干扰。肼、一甲基肼、甲醛含量在偏二甲肼含量 5 倍以内无干扰。亚硝酸根含量在偏二甲肼含量 2 倍以上有明显负干扰,选择氨基磺酸胺作隐蔽剂。水样浑浊时应予过滤。

本方法适用于天然水、航天工业废水中偏二甲肼的测定。

偏二甲肼的测定范围为 0.01~1.0 mg/L。浓度大于 1.0 mg/L 的偏二甲肼,可稀释后按本方法测定。

当水样中偏二甲肼的含量大于 50 μg/L 时,按与制作标准曲线相同的步骤测定。

按下式计算水样中偏二甲肼的含量:

$$c = \frac{mn}{V}$$

式中　　c——水样中偏二甲肼的浓度,$\mu g/mL$;

　　　　m——比色时所取水样中偏二甲肼的含量,μg;

　　　　n——稀释倍数;

　　　　V——比色时所需水样体积,mL。

当水样中偏二甲肼的含量小于 50 μg/L 时,则要加氯化钠、氢氧化钠,加热通氮气进行蒸馏浓缩。

按下式计算水样中偏二甲肼的含量:

$$c = \frac{m_1 + m_2 + m_3}{500\,N}$$

式中　　　　c——水样中偏二甲肼的浓度,$\mu g/mL$;

m_1, m_2, m_3——分别为 3 只装有馏分具塞刻度管中偏二甲肼的含量,μg;

　　　　500——蒸馏水样的体积,mL;

　　　　N——回收率,71%。

取平行测定两个结果的算数平均值为水样中偏二甲肼的浓度。

对于偏二甲肼不同含量的水样,分析结果的允许误差见表 4-1。

表 4-1　允许误差

偏二甲肼含量范围/(mg·L⁻¹)	允许误差/(%)
[0.01, 0.1]	20
(0.1, 1.0]	10

4.3　硝基氧化剂污染的监测

4.3.1　空气中氮氧化物的监测

空气中 NO,NO_x 常用的测定方法有盐酸萘乙二胺分光光度法、化学发光法、原电池库仑法及定电位电解法等。

一、盐酸萘乙二胺分光光度法

该方法采样与显色同时进行,操作简便,灵敏度高,是国内外普遍采用的方法。因为测定 NO 或单独测定 NO_x 时,需要将 NO 氧化成 NO_2 ,故依据所用氧化剂不同,分为高锰酸钾氧化法和三氧化铬-石英砂氧化法。两种方法显色、定量测定原理是相同的。当吸收液体积为 10 mL ,采样 $4\sim24$ L 时, NO_x (以 NO_2 计)的最低检出浓度为 0.005 mg/m^3 。

用冰乙酸、对氨基苯磺酸和盐酸萘乙二胺配成吸收液采样,空气中的 NO_2 被吸收转变成亚硝酸和硝酸。在冰乙酸存在条件下,亚硝酸与对氨基苯磺酸发生重氮化反应,然后再与盐酸萘乙二胺偶合,生成玫瑰红色偶氮染料,其颜色深浅与气样中 NO_2 浓度成正比,因此,可用分光光度法测定。吸收及显色反应如下:

$$2NO_2 + H_2O \Longrightarrow HNO_2 + HNO_3$$

$$HO_3S-\!\!\!\!\bigcirc\!\!\!\!-NH_2 + HNO_2 + CH_3COOH \longrightarrow \left[HO_3S-\!\!\!\!\bigcirc\!\!\!\!-H^+\equiv N \right] CH_3COO^- + 2H_2O$$

$$\left[HO_3S-\!\!\!\!\bigcirc\!\!\!\!-H^+\equiv N \right] CH_3COO^- + \quad\overset{\displaystyle H}{\underset{\displaystyle}{N-CH_2-CH_2-NH_2-NH_2 \cdot 2HCl}} \longrightarrow$$

$$HO_3S-\!\!\!\!\bigcirc\!\!\!\!-N=N-\overset{H}{N}-CH_2-CH_2-NH_2 + CH_3COOH + 2HCl$$

(玫瑰红色偶氮染料)

由反应式可见,吸收液吸收空气中的 NO_2 后,并不是全部生成亚硝酸,还有一部分生成硝酸,计算结果时需要用 Saltzman 实验系数 f 进行换算。该系数是用 NO_2 标准混合气体进行多次吸收实验测定的平均值,表征在采气过程中被吸收液吸收生成偶氮染料的亚硝酸量与通过采样系统的 NO_2 总量的比值。 f 值受空气中 NO_2 的浓度、采样流量、吸收瓶类型、采样效率等因素影响,故测定条件应与实际样品保持一致。

二、酸性高锰酸钾溶液氧化法

该方法使用空气采样器按图 4-1 所示流程采集气样。如果测定空气中 NO_x 的短时间浓度,使用少量吸收液和 $5\sim10$ mL 酸性高锰酸钾溶液,以 0.4 L/min 流量采气 $4\sim24$ L;如果测定 NO_x 的日平均浓度,使用较大量吸收液和酸性高锰酸钾溶液,以 0.2 L/min 流量采气 28 L。流程中,将内装酸性高锰酸钾溶液的氧化瓶,串联在两支内装显色吸收液的多孔筛板吸收瓶之间,可分别测定 NO_2 和 NO 的浓度。

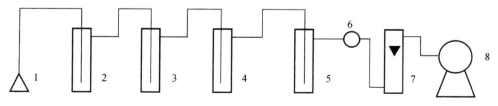

图 4-1　空气中 NO_2 , NO 和 NO_x 采样流程

1—空气入口;　2—显色吸收液瓶;　3—酸性高锰酸钾溶液氧化瓶;
4—显色吸收液瓶;　5—干燥瓶;　6—止水夹;　7—流量计;　8—抽气泵

测定时,首先配制亚硝酸盐标准溶液色列和试剂空白溶液,在波长 540 nm 处,以蒸馏水

为参比测量吸光度。根据标准色列扣除试剂空白后的吸光度和对应的 NO_2 的浓度($\mu g/mL$)，用最小二乘法计算标准曲线的回归方程。然后，于同一波长处测量样品的吸光度，扣除试剂空白的吸光度后，按以下各式分别计算 NO_2，NO，NO_x 的浓度：

$$\rho(NO_2) = \frac{(A_1 - A_0 - a)VD}{bfV_0}$$

$$\rho(NO) = \frac{(A_2 - A_0 - a)VD}{bfkV_0}$$

$$\rho(NO_x) = \rho(NO_2) + \rho(NO)$$

式中　$\rho(NO_2)$，$\rho(NO)$，$\rho(NO_x)$——分别为空气中 NO_2，NO 和 NO_x 的质量浓度（以 NO_2 计），mg/m^3；

$\quad\quad A_1$，A_2——分别为第一支和第二支吸收瓶中的吸收液采样后的吸光度；

$\quad\quad A_0$——试剂空白溶液的吸光度；

$\quad\quad b$，a——分别为回归方程式的斜率($\mu g/mL$)和截距；

$\quad\quad V$，V_0——分别为采样用吸收液体积(mL)和换算为标准状况下的采样体积(L)；

$\quad\quad K$——NO 氧化为 NO_2 的氧化系数(0.68)，表征被氧化为 NO_2 且被吸收液吸收生成偶氮染料的 NO 量与通过采样系统的 NO 总量之比；

$\quad\quad D$——气样吸收液稀释倍数；

$\quad\quad f$——Saltzman 实验系数(0.88)；当空气 NO_2 浓度高于 $0.72\ mg/m^3$ 时为 0.77。

三、三氧化铬-石英砂氧化法

该方法是在显色吸收液瓶前接一内装三氧化铬-石英砂（氧化剂）管，当用空气采样器采样时，气样中的 NO 在氧化管内被氧化成 NO_2 和气样中的 NO_2 一起进入吸收瓶，与吸收液发生吸收、显色反应，于波长 540 nm 处测量吸收度，用标准曲线法进行定量测定，其测定结果为空气中 NO 和 NO_2 的总浓度。也可以用酸性高锰酸钾溶液氧化法中的计算式计算出空气中 NO_x 的浓度。

四、原电池库仑法

这种方法与常规库仑滴定法的不同之处是原电池库仑法不施加直流电压，而依据原电池的原理工作，如图 4-2 所示。原电池库仑法中有两个电极，一是活性炭阳极，二是铂网阴极，库仑池内充0.1 mol/L磷酸盐缓冲溶液(pH=7)和 0.3 mol/L 碘化钾溶液。当进入库仑池的气样中含有 NO_2 时，则与电解液中的 I^- 反应，将其氧化成 I_2，而生成的 I_2 又立即在铂网阴极上还原为 I^-，便产生微小电流。如果电流效率达 100%，则在一定条件下，微电流大小与气样中 NO_2 浓度成正比，故可根据法拉第电解定律将产生的电流换算成 NO_2 的浓度，直接进行显示和记录。测定总氮氧化物时，需先让气样通过三氧化铬氧化管，将 NO 氧化成 NO_2。图 4-3 为这种监测仪的气路系统。

该方法的缺点是 NO_x 在水溶液中还发生副反应，造成电流 20%～30% 的损失，使测得的电流仅为理论值的 70%～80%。此外，这种仪器连续运行能力较差，维护工作量也较大。

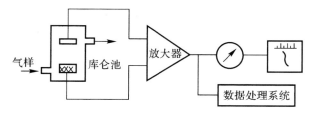

图 4-2　原电池库仑法测定 NO_2 原理图

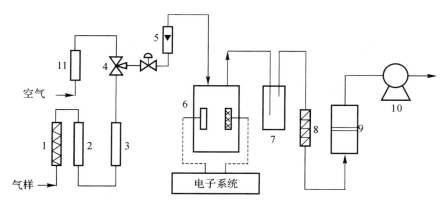

图 4-3　原电池库仑法 NO_x 监测仪气路系统

1,8—加热器；　2—氯化高银过滤器；　3—三氧化铬-石英砂氧化管；　4— 三通阀；

5—流量计；　6—库仑滴定池；　7—缓冲瓶；　9—稳流室；　10—抽气泵；　11—活性炭过滤器

4.3.2　水中氮氧化物的监测

测定水中氨氮的方法有纳氏试剂分光光度法、水杨酸-次氯酸盐分光光度法、气相分子吸收光谱法、电极法和滴定法。两种分光光度法具有灵敏、稳定等特点,但水样颜色、浑浊和含钙、镁、铁等金属离子及硫化物、醛和酮类等均干扰测定,需做相应的预处理。电极法通常不需要对水样进行预处理,但再现性和电极寿命尚存在一些问题。气相分子吸收光谱法比较简单,使用专用仪器或原子吸收分光光度计测定均可获得良好效果。滴定法用于氨氮含量较高的水样。

下面主要介绍两种常用的方法:纳氏试剂分光光度法和 N-(1-萘基)乙二胺分光光度法。

1. 纳氏试剂分光光度法

在经絮凝沉淀或蒸馏法预处理的水样中,加入碘化汞和碘化钾的强碱溶液(纳氏试剂),则与氨反应生成黄棕色胶态化合物,此颜色在较宽的波长范围内具有强烈吸收,通常使用 410～425 nm 范围内分光光度法测定。反应式如下:

$$2K_2[HgI_4]+3KOH+NH_3 \longrightarrow NH_2Hg_2IO+7KI+2H_2O_2K_2$$

$$[HgI_4]+3KOH+NH_3 \longrightarrow NH_2Hg_2IO+7KI+2H_2O$$

本法最低检出浓度为 0.025 mg/L,测定上限为 2 mg/L。

2. N-(1-萘基)乙二胺分光光度法

在 pH 为 1.8±0.3 的酸性介质中,亚硝酸盐与对氨基苯磺酰胺反应,生成重氮盐,再与 N-(1-萘基)乙二胺偶联生成红色染料,于 540 nm 波长处进行吸光度测定。显色反应式如下:

$$NH_2SO_2C_6H_4NH_2 \cdot HCl + HNO_3 \xrightarrow{\text{重氮化}} NH_2SO_2C_6H_4N \equiv NCl + 2HY_2O$$

$$NH_2SO_2C_6H_4N \equiv NCl + C_{10}H_7NHCH_2CH_2NH_2 \cdot 2HCl \xrightarrow{\text{偶联}}$$

$$NH_2SO_2C_6H_4N \equiv NNHCH_2CH_2(C_{10}H_7) \cdot 2HCl + HCl$$

（红色染料）

$$NH_2SO_2C_6H_4N \equiv NCl + C_{10}H_7NHCH_2CH_2NH_2 \cdot 2HCl \xrightarrow{\text{偶联}}$$

$$NH_2SO_2C_6H_4N \equiv NC_{10}H_6NHCH_2CH_2NH_2 \cdot 2HCl + HCl$$

（红色染料）

此方法最低检出浓度为 0.003 mg/L，测定上限为 0.20 mg/L。

4.4 固体推进剂污染物的监测

4.4.1 苯乙烯

一、聚乙二醇 6000 柱（直接进样）

用大注射器采集空气中的苯乙烯直接进气相色谱仪，经聚乙二醇 6000 柱分离后，用氢焰离子化检测器检测，以保留时间定性，峰高定量。

取 100 mL 注射器，在采样地点用现场空气抽洗 3 次，然后抽取 100 mL 空气将注射器套上橡皮帽并垂直放置，当天分析。

取 1 mL 空气样品（记录温度及压力）直接进样，以保留时间定性，峰高定量。

按下式计算苯乙烯的浓度：

$$c = \frac{m}{V_0} \times 1\,000$$

式中　c——空气中苯乙烯的浓度，mg/m³；

　　　m——由标准曲线上查出的苯乙烯含量，μg；

　　　V_0——标准状况下的样品体积，mL。

二、聚乙二醇 6000 柱（二硫化碳解吸进样）

用活性炭采样管采集空气中的苯乙烯，用二硫化碳解吸后进所相色谱仪，经聚乙二醇 6000 柱分离后，用氢焰离子化检测器检测，以保留时间定性，峰高定量。

测定时在采样地点打开活性炭管。两端孔径至少为 2 mm，50 mg 端接采样泵垂直放置，以 0.2 L/min 的速度抽取 1 L 空气。采样后将管的两端套上塑料帽，尽快分析。

按规程调试好仪器，制作好采样管并绘制标准曲线测定实际样品。

按下式计算苯乙烯的浓度：

$$c = \frac{m_1 + m_2}{V_0 D} \times 1\,000$$

式中　　　c——空气中苯乙烯的浓度，mg/m³；

　　　m_1, m_2——分别为所取前段和后段活性炭浸出液中苯乙烯的含量，μg；

　　　　D——二硫化碳对苯乙烯的解吸效率，%；

V_0——标准状况下的样品体积，L。

三、聚乙二醇 6000 柱（热解吸进样）

空气中的苯乙烯吸附于活性炭管中，热解吸后进气相色谱仪，经聚乙二醇 6000 柱分离后，用氢焰离子化检测器检测，以保留时间定性，峰高定量。

按操作规程准备好仪器设备，采集样品，绘制标准曲线，测定实际样品。

按下式计算苯乙烯的浓度：

$$c = \frac{m}{V_0 D} \times 100$$

式中　c——空气中苯乙烯的浓度，mg/m^3；

　　　m——所取解吸气中的苯乙烯含量，μg；

　　　D——苯乙烯的解吸效率，%；

　　　V_0——标准状况下的样品体积，mL。

4.4.2　氯化氢

空气中氯化氢的测定方法有硫氰酸汞法、硝酸银法和中和法。

一、硫氰酸汞法

空气中的氯化氢被氢氧化钠溶液吸收，生成氯化钠，其中氟离子和硫氰酸汞作用，置换出的硫氰酸根，再与高铁离子反应生成硫氰酸铁有色络合物。对有色络合物进行比色测定。

测定范围：适用于氯化氢浓度为 38～480 mg/m^3 的气样。

卤化物、氰化物对测定有干扰。

按要求采集样品，绘制标准曲线，测定实际样品。

按照下式计算气样中氯化氢的含量：

$$c = \frac{0.01 \times \dfrac{A}{A_s} \times 100}{V_s^{\ominus}}$$

$$c' = c \times \frac{1}{10\ 000}$$

式中　c——氯化氢的相对浓度，%；

　　　c'——氯化氢的相对浓度，%；

　　　A——试样溶液显色后的吸光度；

　　　A_s——标准溶液显色后的吸光度；

　　　$V_s^{\ominus}$——换算成标准状况下的采样体积，L。

二、硝酸银法

空气中的氯化氢被氢氧化钠溶液吸收生成氯化钠，在酸性条件下加入过量的硝酸银溶液，氯离子与硝酸银反应生成氯化银沉淀，剩余的银离子用硫氰酸铵标准溶液滴定。

测量范围：适用于氯化氢浓度 0.006%～0.25% 的气样。

卤化物、氰化物对测定有干扰。

按技术规程操作测定样品，按照下式计算气样中氯化氢的含量：

$$c = \frac{2.24 \times (b-a)f \times \dfrac{100}{V}}{V_s^{\ominus}} \times 1\,000$$

$$c' = c \times \frac{1}{10\,000}$$

式中　c—— 氯化氢的相对浓度,%;

　　　c'—— 氯化氢的相对浓度,%;

　　　a—— 滴定试样时,0.1 mol/L 硫氰酸铵溶液的用量,mL;

　　　b—— 空白实验时,0.1 mol/L 硫氰酸铵溶液的用量,mL;

　　　f——0.1 mol/L 硫氰酸铵溶液浓度校准系数;

　　　$V_s^{\ominus}$—— 换算成标准状况下的采样体积,L;

　　　V—— 试样溶液用量,mL。

三、中和法

空气中的氯化氢被氢氧化钠溶液吸收生成氯化钠,剩余的氢氧化钠用盐酸标准溶液滴定。

测定范围:适用于氯化氢浓度为 96~4 000 mg/m³ 的气样。

酸性及碱性气体对测定有干扰。

按要求采样,滴定分析。按照下式计算气样中氯化氢的含量:

$$c = \frac{2.24 \times (b-a)f \times \dfrac{100}{V}}{V_s^{\ominus}} \times 1\,000$$

$$c' = c \times \frac{1}{10\,000}$$

式中　c—— 氯化氢的相对浓度,%;

　　　c'—— 氯化氢的相对浓度,%;

　　　a—— 滴定试样时,0.1 mol/L 硫氰酸铵溶液的用量,mL;

　　　b—— 空白实验时,0.1 mol/L 硫氰酸铵溶液的用量,mL;

　　　f——0.1 mol/L 盐酸溶液浓度校准系数;

　　　$V_s^{\ominus}$—— 换算成标准状况下的采样体积,L;

　　　V—— 试样溶液用量,L。

4.4.3　丙烯酸甲酯

将空气中的丙烯酸甲酯采集在硅胶中,于高温下解析,经柱分离后,用氢焰离子化检测器检验,以保留时间定性,峰高定量。

本法的检测限为 $1.4 \times 10^{-1} \mu g$(进样 1 mL 解吸气样品)。

在采样地点除去硅胶采样管两端胶帽,并垂直放置,以 100 mL/min 的速度采集 0.1~0.5 L 现场空气,套上橡皮帽,带回实验室分析。

按要求进行吸附分离-气相色谱测定,按下式计算浓度:

$$X = \frac{C}{V_0^{\ominus}} \times 100$$

式中　X—— 空气中丙烯酸甲酯的浓度, mg/m³;

C—— 所取解吸气中丙烯酸甲酯含量，μg；

$V_0^\ominus$—— 换算成标准状况下的采样体积，L。

4.4.4　甲基丙烯酸甲酯

将空气中的甲基丙烯酸甲酯经聚乙二醇 6000 柱分离，用氢焰离子化检测器检验，以保留时间定性，峰高定量。

本法的检测限为 $1.0 \times 10^{-3} \mu g$（直接进样 1 mL 空气样品）。

取 100 mL 注射器，在采样地点用现场空气抽洗 3 次，然后抽取 100 mL 空气，将注射器套上橡皮帽并垂直放置，尽量短时间内分析，不可超过 4 h。

按要求调试好气相色谱仪，采集样品测定。

按下式计算浓度：

$$c = \frac{m}{V_0^\ominus} \times 1\,000$$

式中　　c—— 空气中甲基丙烯酸甲酯的浓度，mg/m^3；

m—— 由标准曲线上查出的甲基丙烯酸甲酯的含量，μg；

$V_0^\ominus$—— 标准状况下的样品体积，mL。

4.4.5　氢化锂

空气采样滤膜中的氢化锂，经稀盐酸溶液溶解定容后，根据发射光谱原理，应用锂在火焰中产生的激发光强度来确定溶液中锂的浓度。

将采样滤膜装在采样头上，用采样泵以 15 L/min 流量进行采样（时间可根据采样场所空气中的锂浓度决定）。采样完毕，小心取下滤膜，并将其放入样品盒内。

用稀盐酸溶解定容样品，用火焰分光光度计测定，由标准曲线查出样品试样中锂的浓度。

按下式计算空气中锂和氢化锂的浓度：

$$c_{Li} = \frac{c V_V}{1\,000 V_0}$$

$$c_{LiH} = X_{Li} K$$

式中　　c_{Li}，c_{LiH}—— 分别为空气中锂、氢化锂的浓度，mg/m^3；

c—— 由标准曲线查出的试样溶液的锂浓度，mg/L；

V_V—— 试样的定容体积，mL；

$V_0^\ominus$—— 核算成标准状况下空气采样体积，m^3；

K—— 氢化锂的相对分子质量与锂的相对原子质量的比值，1.145 2。

4.4.6　氯丙烯

空气中氯丙烯经丁二酸乙二醇聚酯柱分离后，用氢焰离子化检测器检测，保留时间定性，峰高定量。

本法的检测限为 $0.5 \times 10^{-3} \mu g$（直接进样 1 mL 空气样品）。

取 100 mL 注射器，在采样地点用现场空气抽洗 3 次，然后抽取 100 mL 空气，套上橡皮帽，并将注射器垂直放置，当天分析。

按要求调试好气相色谱仪,并绘制标准曲线。

取 1 mL 空气样品(记录温度及压力)进样,用保留时间定性,用峰高定量。

用下式计算氯丙烯的浓度:

$$c = \frac{m}{V_0^{\ominus}} \times 1\ 000$$

式中　　c—— 空气中氯丙烯的浓度,mg/m³;

m—— 由标准曲线上查出的氯丙烯含量,μg;

$V_0^{\ominus}$—— 换算成标准状况下的进样体积,mL。

4.4.7　二甲基乙酰胺

空气中二甲基乙酰胺用聚乙二醇 20000 及氢氧化钾色谱柱分离,氢焰离子化检测器检测,以保留时间定性,峰高定量。

本法的检测限为 5×10^{-2} μg(进样 5 μL 液体样品)。

用内盛 5 mL 水的多孔玻板吸收管,以 1 L/min 的速度抽取 10~20 L 空气。

按要求准备好仪器设备,取 5 μL 样品进样,用保留时间定性,峰高定量。

按下式计算浓度:

$$c = \frac{m}{V_0^{\ominus}} \times 1\ 000$$

式中　　c—— 空气中二甲基乙酰胺的浓度,mg/m³;

m—— 由标准曲线上查出的二甲基乙酰胺含量,μg;

$V_0^{\ominus}$—— 换算成标准状况下的进样体积,mL。

第5章 火箭推进剂污染控制工程原理

火箭推进剂在生产、使用、贮存等过程中不可避免地会产生液态和气态污染物。常见的液体推进剂污染物主要有肼类和胺类污染物,包括偏二甲肼、一甲基肼、肼、三乙胺等,硝基氧化剂污染物主要有氮氧化物等。固体推进剂污染主要是生产环节中的粉尘与气溶胶污染。气体和液体都具有流动性,并且形状可以改变或任意分裂,故统称为流体。流体的流动是环境治理工程和化工生产中的一个重要的基本过程。为了净化污染物,通常需将流体物料按照工艺的要求,依次输送到各种设备中。流体流动的状态直接影响着传热、传质、多相混合物的分离和化学反应等操作过程,与处理过程及处理效果的优劣密切相关。通常设备之间用管道连接,借助于流体输送设备(如泵、风机等),使流体物料从一个设施(或设备)输送到另一个设施(或设备),从上一工序送往下一工序,连接成处理流程。

本章的内容为火箭推进剂污染控制提供技术基础。

5.1 流 体 流 动

本节主要讨论流体流动的基本原理和流体在管内流动的规律,以及利用这些原理和规律解决气体、液体污染控制工程实际问题。

5.1.1 流体的性质

一、流体的密度

流体单位体积所具有的质量称为密度,通常以符号 ρ 表示,单位为 kg/m^3。

$$\rho = \frac{m}{V} \tag{5-1}$$

式中　m—— 流体的质量,kg;

　　　V—— 流体的体积,m^3。

流体的密度随压力和温度而变化。压力对液体的密度影响很小,可忽略不计,故常称液体为不可压缩的流体。温度对液体的密度有一定的影响,液体密度均需注明温度状态。

气体具有可压缩性及膨胀性,其密度受压力和温度的影响显著。当缺乏气体密度的数据时,通常对于气体的温度不太低、压力不太高的情况,可近似地按理想气体状态方程计算密度,即

$$\rho = \frac{pM}{RT} \tag{5-2}$$

式中　p—— 气体的压力,kPa;

　　　T—— 气体的热力学温度,K;

　　　M—— 气体的摩尔质量,kg/mol;

R—— 摩尔气体常数,8.314 kJ/(mol·K)。

当必须将气体看作真实气体时,则应用式(5-2)进行计算时须加以校正。

环境治理工程和化工生产中的流体往往为多组分混合物。液体混合物的平均密度 ρ 可近似按式(5-3)计算:

$$\frac{1}{\rho_m} = \frac{w_A}{\rho_A} + \frac{w_B}{\rho_B} + \cdots + \frac{w_n}{\rho_n} \tag{5-3}$$

式中　$\rho_A, \rho_B, \cdots, \rho_n$—— 液体混合物中各组分的密度,kg/m³;

　　　$w_A, w_B, \cdots, w_n$—— 液体混合物中各组分的质量分数。

气体混合物的平均密度一般可由式(5-4)计算。

$$\rho_m = \rho_A \varphi_A + \rho_B \varphi_B + \cdots + \rho_n \varphi_n \tag{5-4}$$

式中　$\rho_A, \rho_B, \cdots, \rho_n$—— 在气体混合物的压力下各组分的密度,kg/m³;

　　　$\varphi_A, \varphi_B, \cdots, \varphi_n$—— 气体混合物中各组分的体积分数。

气体混合物的平均密度 ρ_m 也可按式(5-2)计算,但式中气体的摩尔质量 M 应以气体混合物的平均摩尔质量 M_m 代替,即

$$M_m = M_A y_A + M_B y_B + \cdots + M_n y_n \tag{5-5}$$

式中　$M_A, M_B, \cdots, M_n$—— 气体混合物中各组分的摩尔质量,kg/mol;

　　　$y_A, y_B, \cdots, y_n$—— 气体混合物中各组分的物质的量分数。

二、流体的黏度

流体流动时产生内摩擦力的特性称为黏性,黏性是流体的固有属性。衡量流体黏性大小的物理量称为黏度,用符号 μ 表示。黏度的物理意义可用牛顿黏性定律描述。

如图5-1所示,设有上下两块平行放置且相距很近的平板,板间充满静止流体。若下板固定,对上板施加一恒定外力 F,使上板平行于下板做匀速直线运动,则板间的流体也随之移动。紧靠上板的流体,因附在板面上,具有与上板相同的速度;而紧靠下板的流体,因附着于板面而静止不动。在两块平板之间,流体的速度分布则从上到下由大至小渐变。这种运动着的流体内部相邻两流体层间的相互作用力 F 称为流体的内摩擦力或黏性力。通常用单位面积上的内摩擦力 F/A 来表示,即力学中所谓的剪应力 τ。流体运动时内摩擦力的大小体现了流体黏性的大小。

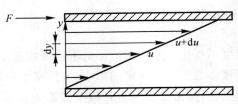

图 5-1　平板间流体的速度变化

设某层流体的速度为 u,在其垂直距离为 $\mathrm{d}y$ 处的邻近流体层的速度为 $u+\mathrm{d}u$,则 $\mathrm{d}u/\mathrm{d}y$ 表示速度沿法线方向的变化率,称为速度梯度。实验证明,速度梯度越大,作用的剪应力 τ 也越大,即牛顿黏性定律,如式(5-6)所示。凡服从此定律的流体称为牛顿型流体,如水、空气、一般气体和低相对分子质量的溶液。不服从此定律的流体称为非牛顿型流体,如某些高分子溶液、胶体溶液及泥浆等。

$$\tau = \mu \frac{\mathrm{d}u}{\mathrm{d}y} \tag{5-6}$$

式中　μ——比例系数,称为动力黏度,简称"黏度"。

公式变换得

$$\mu = \frac{\tau}{\mathrm{d}u/\mathrm{d}y} \tag{5-7}$$

黏度的单位为 Pa·s,即 N·s/m²。在工程上或文献中黏度的单位多用泊(P)或厘泊(cP)表示。它们之间的换算关系为:1 泊(P)＝100 厘泊(cP)＝0.1 N·s/m²＝0.1 Pa·s。式(5-7)表明,黏度的物理意义是使流体流动产生单位速度梯度时的剪应力。流体的黏度是流体的种类和状态(温度、压力)的函数,气体的黏度随温度的升高而增大,液体的黏度则随温度的升高而降低,压力的影响在工程中可忽略不计。一般常见流体的黏度可从有关手册中查得。

此外,流体黏性的大小还可以用黏度 μ 与密度 ρ 的比来表示,称为运动黏度,用符号 ν 表示。

$$\nu = \frac{\mu}{\rho} \tag{2-8}$$

运动黏度 ν 的 SI 的单位为 m²/s,其非法定的 CGS 的单位为 cm²/s,称为斯托克斯。

5.1.2　流体静力学

流体静力学研究的是静止流体在重力场中受重力和压力作用下的平衡规律。

一、流体的压力

流体垂直作用于单位面积上的力称为流体的压力,也称静压力,定义式为

$$p = \frac{F}{A} \tag{5-9}$$

式中　p——流体的压力,Pa;

　　　F——垂直作用于面积 A 上的力,N;

　　　A——流体的作用面积,m²。

工业上压力是用压力计测定的,压力计上的直接读数是被测流体的真实压力(称绝对压力)与当时当地的外界大气压之间的差值,故还需要通过计算才能得到绝对压力。

当被测流体的绝对压力大于外界大气压时,压力计所测得的压力称为表压,此时:

绝对压力＝大气压＋表压

当被测流体的绝对压力小于外界大气压时,压力计所测得的压力称为真空度,此时:

绝对压力＝大气压－真空度

二、流体静力学基本方程

图 5-2 所示的容器中盛有密度为 ρ 的静止液体,设从中任意取一段垂直液柱,此液柱端面的面积为 A,以容器底为基准水平面,则液柱上、下端面与基准水平面的垂直距离分别为 Z_1 和 Z_2。在垂直方向上作用于液柱上的力有作用于液柱上端面的力 p_1A、作用于液柱下端面的力 p_2A 和液柱自身的重力 $\rho g A(Z_1 - Z_2)$。当液柱处于平衡状态时,在垂直方向上各力的代数和应为零,即

$$p_1A + \rho g A(Z_1 - Z_2) - p_2A = 0$$

整理得

$$p_2 = p_1 + \rho g (Z_1 - Z_2) \tag{5-10}$$

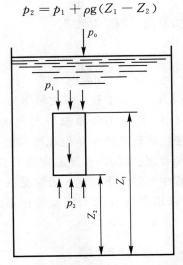

图 5 - 2　流体静力学基本方程的推导

式(5 - 10)称为流体静力学基本方程。若将液柱的上端面取在液面上,设液面上方的压力为 p_0,液柱高度 $Z_1 - Z_2 = h$,则式(5 - 10)可整理为

$$p_2 = p_0 + \rho g h \tag{5-11}$$

由式(5 - 11)可知:① 在静止液体内任一点处压力的大小与该点距液面的深度有关,距液面的深度越深,则压力越大;② 在静止液体内同一水平面上的各点,因其深度相同,其压力亦相等,压力相等的面称为等压面;③ 当液面上方的压力 p_0 变化时,液体内部各点压力必将发生同样大小的变化。

5.1.3　流体流动的总物料衡算

一、流体的流量与流速

1. 流量

单位时间内流经管道任一截面的流体量,称为流量。流量一般有体积流量和质量流量两种表示方法。

1) 体积流量。单位时间内流经管道任一截面的流体体积,称为体积流量,记作 q_V,单位为 m^3/s。因为气体的体积随温度和压力的改变而变化,所以当气体流量以体积流量表示时,必须注明温度和压力。

2) 质量流量。单位时间内流经管道任一截面的流体质量,称为质量流量,记作 q_m,单位为 kg/s。质量流量与体积流量的关系为

$$q_m = q_V \rho \tag{5-12}$$

2. 流速

单位时间内流体在流动方向上流经的距离,称为流体的流速。实验证明,流体流经管道截面上各点的流速是不同的。管道中心的流速最大,越靠近管壁流速越小,至管壁处流速降为零。为了方便,在工程计算中流速通常是指流体流经整个管道截面上的平均速度,用符号 u 表

示,其值为流体的体积流量 q_V 与管道截面积 A 之比,即

$$u = \frac{q_V}{A} \tag{5-13}$$

质量流量 q_m(kg/s)、体积流量 q_V(m³/s)和流速 u(m/s)三者之间的关系为

$$q_m = q_V \rho = uA\rho \tag{5-14}$$

对直径为 d 的圆形管道,截面积 $A = \frac{1}{4}\pi d^2$,则式(5-13)可写成

$$u = \frac{q_V}{\frac{1}{4}\pi d^2}$$

于是

$$d = \sqrt{\frac{4q_V}{\pi u}} \approx \sqrt{\frac{q_V}{0.785u}} \tag{5-15}$$

流体输送管道的直径可以根据流量和流速由式(5-15)计算。流量一般由工程处理任务所决定,所以关键在于选定合适的流速。若流速选得太大,管径虽然可以较小,但流体流过管道的阻力增大,动力消耗高,操作费用随之增加;反之,流速选得小,操作费用相应减小,但管径增大,设备投资费用随之增加。因此,设计管道时,需要综合考虑这两个相互矛盾的经济因素,选择适宜的流体流速。

一般地,密度大的流体流速应取得小些;黏度较小的液体可采用较大的流速,而黏度较大的液体(如油类、浓酸及浓碱液等)所取流速应比水及稀溶液低;含固体杂质的流体流速不宜太低,以防止固体杂质在输送时沉积在管道内。当流体以大流量在长距离的管道中输送时,必须根据具体情况并通过经济核算来确定适宜流速,使操作费用与管道的投资费用之和为最低。因为生产的管道有一定的规格,所以按式(5-15)计算出管道直径后,还需查阅管道规格,以选定确切的管道直径。

3.流体的稳定流动和不稳定流动

流体在管道中流动时,任一截面处的流速、流量和压力等有关物理参数都不随时间而变化,这种流动称为稳定流动,或称定常流动。在流体流动时,在任一截面处的各有关物理参数中,只要有一项是随时间而变化的,则属于不稳定流动,或称非定常流动。

如图 5-3(a)所示,贮水槽底部管道上的阀 A、阀 B 均开启,槽内的水不断流出,槽上方不断进水,使进水量大于出水量,多余的水经溢流装置溢出,保持槽内水位恒定不变。则截面 1—1 与 2—2 处的流速虽不同,但都不随时间而改变,其他有关物理参数也不随时间而变化,此种情况即属稳定流动。图 5-3(b)所示的贮水槽下面放水时,上面无补充水,故槽内水位随时间不断降低,截面 1—1 与 2—2 处的流速、压力等也在不断变小,此时流速 u 是空间位置(x, y, z)和时间 t 的函数,此情况属不稳定流动。

在工程实际中,多数情况属于连续稳定流动,一般只有间歇操作过程或连续操作过程的开车和停车阶段为不稳定流动。

4.流体流动的总物料衡算

物料衡算是计算生产和工程过程所处理的物料量(原料量、半成品量、成品量及副产品量等)之间的关系。基于质量守恒定律,物料的质量通过处理过程是不会增加或减少的。所以,物料衡算的基本关系式为

进料量－出料量＝累积量

即

$$\sum F - \sum D = E \tag{5-16}$$

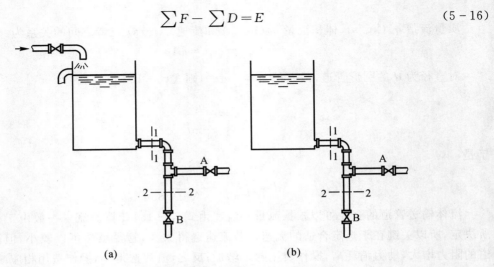

图 5 - 3 　 稳定流动与不稳定流动
(a)稳定流动； (b)不稳定流动

(1)稳定流动的物料衡算。

如图 5 - 4 所示,流体在管道中稳定流动,其间无流体的添加或漏损时,式(5 - 16)简化为

$$\sum F = \sum D \tag{5-17}$$

即进料量等于出料量,也即通过管道各截面上的流体质量流量均相等。于是

$$q_{m1} = q_{m2} = q_m = 常数 \tag{5-18}$$

或

$$u_1 A_1 \rho_1 = u_2 A_2 \rho_2 = uA\rho = 常数 \tag{5-19}$$

式中　q_{m1}, q_{m2}——分别为管道截面 1 与 2 处流体的质量流量,kg/s;

$\quad\quad u_1, u_2$——分别为管道截面 1 与 2 处流体的流速,m/s;

$\quad\quad A_1, A_2$——分别为管道截面 1 与 2 处的截面积,m^2;

$\quad\quad \rho_1, \rho_2$——分别为管道截面 1 与 2 处流体的密度,kg/m^3。

对于不可压缩的流体,即流体密度 ρ 为常数,则式(5 - 19)可写为

$$u_1 A_1 = u_2 A_2 = q_V = 常数 \tag{5-20}$$

即流体流速与管道的截面积成反比。截面积愈大,则流速愈小;反之,截面积愈小,则流速愈大。

对于截面为圆形的管道,$A_1 = \frac{1}{4}\pi d_1^2$,$A_2 = \frac{1}{4}\pi d_2^2$($d_1$ 与 d_2 分别为管道截面 1 和截面 2 处的内径),于是式(5 - 20)可写为

$$u_1 d_1^2 = u_2 d_2^2 = ud^2 = 常数 \quad\quad 或 \quad\quad \frac{u_1}{u_2} = \left(\frac{d_2}{d_1}\right)^2 \tag{5-21}$$

式(5 - 21)表明,流体在管道中的流速与管道内径的平方成反比。

如图 5 - 5 所示,如果管道上有分支,则总管中的质量流量为各支管质量流量之和,即

$$q_m = q_{m1} + q_{m2} \qquad\qquad (5-22)$$

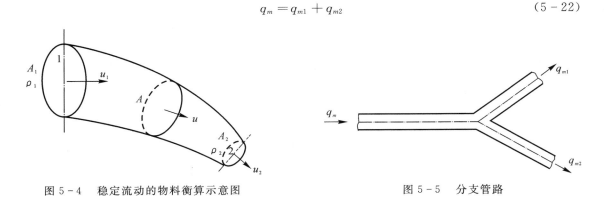

图 5-4　稳定流动的物料衡算示意图　　　　　　　图 5-5　分支管路

（2）不稳定流动的物料衡算。

不稳定流动的物料衡算也是基于物料衡算的基本关系式（5-16）。如图 5-3(b) 所示的不稳定流动情况，在放水过程中，贮水槽内的水面不断下降，则放水速度也不断下降，而槽内水的减少速度也不断下降。所以在整个放水过程中，出料量和累积量都是随时间而变化的变量。因此，式（5-16）所表达的乃是不稳定过程在一段时间范围内总的结果，不适于表达任一瞬间的情况。对于不稳定流动，应以时间微元 $\mathrm{d}t$ 为依据，然后用积分求得一段时间范围内的变化。

设 F' 为瞬时进料速度，D' 为瞬时出料速度，$\mathrm{d}t$ 为时间微元，E 为衡算范围内物料的累积量。则

$$F'\mathrm{d}t - D'\mathrm{d}t = \mathrm{d}E \qquad\qquad (5-23)$$

或

$$F' - D' = \frac{\mathrm{d}E}{\mathrm{d}t} \qquad\qquad (5-24)$$

式（5-23）表示在时间微元 $\mathrm{d}t$ 内，进料量与出料量之差等于此时间内物料的变化量（即累积量）。式（5-24）则表示瞬时进料速度与瞬时出料速度之差等于衡算范围内物料的累积量随时间的变化率。

式（5-23）和式（5-24）中 F'，D'，E 都可能是随时间而变化的变量，此两式可用于衡算范围内的全部物料，对于无化学反应的过程也适用于任一组分。

5.1.4　流体流动的总能量衡算

一、流体流动的总能量衡算

在流体流动过程中，遵守能量守恒定律。在如图 5-6 所示的稳定流动系统中讨论总能量衡算。图中 1—1 与 2—2 为任意选取的截面，0—0 为任意选定的基准水平面。流体在稳定流动情况下，通过截面大小不同的管道，连续不断地进入截面 1—1，流出截面 2—2。两截面间有一台泵向流体做功，以及一个加热器向流体输入热能。u_1，u_2，p_1，p_2，A_1 和 A_2，分别为截面 1—1 与 2—2 处的流速、压力及管道截面积。Z_1，Z_2 分别为截面 1—1 和 2—2 两处管道中心到基准水平面 0—0 的垂直距离。流体从 1—1 截面流入系统所带入的能量有热力学能（U）、位能（gZ）、动能（$u^2/2$）和静压能（pV），单位质量流体的各能量的单位为 $\mathrm{J/kg}$。

流体进入 1—1 截面所带入的总能量为四项能量之和,即 $mU_1 + mgZ_1 + \frac{1}{2}mu_1^2 + p_1V_1$。

由于流体是在稳定状态下流动,质量为 m(kg)的流体自截面 1—1 流入,从截面 2—2 流出。故其由截面 2—2 流出时所带出的能量为 $mU_2 + mgZ_2 + \frac{1}{2}mu_2^2 + p_2V_2$。

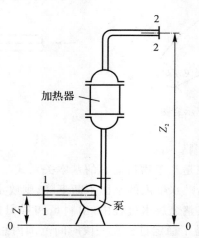

图 5-6　稳定流动系统中能量衡算式推导示意图

在截面 1—1 到截面 2—2 流体输送过程中,还有加热器外加能量 Q_0(J/kg)和流体输送设备(泵)外加能量为 W(J/kg)。根据能量守恒,则有

$$mU_1 + mgZ_1 + \frac{mu_1^2}{2} + p_1V_1 + mW + mQ_0 = mU_2 + mgZ_2 + \frac{mu_2^2}{2} + p_2V_2 \quad (5-25)$$

式(5-25)两边除以 m,又 $\dfrac{V}{m} = \dfrac{1}{\rho} = v$(m³/kg)(比容),得

$$U_1 + gZ_1 + \frac{u_1^2}{2} + p_1v_1 + W + Q_0 = U_2 + gZ_2 + \frac{u_2^2}{2} + p_2v_2 \quad (5-26)$$

或

$$W + Q_0 = (U_2 - U_1) + g(Z_2 - Z_1) + \frac{u_2^2 - u_1^2}{2} + (p_2v_2 - p_1v_1) =$$

$$\Delta U + g\Delta Z + \frac{\Delta u^2}{2} + \Delta(pv) \quad (5-26a)$$

式(5-26)是单位质量流体稳定流动过程的总能量衡算式,也是流动系统的热力学第一定律表达式。需要说明的是,此方程包含的能量项目较多,但这些项目并不是在任何情况下都需要考虑,而是根据具体情况分析,可将某种能量忽略不计,使方程简化。

二、流体流动的机械能衡算式

对于在管道内稳定流动的单位质量的流体,如无外功的影响和不计流动时的阻力损失,由实验可知,只依据系统所含机械能的各项(即位能、动能与静压能)来做系统的能量衡算,所得的结果大致是准确的。如果是可压缩流体的流动,在类似的条件下,其出口端流体所具有的总机械能增大,尤其在流动中有较大的压降产生时,则两端流体所具有的机械能相差更大。这是因为流体在流动中因膨胀做了机械功,而系统所增加的机械功是消耗了流体的热力学能或由外界吸入热量所致。假定流体的膨胀是可逆的，则此项膨胀功为 $\int_{v_1}^{v_2} p \mathrm{d}v (\mathrm{J/kg})$，在作系统的机械能衡算时应予计入。此外，流体在管道内流动时，由于流体的内摩擦作用，不可避免地要消耗一部分机械能，这部分机械能一般都转变为热，使流体的温度略微升高，而不能直接用于流体输送。从实用上说，这部分机械能"损失"了，因此必须在机械能衡算时加入流动的总阻力损失 $\sum h_{\mathrm{f}} (\mathrm{J/kg})$ 一项，如果在流体流动系统装有流体输送设备，还需考虑外部设备所做机械功 $W(\mathrm{J/kg})$，于是得机械能衡算式(5 - 27)，此式对不可压缩流体和可压缩流体均适用。

$$gZ_1 + \frac{u_1^2}{2} + p_1 V_1 + \int_{v_1}^{v_2} p \mathrm{d}v + W = gZ_2 + \frac{u_2^2}{2} + p_2 V_2 + \sum h_{\mathrm{f}} \qquad (5-27)$$

公式变换得

$$W = g \Delta Z + \frac{\Delta u^2}{2} + \int_{p_1}^{p_2} v \mathrm{d}p + \sum h_{\mathrm{f}} \qquad (5-28)$$

式(5 - 28)是表示单位质量流体流动时机械能的变化关系，称为流体稳定流动时的机械能衡算式。

1) 不可压缩流体。不可压缩流体的比容 v 或密度 ρ 为常数，与压力无关，$\int_{p_1}^{p_2} v \mathrm{d}p = \frac{\Delta p}{\rho}$，则式(5 - 28)可写成

$$W = g \Delta Z + \frac{\Delta u^2}{2} + \frac{\Delta p}{\rho} + \sum h_{\mathrm{f}} \qquad (5-29)$$

假定流体流动时不产生内摩擦（理想流体），即 $\sum h_{\mathrm{f}} = 0$，并且又没有向系统加入外功，即 $W = 0$，则式(5 - 29)可简化成

$$g \Delta Z + \frac{\Delta u^2}{2} + \frac{\Delta p}{\rho} = 0 \qquad (5-30)$$

或

$$gZ_1 + \frac{u_1^2}{2} + \frac{p_1}{\rho} = gZ_2 + \frac{u_2^2}{2} + \frac{p_2}{\rho} \qquad (5-31)$$

式(5 - 30)和式(5 - 31)称为伯努利方程。

2) 可压缩流体。以气体为例，若气体通过所取系统两截面间的压力变化小于 20%，即 $\frac{p_1 - p_2}{p_1} < 20\%$，则 $\int_{p_1}^{p_2} v \mathrm{d}p = \int_{p_1}^{p_2} \frac{\mathrm{d}p}{\rho}$ 中的 ρ 可用气体的平均密度 $\rho_{\mathrm{m}} = \frac{\rho_1 + \rho_2}{2}$ 代替，于是式(5 - 28)可改写为

$$W = g \Delta Z + \frac{\Delta u^2}{2} + \frac{\Delta p}{\rho_{\mathrm{m}}} + \sum h_{\mathrm{f}} \qquad (5-32)$$

考虑气体的可压缩性对 $\int_{p_1}^{p_2} v \mathrm{d}p$ 的影响，通常按理想气体处理，根据以下情况分别计算 $\int_{p_1}^{p_2} v \mathrm{d}p$ 项。

三、伯努利方程的讨论

1) 比较式(5 - 29)和式(5 - 30)，两式基本一致，是流体输送过程的机械能衡算式。通常按不可压缩流体机械能衡算式的形式计算，故式(5 - 29)是最常用的伯努利方程的形式，式中各项的单位均为 $\mathrm{J/kg}$，即单位质量的流体具有的机械能。

2）当流体在管道内稳定流动时,设无内摩擦损失发生,又没有向系统加入外功,则 $\sum h_f = 0, w = 0$,于是式（5-29）可写为

$$gZ_1 + \frac{u_1^2}{2} + \frac{p_1}{\rho} = gZ_2 + \frac{u_2^2}{2} + \frac{p_2}{\rho} = 常数 \tag{5-33}$$

从式（5-33）可明显地看出,流体在管道任一截面上各项机械能之和相等,即总机械能为一常数,但在各截面上的每种能量并不一定相等,当流体通过的管道截面的大小或位置的高低发生变化时,各项能量之间是可以相互转换的,而其总机械能仍为常数。例如,某种流体在水平管道中稳定流动时,若在某处管道的截面积缩小,则流速增大,即一部分静压能转变为动能;反之,当另一处管道截面积增大时,流速就减小,一部分动能又转变为静压能。

3）伯努利方程中,内摩擦引起的阻力损失 $\sum h_f$ 具有重要的意义,其数值永远是正值。

4）输送单位质量流体所需加入的外功 W 是决定流体输送设备的重要数据。若被输送流体的质量流量为 q_m（kg/s）,则输送流体需要供给的功率（即流体输送设备的有效功率）为

$$N_e = Wq_m \qquad （J/s 或 W） \tag{5-34}$$

实际上应考虑流体输送设备的效率。以符号 η 表示流体输送设备的效率,则实际消耗的功率（即输入功率）为

$$N = \frac{Wq_m}{\eta} \tag{5-35}$$

5）若所讨论的系统无外功加入,则 $W = 0$。又若系统中流体处于静止状态,则流速 $u = 0$,即无内摩擦损失,$\sum h_f = 0$。此时伯努利方程可写为

$$gZ_1 + \frac{p_1}{\rho} = gZ_2 + \frac{p_2}{\rho} \tag{5-36}$$

此式为流体静力学基本方程。由此可见,伯努利方程除表示流体流动的规律外,也包括流体静止状态的规律,流体的静止不过是流体流动的一个特殊形式。

5.1.5 流量测量

流量的测量一般都是利用流体机械能的相互转化原理,人为地使流体在流动过程中产生局部的静压差,测得静压差的大小,然后应用伯努利方程来确定流体的流速或流量。常用的几种流量计有测速管、孔板流量计、文丘里流量计（或称文氏流量计）、转子流量计等。

一、测速管

测速管又称皮托管。如图5-7所示,测速管由两根弯成直角的同心套管构成,前端内管口敞开,内外管间的环隙封闭,外管壁面四周开有测压小孔。测量时,测速管的内管口正对着管道中流体流动方向。设在测速管前一小段距离1处流速为 u_1,静压力为 p_1,当流体流至测速管管口2处,因测速管内充满被测量的流体,故流速 u_2 为0,动能转化为静压能,使静压力增至 p_2。因此在内管所测得的机械能为静压能和动能之和,即

$$p_2 = p_1 + \frac{\rho u_1^2}{2} \tag{5-37}$$

式中 ρ——流体的密度,kg/m³。

外管对着流体流动方向的管口是封闭的,在外管壁面四周开有测压小孔,由外管上测压小

孔测得的只是流体的静压力 p_1。测速管末端的内管、外管分别与 U 形管压差计的两支管相连,若该 U 形管压差计的读数为 R,指示液的密度为 ρ_0,流体的密度为 ρ,则有

$$\Delta p = gR(\rho_0 - \rho) \tag{5-38}$$

将式(5-38)代入式(5-37),得

$$u_1 = \sqrt{\frac{2gR(\rho_0 - \rho)}{\rho}} \tag{5-39}$$

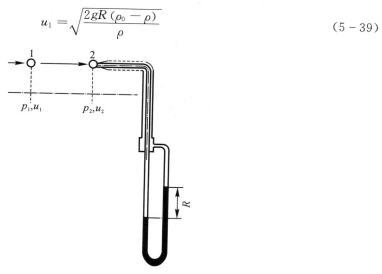

图 5-7 测速管

若被测流体为气体,因 $\rho_0 \gg \rho$,式(5-39)可简化成

$$u_1 = \sqrt{\frac{2gR\rho_0}{\rho}} \tag{2-40}$$

必须注意,用式(5-40)求得的 u_1 只是点速度,而不是平均流速,但可通过测出管轴心处最大点速度 u_{max},算出最大雷诺数 $Re_{max} = du_{max}\rho/\mu$($d$ 为管径,μ 为流体黏度,ρ 为流体密度),然后查图 5-8 即可得到平均流速 u,由此算出流量。

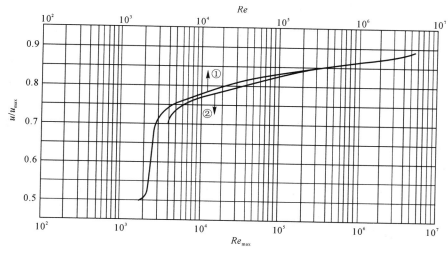

图 5-8 u/u_{max} 与 Re_{max} 和 Re 的关系

注:① 对应的横坐标为 Re; ② 对应的横坐标为 Re_{max}。

测速管对流体流动的阻力很小,拆装方便,通常用于测定气体流速。

二、孔板流量计

常用的孔板流量计如图 5-9 所示,在管道法兰间装有一中心开孔的金属板。当流体经小孔流出后,发生收缩,形成一"缩脉",此处流体截面最小,流速最大,因而相应的静压力降低。

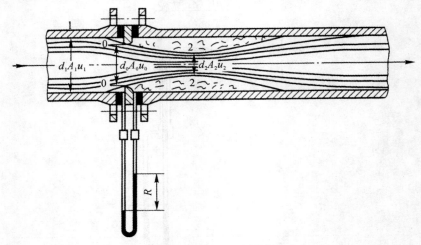

图 5-9 孔板流量计

孔板流量计流量计算公式:

$$q_V = u_0 A_0 = C_0 A_0 \sqrt{\frac{2gR(\rho_0 - \rho)}{\rho}} \tag{5-41}$$

式中 C_0——孔流系数,计算公式如下,通常由实验测定,一般为 $0.6 \sim 0.7$;

$$C_0 = \frac{C}{\sqrt{1 - \left(\frac{A_0}{A_1}\right)^2}}$$

u_0——孔口速度,m/s,计算公式如下:

$$u_0 = C_0 \sqrt{\frac{2(p_1 - p_2)}{\rho}} = C_0 \sqrt{\frac{2gR(\rho_0 - \rho)}{\rho}} \tag{5-42}$$

图 5-10 所示为 C_0 与 Re(按管路计算的雷诺数)及孔径与管径之比 d_0/d_1 的关系曲线。由图可见,当 d_0/d_1 一定时,Re 超过某一数值后,C_0 不再改变,即为常数;当 Re 一定时,d_0/d_1 越大,C_0 也越大。

孔板流量计是一种易于制造的简单测量装置,使用安装较方便,因此应用很广泛。其主要缺点是流体流经孔板时,因突然收缩和扩大,能量的损耗很大。

三、文丘里流量计

如图 5-11 所示,文丘里流量计的结构为一段渐缩渐扩管。其操作原理与孔板流量计一样,但由于流体流经有均匀收缩的收缩段和逐渐扩大的扩大段,流速改变平缓,故能量损耗很小。流体在文丘里流量计的喉管处的流速为

$$u_2 = C_V \sqrt{\frac{2gR(\rho_0 - \rho)}{\rho}} \tag{5-43}$$

式中 C_v—— 孔流系数,由实验测得,一般为 $0.98 \sim 0.99$。

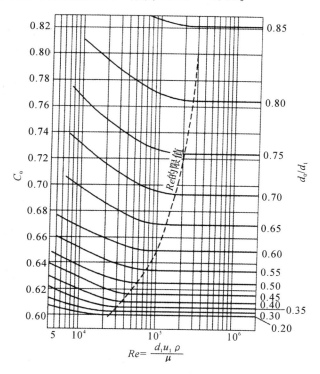

图 5 - 10 C_0 与 Re 及 d_0/d_1 的关系曲线

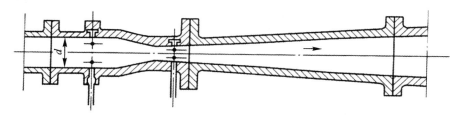

图 5 - 11 文丘里流量计

四、转子流量计

转子流量计的构造如图5-12所示,一根截面自下而上逐渐扩大的垂直锥形硬玻璃管内装有一个金属或其他材质的转子(或称浮子)。被测流体自下而上流过玻璃管,当流过转子与管壁间的环隙时,由于流通截面减小,流速增大,压力随之降低。但此压力低于转子底部受到的流体压力,使转子上下产生压力差,造成一个向上的力,作用于转子。转子具有重力,减去在流体中的浮力就是其净重力。当压力差与转子的净重力相等时,转子便保持在某一平衡位置。当流量增大时,若环隙的截面积不变,通过环隙的流速就增大,于是作用于转子上下的压力差相应增加,转子必受力上浮。由于是锥形管,随着转子的上浮,环隙截面逐渐增大,直到转子所受压力差又与其净重力相等时,则转子处于某一新的平衡位置。如果流量减小,转子将在较低位置达到平衡。因此,转子的悬浮位置随流量而变化。在管壁外表面上刻有流量的读数,由转子的悬浮位置即可读出所测流体的流量。

设 V_f 为转子的体积（m^3），A_f 为转子最大部分的截面积（m^2），ρ_f 为转子材料的密度（kg/m^3），ρ 为流体的密度（kg/m^3），转子在平衡时所受的压力差等于其净重力，即转子所受的压力差＝转子所受的重力－流体对转子的浮力。

可写作

$$\Delta p A_f = V_f \rho_f g - V_f \rho g \quad \text{或} \quad \Delta p = \frac{V_f g (\rho_f - \rho)}{A_f}$$

$$(5-44)$$

转子流量计的测量原理与孔板流量计基本相同，仿照孔板流量计的流量公式写出转子流量计的流量公式：

$$q_V = C_R A_R \sqrt{\frac{2\Delta p}{\rho}} = C_R A_R \sqrt{\frac{2g V_f (\rho_f - \rho)}{\rho A_f}}$$

$$(5-45)$$

式中　C_R——转子流量计的流量系数，由实验测定；
　　　　A_R——环隙的截面积，m^2。

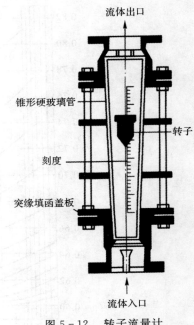

图 5-12　转子流量计

转子流量计的流量系数是转子形状和流体流过环隙的 Re 的函数，其值可由图 5-13 查得。

由仪表厂制造的转子流量计，其刻度是针对某一流体的，在出厂前均进行过标定，并绘制有流量曲线。如改测其他流体，则必须进行校正。假设两种流体的流量系数 C_R 相同，其校正式为

$$\frac{q_V}{q_{V_0}} = \sqrt{\frac{\rho_0 (\rho_f - \rho)}{\rho (\rho_f - \rho_0)}} \tag{5-46}$$

式中，下标"0"表示标定流体。

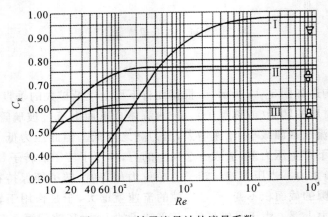

图 5-13　转子流量计的流量系数

转子流量计读取流量方便，流动阻力很小，测量精确度较高，对不同流体的适用性广，能用

于腐蚀性流体的测量,且不易发生故障,缺点是玻璃管不能经受高温和高压,在安装使用过程中容易破碎。

上述四种流量计都是以各种形式机械能的相互转换为原理进行操作的。此外,也有直接测量管道内流过流体的体积或质量的直接测量法,其中以测量体积的体积流量计使用较为普遍,如湿式气体流量计、活塞式流量计、盘式水表等,其原理与构造都比较简单。

5.2　流体输送设备

工程实际中,为将流体从低位置处输送至高位置处,或从低压处送至高压处,或沿管道送至较远的地方,必须给流体施加一定的能量,以克服流动过程中所产生的阻力并补偿输送流体所不足的总能量。这种为流体输送提供能量的机械设备称为流体输送设备。通常用于输送液体的机械设备称为泵,用于输送气体的机械设备称为风机及压缩机,负压条件下工作的压缩机也称为真空泵。常用的流体输送设备,按工作原理可分为离心式、往复式、旋转式、流体动力作用式四类(见表 5 − 1)。

表 5 − 1　流体输送设备的基本类型

分　类	离心式	往复式	旋转式	流体动力作用式
液体输送设备	离心泵 旋涡泵	往复泵、隔膜泵 计量泵、柱塞泵	齿轮泵、螺杆泵 轴流泵	喷射泵、酸泵 空气升液器
气体输送设备	离心式通风机 离心式鼓风机 离心式压缩机	往复式压缩机 往复式真空泵 隔膜压缩机	罗茨鼓风机 液环压缩机 水环真空泵	蒸汽喷射泵 水喷射泵

5.2.1　液体输送设备

一、离心泵

离心泵是环境工程和化工生产中使用最广泛的液体输送设备,工程用泵 80％～90％为离心泵,其特点是结构简单、流量均匀、可用耐腐蚀材料制造,且易于调节和自动控制。离心泵的转速一般为 1 200～3 600 r/min,高速离心泵转速可达 17 000～20 450 r/min,流量 50～90 m³/h,排出压力 200～250 at(表压)。

1.离心泵的结构与工作原理

离心泵的类型很多,其基本结构如图 5 − 14 所示,主要组成部分为叶轮和具有蜗壳形的泵壳。叶轮通常由 4～12 片后弯叶片组成,叶片安装在泵壳内并紧固在泵轴上。泵壳有两个接口,位于泵壳中央的吸入口与吸入管相连接,管的末端装有底阀;泵壳旁侧的排出口与排出管相连接。

叶轮是离心泵中使液体接受外加能量的部件。如图 5 − 15 所示,叶轮有三种类型,即敞式、半蔽式和蔽式。

离心泵输送液体的工作原理主要是依靠高速旋转的叶轮所产生的离心力。

离心泵一般用电动机带动,在启动前必须在离心泵的泵壳内充满被输送的液体。当电动机带动叶轮高速旋转时,液体受到叶片的推力也随之旋转,在离心力作用下从叶轮中心被甩向叶轮外缘,以 15～25 m/s 高速流入泵壳,经能量转换,液体的静压能提高,以较高的压力从排出口进入排出管,输送至所需场所。

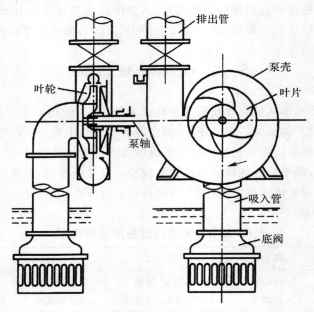

图 5-14　离心泵基本结构图

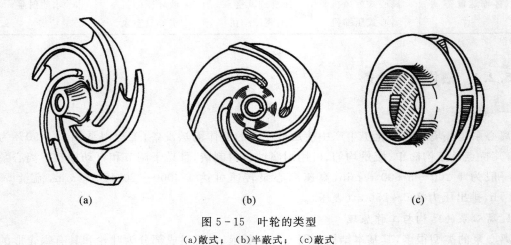

(a)　　　　　　　　　　(b)　　　　　　　　　　(c)

图 5-15　叶轮的类型
(a)敞式;　(b)半蔽式;　(c)蔽式

　　当叶轮中心的液体被甩出后,泵壳吸入口形成一定程度的真空,在压差作用下液体便经吸入口进入泵内,填补排出液体的位置。这样只要叶轮不停转动,液体就连续不断地被吸入和压出,达到输送的目的。

　　离心泵若在启动前未充满液体,则泵壳内存在空气,由于空气的密度远小于液体的密度,产生的离心力小,因而在吸入口处所形成的真空就不足以将液体吸入泵内,此时虽启动离心泵但不能输送液体,此现象称为"气缚"。为便于使泵内充满液体,在吸入管底部需装上带吸滤网的底阀。底阀为止逆阀,吸滤网的作用是防止固体物质进入泵内损坏叶轮的叶片。

2.离心泵的主要性能和特性曲线

离心泵出厂时,附带的铭牌上标注着表明泵的工作性能的参数,即流量 q_Q、扬程 H、轴功率 N、效率 η、转速 n 和允许吸上真空高度 H_s 等。

1)流量 q_Q:泵的流量(又称送液能力)是指泵能输送的液体量,常以单位时间内泵所能输送的液体体积来表示,单位为 L/s 或 m^3/h。离心泵流量的大小取决于泵的结构、尺寸(主要为叶轮的直径 D 与外缘宽度 b)和转速。由于泵的流量与叶轮的转速成正比,而叶轮的转速很高,故泵的流量一般都比较大。

2)扬程 H:泵的扬程(又称泵的压头)是指 1 kg 液体流经泵后所获得的能量,其单位为 m。离心泵扬程的大小取决于泵的结构(如叶轮直径、叶片弯曲度等)、转速及流量。同一台泵,在一定的转速下扬程和流量之间具有一定的关系。

3)轴功率 N:离心泵的轴功率是泵轴所需的功率,是指单位时间内所做功的大小,也就是直接传动时电动机传给泵的功率,以 N 表示。而有效功率是液体自泵得到的实际功率,以 N_e 表示。功率的单位以 J/s 或 W 表示,1 J/s = 1 W。有效功率可用式(5 - 47)表示。

$$N_e = q_Q H \rho g \tag{5 - 47}$$

式中　　q_Q—— 泵的流量,m^3/s;

H—— 泵的扬程,m;

ρ—— 液体的密度,kg/m^3;

g—— 重力加速度,$9.81\ m/s^2$。

由于泵在运转时可能发生超负荷,故所配电动机的功率应大于泵的轴功率。电动机的功率大小已由生产厂家在工作性能表中注明。在机电产品泵样本中所列出的泵的功率与电动机功率,除已做出特殊说明者外,均系指输送清水时的值。

4)效率 η:泵的效率是反映离心泵能量利用率的技术经济指标,表明能量损失的程度,故泵的效率 η 亦称为总效率,定义为泵的有效功率 N_e 与轴功率 N 之比。

$$\eta = \frac{N_e}{N} \tag{5 - 48}$$

离心泵效率的高低与泵的大小,类型及铸造、加工等工艺过程有关。一般小型泵的效率 η 为 50%~70%,大型泵可达 90%。

离心泵的工作性能曲线(特性曲线)表示离心泵的主要性能参数(流量 q_Q、扬程 H、轴功率 N 和效率 η)之间的关系,此曲线通常由泵的制造厂测出,附于泵样本或说明书中。图 5 - 16 为国产 48 - 35 型离心泵在 $n = 2\ 900$ r/min 时的特性曲线,即 $H - q_Q$ 曲线、$N - q_Q$ 曲线、$\eta - q_Q$ 曲线,简要分述如下。

1)$H - q_Q$ 曲线:表示泵的流量 q_Q 和扬程 H 的关系。离心泵的扬程在较大流量范围内是随流量增大而减小的。不同型号离心泵的 $H - q_Q$ 曲线的形状有所不同,有的曲线较平坦,适用于扬程变化不大而流量变化范围较大的场合;有的曲线比较陡峭,适用于扬程变化范围大而不允许流量变化太大的场合。

2)$N - q_Q$ 曲线:表示泵的流量 q_Q 和轴功率 N 的关系,N 随 q_Q 的增大而增大。显然,当 $Q = 0$ 时,泵轴消耗的功率最小,故启动离心泵时,为了减小启动功率,应将出口阀门关闭。

3)$\eta - q_Q$ 曲线:表示泵的流量 q_Q 和效率 η 的关系。此曲线的最高点为泵的设计点,泵在该点对应的流量及扬程下工作,效率最高。此最高效率点对应的最佳工况参数就是铭牌上所标明的参数。泵在最高效率下工作最为经济合理,但实际操作往往不可能正好在与最高效率相应的流量和扬程下运转,一般规定一个高效率区域,泵在此范围内的流量和扬程下运转时,效率不低于最高效率的92%。

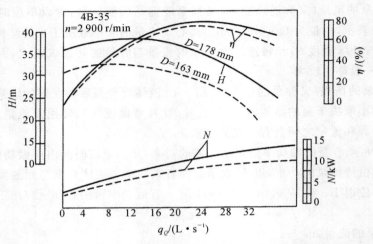

图 5-16 国产 48-35 型离心泵在 $n=2\,900\ \text{r/min}$ 时的特性曲线

3. 离心泵的汽蚀现象

如图 5-17 所示,贮液池池面上的压力 p_a 一定时,泵入口处的压力 p_1 越低,吸入压差 (p_a-p_1) 就越大,液体就吸得越高。但实际上 p_1 的降低是有限的,当 p_1 降低到与液体温度相应的饱和蒸气压相等时,在叶轮入口处的液体中会产生气泡,使其体积突然膨胀,扰乱入口处液体的流动,同时产生的大量气泡随液体进入高压区而又被压缩,突然凝结消失,周围液体以极大的速度冲向气泡中心的空间,在气泡的冲击点上产生很高的局部压力,不断打击叶轮的表面,致使叶轮很快损坏,此现象称为"汽蚀"。汽蚀现象发生时,因冲击而使泵体震动,并发出噪声,同时还会使泵的流量、扬程和效率都明显下降,严重时泵不能正常工作。

4. 允许吸上真空高度

每种型号的离心泵都必须通过实验确定在一定流量下的允许吸入压差,习惯上用被输送液体的液柱高度来表示,称之为泵的允许吸上真空高度(或称吸程),记作 H_g。

应当指出的是,允许吸上真空高度 H_g 并不等于池面到泵轴的允许最大垂直距离 —— 安装高度(或称允许吸上高度)H_s,二者的关系根据伯努利方程求解,得

$$H_g = H_s - \Sigma h_{f(0-1)} - \frac{u_1^2}{2g} \qquad (5-49)$$

允许吸上真空高度 H_g 与输送液体的密度、饱和蒸气压、当地的大气压,以及泵的转速、流量等因

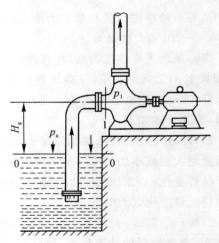

图 5-17 离心泵吸液示意图

素有关,通常由实验测定,从机电产品泵样本中可查得。

在输送温度较高及沸点较低的液体时,由于其饱和蒸气压比较高,要特别注意吸上真空高度问题。若允许吸上真空高度低,可采用下列措施:

1)尽量减小吸入管路的阻力损失,吸入管径可比排出管径大一些。同时,泵的安装位置尽量靠近液源,以缩短管长,减少管件和阀门等的数量。

2)将泵安装在液面以下的位置,使液体自灌入泵,不必吸上。

5. 管路特性曲线与离心泵的工作点及流量调节

(1)管路特性曲线。

在一定的管路系统中,离心泵的实际工作扬程和流量不仅与其本身特性有关,而且还取决于管路的工作特性。通过一定的管路系统输送液体时,要求的离心泵供给的压头 L 可依据伯努利方程求解,得

$$L = \Delta Z + \frac{\Delta p}{\rho g} + \frac{\Delta u^2}{2g} + \left(\lambda \frac{l}{d} + \Sigma \zeta\right)\frac{u^2}{2g} \tag{5-50}$$

式中:$\Delta Z + \dfrac{\Delta p}{\rho g}$ 与管路流量无关,在输液高度和压力不变的情况下为常数,令其为 A。又 $u = \dfrac{q_Q}{S}$(此处 S 为管道截面积),故 $\dfrac{\Delta u^2}{2g} + \left(\lambda \dfrac{l}{d} + \Sigma \zeta\right)\dfrac{u^2}{2g}$ 与管路流量有关。对于一定的管路系统,$S, l, d, \sum \zeta$ 均为定值,湍流时摩擦因数 λ 的变化很小,则令 $\dfrac{\Delta u^2}{2g} + \left(\lambda \dfrac{l}{d} + \Sigma \zeta\right)\dfrac{u^2}{2g} = Bq_Q^2$,$B$ 为与管路情况有关的常数。于是式(5-50)便简化为

$$L = A + Bq_Q^2 \tag{5-51}$$

按式(5-51)作图,即得图 5-18 所示的 L-q_Q 曲线,称为管路特性曲线。管路情况不同,曲线的形状也不同。

(2)离心泵的工作点。

输送液体是靠离心泵和管路相互配合来完成的,当安装在管路中的离心泵运转时,管路的流量必然与泵的流量相等,此时泵的扬程也必然与管路要求离心泵供给的压头一致,即 $H = L$。因此,如图 5-19 所示,将管路特性曲线绘于离心泵的特性曲线图上,两线的交点 P 称为离心泵的工作点。该点所对应的流量 q_Q 和扬程 H 即为泵在此管路中工作时的实际流量和扬程。

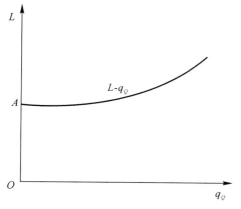

图 5-18　管路特性曲线

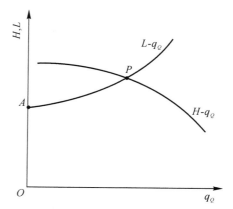

图 5-19　离心泵的特性曲线与管路特性曲线

（3）离心泵的流量调节。

当离心泵在指定的管路系统中工作时，由于工况波动，泵的工作流量与生产要求不相适应时，则需要及时通过改变管路特性曲线或离心泵的特性曲线对泵的工作点进行调节。

改变管路特性曲线最方便的办法是调节离心泵出口管路上阀门开度以改变管路阻力，从而达到调节流量的目的。

理论上比较经济的办法是改变泵的转速或叶轮直径，此时管路特性曲线不变。但改变转速，需要增设变速装置，故实际上少有采用。减小叶轮直径的方法不够方便，调节范围不大，还会影响效率，实际相当于更换一台规格较小的离心泵。

6. 离心泵的安装与运转

各种类型的泵都有由生产厂家提供的安装使用说明书。这里仅简要介绍应注意的问题。

泵的安装高度必须低于泵的允许吸上高度，以免发生汽蚀现象或吸不上液体。为了尽量降低吸入管路的阻力，吸入管应短而直，吸入管的直径应不小于吸入口的直径。采用较大的管径对降低吸入管路阻力有利，但在连接时应注意变径处不能有气体积存。

离心泵的操作包括充液、启动、运转、调节，以及停车等过程。离心泵在启动前必须使泵内充满液体，以保证泵体和吸入管内没有气体积存。启动时，应先将出口阀门关闭，以免电动机超负荷。待电动机运转正常后，再逐渐开启出口阀门，调节到所需要的流量。停车时，亦应先关闭出口阀门以避免排出管内的液体倒流使泵的叶轮受损。若停车的时间长，应放出泵及管路中的液体，以免锈蚀构件或冬季冻结。

在离心泵的运转过程中，要注意其有无不正常的噪声，观察压力表等读数是否正常；同时还应定期检查轴承、轴封发热情况，并要注意润滑及轴封处是否有不正常的渗液情况。

二、往复泵

往复泵是一种容积式泵，主要由泵体、活塞（或柱塞）和单向活门所组成。活塞由曲柄连杆机构带动做往复运动，通过活塞将外功以静压能的方式传递给液体。图 5-20 所示为单动往复泵的工作原理，当活塞在外力作用下向右移动时，泵体内形成低压，上端的活门（排出活门）受压而关闭，下端的活门（吸入活门）则被泵外液体的压力推开，将液体吸入泵内。当活塞向左移动时，活塞的挤压使泵内液体的压力增大，吸入活门受压就关闭，而排出活门受压则开启，由此将液体排出泵外。如此活塞不断地做往复运动，液体就间歇地被吸入和排出。

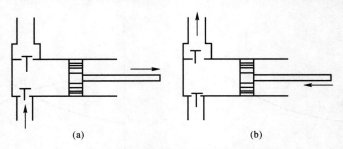

图 5-20　单动往复泵的工作原理

(a)吸入液体；　(b)排出液体

活塞在泵体内左右移动的顶点称为"死点"，两死点之间的活塞行程即活塞运动的距离，称为冲程。当活塞往复运动一次，即活塞移动双冲程时，只吸入和排出液体各一次，故称单作用泵(或单动泵)。单动泵的排液量是不均匀的,泵的排液量不均匀,引起惯性阻力损失,增加了动力消耗。为了降低单动泵流量的不均匀性,便有双动泵或三动泵的出现,图 5-21 是具有空气室的双动往复泵。

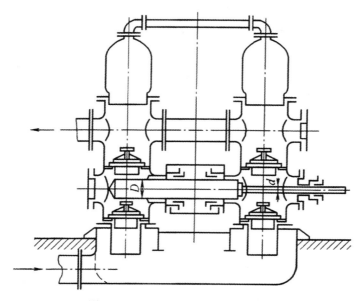

图 5-21 具有空气室的双动往复泵

往复泵的扬程与流量无关,这是往复泵与离心泵的不同之处。只要泵的机械强度及电动机功率允许,外界系统要求多高的压头,往复泵就能提供多大的压头。因此,在环境工程和化工生产中,需要高扬程时常采用往复泵。各种往复泵所能供给的最大压头,在有关产品目录中均有规定。

三、计量泵

计量泵亦称比例泵,是一种可以通过冲程调节精确定量输送液体的往复泵,有柱塞式和隔膜式两种基本形式(见图 5-22)。计量泵除装设有一套可以准确调节流量的调节机构外,其基本构造与往复泵基本相同。

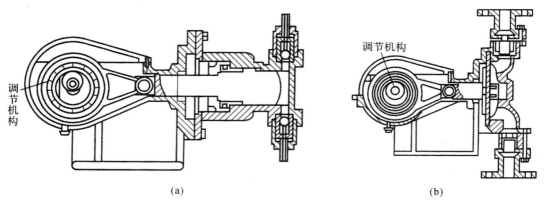

(a) (b)

图 5-22 计量泵

(a)柱塞式; (b)隔膜式

计量泵可实现流量调节和精确计量,应用广泛,产品的规格较齐全,系列化和通用化的程度较高,能实现流量调节自动化,送液量精确度一般为±(0.5%~1%)。隔膜式计量泵适用于输送剧毒、易燃、易爆的液体;用一个电动机驱动2~10个泵头的多缸计量泵,不仅能使每个泵头的流量固定,还可实现多种液体按比例输送或混合;供实验用的微量计量泵可控制排液量为2~123 mL/h,若采用附加传动装置,排液量还可降低90%。

四、旋转泵

旋转泵与往复泵同样属于正位移泵的类型,不同之处是旋转泵中无活门等部件,仅有的活动部件为泵壳内旋转的转子。旋转泵的工作原理是基于转子的旋转作用,吸入和排出被输送的液体,故旋转泵亦称转子泵。常见的旋转泵有齿轮泵和螺杆泵。

1.齿轮泵

如图5-23所示,齿轮泵的主要构件为泵壳和一对相互啮合的齿轮,其中一个为主动轮,另一个为从动轮。其工作原理与往复泵类似,当齿轮转动时,吸入腔内因两齿轮的齿互相分开形成低压,将液体从吸入腔吸入低压的齿穴中,并沿壳壁推送至压出腔。压出腔内齿轮的齿互相合拢,形成高压将液体排出。

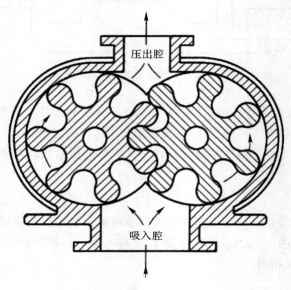

图5-23 齿轮泵

齿轮泵因其齿穴不能很大,故流量较小,但可以产生较高的压头,常用于输送黏稠液体,甚至膏状物料,但不宜用来输送有固体颗粒的悬浮液。

2.螺杆泵

如图5-24所示,螺杆泵主要由泵壳与一个或一个以上的螺杆所构成。单螺杆泵是靠螺杆在具有内螺杆的泵壳中偏心转动,将液体沿轴向推进、挤压至排出口。双螺杆泵与齿轮泵相似,是利用两根相互啮合的螺杆来排送液体。当所需要的压力很高时,可采用较长的螺杆。螺杆泵的效率较齿轮泵高,运转时无噪声、无震动、流量均匀,可在高压下输送黏稠液体。

上述两种类型的旋转泵,特别适用于高黏度的液体。旋转泵是正位移泵,故在任何给定的转速下,泵的理论流量与扬程无关,对于输送高黏度液体,由于受到泵的结构和所输送液体性质的限制,泵是在低转速下工作的。

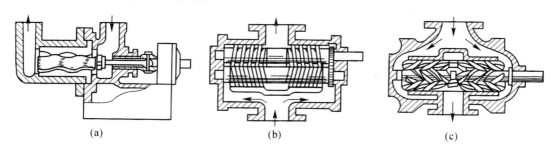

图 5 - 24　螺杆泵

(a)单螺杆泵;　(b)双螺杆泵;　(c)三螺杆泵

五、旋涡泵

旋涡泵是一种特殊类型的离心泵,主要结构如图 5 - 25 所示。叶轮 1 上有许多径向叶片 2,叶片间形成凹槽,在圆形泵壳 3 与叶轮间有一同心的流道 4,吸入口 6 与排出口 7 在泵壳顶部相对,并由隔板 5 隔开。隔板与叶轮的间隙极小,因此吸入腔与排出腔得以分隔开来。

旋涡泵是依靠离心力对液体做功,液体由吸入口吸入,多次通过叶片凹槽和流道间的反复旋涡形运动,达到排出口时,就获得了较高的压头。旋涡泵的流量小、压头高、体积小、结构简单,但效率一般很低,通常为 $35\%\sim38\%$,适用于输送无悬浮颗粒及黏度不高的液体。

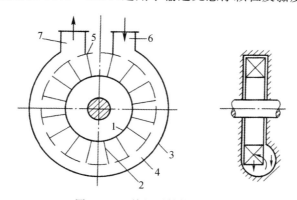

图 5 - 25　旋涡泵结构原理图

1—叶轮;　2—径向叶片;　3—泵壳;　4—流道;　5—隔板;　6—吸入口;　7—排出口

六、屏蔽泵

屏蔽泵是应核工业对泵的无泄漏的特殊要求而发展起来的。屏蔽泵是一种无泄漏的泵,它的叶轮和电动机连成一个整体,并密封在同一壳体内,不需要填料或机械密封,故亦称为无密封泵。按照泵与电动机的布置方式,屏蔽泵有立式和卧式两类。图 5 - 26 所示为管道式屏蔽泵,属立式屏蔽泵。如图 5 - 26 所示,泵的闭式叶轮和电动机的转子装在同一根轴上,在被输送的液体中转动,转子没有轴封,且整套机件和液体密闭在同一壳体内。电动机的转子和定子是分别屏蔽隔开的,如图 5 - 26 中所示的转子屏蔽套和定子屏蔽套,后者是全焊式的,故液体不会泄漏到电动机的定子或外面去。

屏蔽泵具有结构简单紧凑、零件少、占地小、性能可靠、长期不需要检修等优点,但效率比一般离心泵低,适用于处理腐蚀性强、易燃、易爆、有毒和具有放射性或贵重的液体,还比较容易设计制造成适用于处理超高压、高温、极低压、高熔点或含杂质液体的特殊用泵。

实际使用的泵种类很多,不再一一介绍,需要时可查阅有关手册或泵类网站。

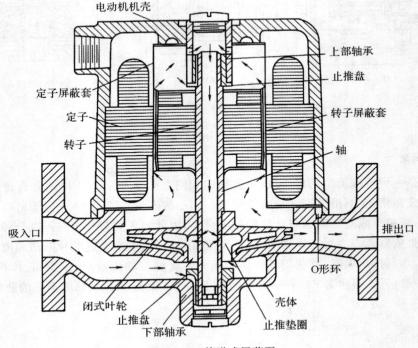

图 5-26 管道式屏蔽泵

5.2.2 气体输送设备

气体输送设备与液体输送设备大体相同,按其结构和工作原理可分为离心式、往复式、旋转式和流体动力作用式。但气体具有可压缩性,当其压力变化时,体积和温度也随之变化。气体压力变化的程度用压缩比表示,定义为气体进入和排出输送设备的压力之比。从不同的使用要求来衡量,气体输送设备可按其终压(出口压力)或压缩比的大小分为四类。

1)通风机:终压不大于 14 709.92 Pa(表压),压缩比为 1~1.15。

2)鼓风机:终压为 0.15~3 at(表压),压缩比小于 4。

3)压缩机:终压为 3 at(表压)以上,压缩比大于 4。

4)真空泵:造成真空的气体输送设备,可减压到 0.2 at(绝对压力)以下。

一、离心式通风机

工业上常用的通风机主要有轴流式通风机和离心式通风机两种类型,前者所产生的风压很小,一般只用于通风换气,后者用于气体输送。离心式通风机的工作原理和离心泵一样,在涡壳中有一高速旋转的叶轮,叶轮旋转产生离心力,使气体压头增大而排出。

离心式通风机根据所产生的压头大小又分为低压离心式通风机(风压≤980.66 Pa)、中压离心式通风机(风压为 980.66~2 941.98 Pa)和高压离心式通风机(风压为 2 941.98 Pa~

14 709.92 Pa)。

二、离心式鼓风机和离心式压缩机

1. 离心式鼓风机

离心式鼓风机又称透平鼓风机,其主要构造和工作原理与离心式通风机类似,单级叶轮所产生的压头很低,故一般都采用多级叶轮。当机壳的工作叶轮高速旋转时,气体由吸入口进入机壳,在第一级叶轮内压缩后,由第一级叶轮的出口被吸至第二级叶轮的中心,如此依次经过所有的叶轮,最后由排出口排出。

离心式鼓风机的风量大,但所产生的风压仍不高。其出口压力一般不超过 3 at(表压)。在离心式鼓风机中,气体的压缩比不高,所以不需要冷却装置,各级叶轮的大小也大体相同。

2. 离心式压缩机

离心式压缩机常称为透平压缩机,其主要构造和工作原理与离心式鼓风机相同,只是离心式压缩机叶轮级数更多,可达 10 级以上,故能产生较高的风压,一般为 4~10 at(绝对压力)。

三、旋转式鼓风机和旋转式压缩机

1. 罗茨鼓风机

罗茨鼓风机的工作原理与齿轮泵类似,如图 5-27 所示,机壳内有两个腰形转子或两个三星形转子(又称风叶),两转子之间、转子与机壳之间缝隙很小,使转子能自由运动而无过多气体泄漏。两转子的旋转方向相反,使气体从一侧吸入,从另一侧排出。如果改变转子的旋转方向,可使其吸入口和排出口互换。

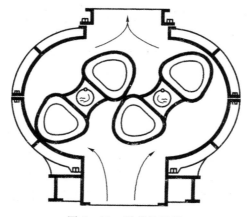

图 5-27　罗茨鼓风机

罗茨鼓风机的风量与转速成正比,在转速一定时,出口压力改变,风量可保持大体不变,故又名定容式鼓风机。这一类型鼓风机的特点是风量的变动范围大,在 2~500 m³/min 变动。出口表压在 0.8 at 以内,但在 0.4 at 附近时,效率较高。

罗茨鼓风机的出口应安装稳压气柜与安全阀,流量用支路调节,出口阀不能完全关闭。这类鼓风机操作时,温度不能超过 85℃,否则会引起转子受热膨胀而发生碰撞。

2. 液环压缩机

液环压缩机又称纳氏泵,如图 5-28 所示。它由椭圆形泵壳和圆形叶轮组成。壳内充有适量的液体,当叶轮转动时,液体在离心力的作用下,沿椭圆形内壳形成一层液环。在液环内,椭圆长轴两端显出两月牙形空隙,使气体吸入和排出。

当叶轮转至吸入口位置时,叶片之间充满液体,当此叶轮顺图中箭头方向转过一定角度时,液层向外移动,在叶片根部形成低压空间,气体则从吸入口进入此空间。叶轮继续转动,此空间逐渐增大,气体继续被吸入。当叶轮转过泵壳顶端位置后,此空间就逐渐缩小,气体被压缩,然后自排出口排出。当叶轮转至排出口位置时,叶片之间又完全充满液体,重新进入吸气过程及排气过程。叶轮转动一周,同时在两处吸入和排出气体。

液环压缩机中被压缩的气体仅与叶轮接触,液环的存在使气体与泵壳隔开。因此,在输送有腐蚀性的气体时,只需要叶轮的材料抗腐蚀即可。壳内所充液体不应与所输送的气体起作用。液环压缩机产生的压力可高达 $500\sim600$ kPa。

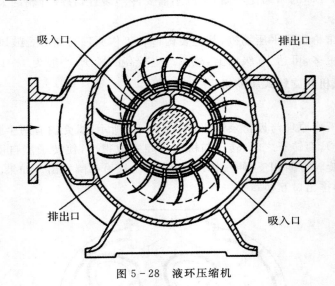

图 5-28 液环压缩机

四、往复式压缩机

往复式压缩机的工作原理与往复泵相似,依靠活塞的往复运动而将气体吸入和排出。但压缩机的工作流体为气体,密度比液体小得多,且可压缩。因此,在结构上要求吸入和排出活门轻便而易于启闭。活塞与汽缸盖间的余隙要小,各处配合必须更严密。此外,还需要根据压缩情况,附设必要的冷却装置。压缩机的一个循环过程是由膨胀、吸入、压缩、排出四个阶段组成。

往复式压缩机的分类方法很多,按活塞的一侧或两侧吸、排气体分为单动和双动往复式压缩机;按气体受压次数分为单级(压缩比 $2\sim8$)、双级(压缩比 $8\sim50$)和多级(压缩比 $50\sim100$)往复式压缩机;按压缩机所产生的终压大小分为低压(10 at 以下)、中压($10\sim180$ at)、高压($180\sim1\,000$ at)和超高压($1\,000$ at 以上)往复式压缩机,在超高压领域,当前仍为往复式压缩机所独占,生产中所用超高压压缩机的终压已达到 $3\,500$ at;按生产能力分为小型(10 m^3/min 以下)、中型($10\sim30$ m^3/min)和大型(30 m^3/min 以上)往复式压缩机;按所压缩的气体种类分为空气压缩机、氨压缩机、氢压缩机、石油气压缩机等。

往复式压缩机的选用主要依据生产能力和终压(或压缩比)两个指标。生产能力通常用 m^3/min 表示。终压(或称排气压力)是以(kg/cm^2)或 at(表压)表示。在实际选用时,首先应考虑所输送气体的特殊性质。压缩机的种类选定后,可选定压缩机的类型。压缩机的种类和类型选定以后,即可根据生产的需要,按照生产能力和终压两个指标,在产品样本中选定所需用的压缩机。

五、真空泵

化工生产中的某些过程,常常在低于大气压的情况下进行。真空泵就是获得一个绝对压力低于大气压的机械设备。真空泵基本上可分为两大类,即干式真空泵和湿式真空泵。干式真空泵只从容器中抽出干气体,可以产生 96%～99.9%真空度;而湿式真空泵在抽出气体的同时,允许带入液体,只能产生 85%～90%真空度。

真空泵的主要性能参数有以下方面:①极限真空度或残余压力,指真空泵所能达到的最高真空度;②抽气速度,指单位时间内真空泵在极限真空度和气体温度条件下所能吸入的气体体积,即真空泵的生产能力。

选用真空泵时,应根据生产任务对两个性能参数的要求,并结合实际情况来选定适当的类型和规格。

5.3　非均相混合物的分离

自然界的大多数物质是混合物。若物系内部各处组成均匀且不存在相界面,则称为均相混合物或均相物系,溶液及混合气体都是均相混合物。由具有不同物理性质的分散物质和连续介质所组成的物系称为非均相混合物或非均相物系。在非均相物系中,处于分散状态的物质,如分散于流体中的固体颗粒、液滴或气泡,称为分散物质或分散相;包围分散物质且处于连续状态的物质称为分散介质或连续相。根据连续相的状态,非均相物系分为以下两种类型:

1)气态非均相物系,如含尘气体、含雾气体等;

2)液态非均相物系,如悬浮液、乳浊液及泡沫液等。

环境工程中涉及的流体大多是含有颗粒物的非均相物系,例如,含有粉尘的废气为气-固非均相物系,含有固体悬浮物的生活污水为液-固非均相物系。因此,环境工程中所涉及的非均相物系的分离一般是指从流体中分离颗粒物的过程,即大气污染控制工程的除尘过程或水污染控制工程中的液固分离过程,其基本操作一般遵循流体力学基本规律,依靠分散相(颗粒物)和连续相(流体)之间的相对运动来实现,主要采用的方法有沉降、过滤、洗涤等。

5.3.1　非均相物系的性质

为了选择合理的分离方法与设备,确定适宜的操作范围,必须首先掌握非均相物系的基本性质。气-固或液-固非均相物系中的固体颗粒和气-液非均相物系中的液体颗粒通常是由许多单个颗粒及聚集在一起的颗粒团组成的混合体,即颗粒群。因此,颗粒特性一般是指颗粒群中颗粒的重要物理性质或物理化学性质,包括颗粒的大小、形状、粒度分布、密度、表面性质等,这些特性结合起来将决定颗粒沉降速度的大小、能被过滤介质拦截的颗粒范围,对液-固、气-固和气-液分离过程有着至关重要的影响。

一、颗粒几何属性

1.单个颗粒的粒径

球形颗粒的粒径可用其直径表示。对非球形颗粒一般有三种方法来定义粒径,即投影直径、几何当量直径和物理当量直径。单个颗粒粒径的常见表示方法见表 5-2。由表 5-2 可知,同一颗粒按不同定义所得的粒径在数值上是不同的。

表 5-2　单个颗粒粒径的常见表示方法

分类	名　称	符　号	定　义	公　式
投影直径	定向直径[费雷特(Feret)直径]	d_F	各颗粒在投影图中同一方向上的最大投影长度	
	定向面积等分直径[马丁(Martin)直径]	d_M	各颗粒在投影图中按同一方向将颗粒投影面积二等分的线段长度	
	最大直径	d_{max}	不考虑方向的颗粒投影外形的最大直线长度	
	最小直径	d_{min}	不考虑方向的颗粒投影外形的最小直线长度	
几何当量直径	投影面积直径	d_A	与颗粒投影面积相等的圆的直径	
	等表面积直径	d_s	与颗粒的外表面积相等的球的直径	
	等体积直径	d_v	与颗粒的体积相等的球的直径	
	等表面积体积直径	d_{sv}	同颗粒的外表面积与体积之比相等的球的直径	
	周长直径	d_c	与颗粒投影外形周长相等的圆的直径	
	筛分直径	d_{ap}	颗粒能通过的最小方形筛孔的宽度	
物理当量直径	自由沉降直径	d_t	在某介质中,与颗粒密度相同和沉降速度相等的球的直径	
	斯托克斯直径	d_{st}	在层流区($Re_p \leqslant 1$)颗粒的自由沉降直径	
	空气动力学直径	d_a	在空气中颗粒运动处于层流区($Re_p \leqslant 1$),与颗粒的自由沉降速度相同的单位密度(1 g/cm³)的球的直径	
	分割直径	d_{c50}	除尘器分级效率为 50% 时颗粒的直径	

2. 平均粒径

为了能简明地表示颗粒群的某一物理性质,往往需要按照应用目的求出代表颗粒群特性的粒径的平均值,即平均粒径。平均粒径定义为对于一个由粒径大小不同的颗粒组成的颗粒群,以及一个由均匀的球形颗粒组成的假想颗粒群,如果它们具有某一相同的性质,则称此球形颗粒的直径为实际颗粒群的平均粒径。常用的几种平均粒径的表示方法见表 5-3。

表 5-3　常用的几种平均粒径的表示方法

名　称	符　号	定　义	备　注
算术平均径	d_{10}	颗粒群中颗粒直径的总和除以颗粒的个数	
中位径	d_{50}	颗粒群中把颗粒质量平分一半的颗粒直径	
众径	d_d	颗粒群中颗粒数最多的直径	
几何平均径	d_g	颗粒群中 n 个颗粒粒径的乘积的 n 次方根	
加权平均径	d_{40}	颗粒群中各颗粒的直径乘以相应的质量分数加和而成的平均粒径	

3. 颗粒的形状系数

非球形颗粒的形状与球形颗粒的差异程度采用颗粒形状系数来表征。颗粒形状系数又称球形度,用 ϕ_s 表示,定义式为

$$\phi_s = \frac{与非球形颗粒体积相同的球形颗粒表面积}{非球形颗粒表面积} = \left(\frac{d_V}{d_s}\right)^2 \leqslant 1 \qquad (5-52)$$

对于球形颗粒,$\phi_s = 1$;对于非球形颗粒,$\phi_s < 1$;颗粒与球的差别越大,ϕ_s 越小。正方体的 $\phi_s = 0.806$,直径与高相等的圆柱的 $\phi_s = 0.874$,大多数粉碎所得颗粒的 $\phi_s = 0.6 \sim 0.7$。

二、颗粒的物理特性

1. 颗粒的密度

单位体积颗粒的质量称为颗粒的密度,单位为 kg/m^3 或 g/cm^3。将固体颗粒表面及其内部的空气排出后测得的颗粒自身的密度称为颗粒的真密度,以 ρ_p 表示。包含固体颗粒间气体空间在内的颗粒密度称为颗粒的堆积密度,用 ρ_b 表示。对于同一种颗粒,$\rho_b < \rho_p$,二者的关系为

$$\rho_b = (1 - \varepsilon)\rho_p \qquad (5-53)$$

式中　ε—— 颗粒群的空隙率,与固体颗粒的种类、粒径大小和填充方式等有关。

2. 颗粒的比表面积

颗粒的比表面积定义为单位体积(或质量)颗粒所具有的表面积。

$$a = \frac{颗粒的表面积}{颗粒的体积} = \frac{6}{\phi_s d_V} \qquad (5-54)$$

式中　a—— 颗粒的比表面积,m^2/m^3。

3. 颗粒的润湿性

固体颗粒与液体接触后能否相互附着和附着难易程度的性质称为颗粒的润湿性。当颗粒与液体接触时,接触面能扩大而相互附着的则称为润湿性颗粒,接触面缩小的则称为非润湿性颗粒。颗粒的润湿性与其种类、粒径和形状、生成条件、组分、表面粗糙度等性质有关。例如,水对飞灰的润湿性要比对滑石粉好得多;球形颗粒的润湿性比形状不规则、表面粗糙的颗粒小;颗粒越细,润湿性越差。颗粒的润湿性随气体压力的增大而增大,随温度的升高而下降。湿润程度取决于液体对颗粒的界面张力,即界面张力越小的液体对颗粒越易润湿。

颗粒的润湿性是选用洗涤分离方法的主要依据之一。对于润湿性好的亲水性(中等亲水、强亲水)颗粒,可以选用洗涤分离方法净化;对于憎水性颗粒,则不宜采用洗涤分离方法。

4. 颗粒的荷电性

颗粒在其产生和运动过程中,颗粒与颗粒间的碰撞及颗粒与器壁间的摩擦都可能使颗粒获得静电荷。在气体电离化的电场内,颗粒会从气体离子获得电荷,大颗粒是与气体离子碰撞而获得电荷,小颗粒则由于扩散而获得电荷。颗粒荷电后,某些物理性质将改变,如凝聚性、附着性,以及在流体中的稳定性。颗粒的荷电性对于纤维层过滤及静电沉降是很重要的。

5. 颗粒的导电性

颗粒的导电性通常以电阻率表示,单位为 $\Omega \cdot cm$。颗粒的导电不仅包括靠颗粒本体内的电子或离子发生的所谓容积导电,也包括靠颗粒表面吸附的水分和化学膜发生的所谓表面导电。对电阻率高的颗粒,在较低温度下,主要是表面导电;在较高温度下,容积导电占主导地位。颗粒的电阻率仅是一种可以互相比较的表观电阻率,又称比电阻,是颗粒的主要特性之

一,对电除尘器性能有重要影响。

6.颗粒的黏附性

颗粒附着在固体表面上,或者颗粒彼此相互附着的性能称为黏附性,后者也称为自黏性。附着的强度,即克服黏附现象所需的力(垂直作用于颗粒重心处)称为黏附力。

颗粒的黏附性是一种常见的实际现象。颗粒相互黏附团聚,使粒径增大,有利于分离,许多除尘器的捕集机制都是依赖于在施加捕集力以后颗粒在捕集体表面的黏附。但是,在含尘流体管道和净化设备中,又要防止颗粒在管壁上黏附,以免造成管道和设备的堵塞。

颗粒的粒径、形状、表面粗糙度、润湿性、含水率和荷电性等对颗粒的黏附性有较大影响。

5.3.2 非均相物系分离的理论基础

非均相物系分离的机理就是在力的作用下使颗粒相对于连续相流体产生一定的位移,并从流体中分离出来。颗粒捕集过程所要考虑的力有分离力、流体阻力和相互作用力。分离力一般包括重力、离心力、惯性力、静电力等,流体阻力对所有捕集过程来说都是最基本的作用力,而颗粒间的相互作用力在颗粒浓度不高时可忽略。

一、流体对颗粒的阻力

在流体中运动的颗粒所受的作用力除重力和流体浮力外,还有周围流体对它的阻力。流体阻力包括形状阻力和摩擦阻力两部分。由于颗粒具有一定的体积,运动时需要排开周围的流体,导致其前面的压力较后面大,产生形状阻力;同时,颗粒与周围流体之间存在摩擦,导致产生摩擦阻力。无论是颗粒静止,流体运动,还是流体静止,颗粒运动,或者两者都运动,只要两者之间具有一定的相对速度,流体对颗粒就有阻力。流体阻力的大小取决于颗粒的形状、粒径、表面特性、运动速度及流体的种类和性质,其方向总是和速度方向相反。假设:① 颗粒直径比流体分子的平均自由程 λ 大得多(即 $d_D \gg \lambda$);② 流体为连续介质;③ 颗粒静止或等速运动;④ 颗粒为刚性球且无相互影响;⑤ 在无限空间中运动,则流体对颗粒的阻力 F_D 可表示为

$$F_D = C_D \frac{\rho}{2} u^2 \frac{\pi}{4} d_p^2 \tag{5-55}$$

式中 C_D—— 由实验确定的阻力系数,量纲为1;

   ρ—— 流体的密度,kg/m^3;

   u—— 流体与颗粒间的相对速度,m/s;

   d_p—— 颗粒直径,m。

二、阻力系数

大量实验研究证实,式(5-55)中的阻力系数 C_D 是颗粒雷诺数 Re_p 的函数,即 $C_D = f(Re_p)$。颗粒雷诺数为

$$Re_p = \frac{d_p \rho u}{\mu} \tag{5-56}$$

式中 μ—— 流体的黏度,$Pa \cdot s$。

实验测得的固体颗粒的阻力系数 C_D 与颗粒雷诺数 Re_p 的关系如图5-29所示。图5-29中颗粒形状系数 $\phi_s = 1$ 的曲线,即球形颗粒的 $C_D - Re_p$ 曲线,此曲线可分为四个区域。

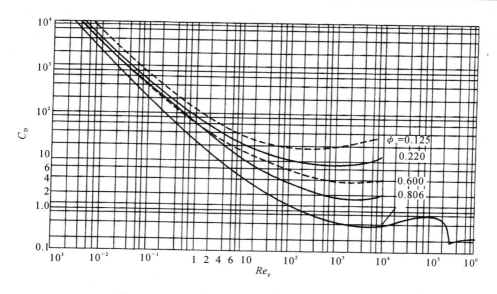

图 5-29　阻力系数 C_D 与颗粒雷诺数 Re_p 的关系

1) $Re_p \leqslant 1$ 的区域为层流区,或称斯托克斯区。在此区域围绕球形颗粒的流体流线是平滑的,且球形颗粒前半部与后半部大体对称(见图 5-30(a)),边界层属于层流边界层,颗粒运动阻力主要取决于黏性力的大小。此时 C_D 与 Re_p 成直线关系,其表达式为

$$C_D = \frac{24}{Re_p} = \frac{24\mu}{d_p u \rho} \tag{5-57}$$

将式(5-57)代入式(5-55),得

$$F_D = 3\pi\mu d_p u \tag{5-58}$$

式(5-58)即为著名的斯托克斯定律,此时的阻力称为表面阻力。

2) $1 < Re_p \leqslant 1\,000$ 的区域为过渡区,或称艾伦区。在此区域流体在球形颗粒周围保持着平滑曲线的同时,在球体后部产生了一定数量的旋涡(见图 5-30(b)),流动渐渐过渡到湍流状态。此时 C_D 与 Re_p 成曲线关系,采用经验公式计算,较常用的是伯德公式。

$$C_D = \frac{18.5}{Re_p^{0.6}} \tag{5-59}$$

3) $1\,000 < Re_p \leqslant 2 \times 10^5$ 的区域为湍流区,或称牛顿区。在此区域,除了球形颗粒周围的边界层以外,流动完全发展为湍流,在球体后发生了边界层的分离,产生大量旋涡(见图 5-30(c))。形状阻力影响 C_D 的大小,C_D 几乎不随 Re_p 而变,其近似式为

$$C_D = 0.44 \tag{5-60}$$

4) 当 $Re_p > 2 \times 10^5$ 时,边界层本身的流动也变为湍流,实验结果显示不规则现象。

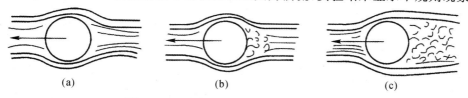

图 5-30　流体绕过球形颗粒的几种情况

(a)层流区;　(b)过渡区;　(c)湍流区

流体流过形状不规则的颗粒时,阻力系数与颗粒雷诺数之间的关系因形状而异。非球形颗粒($\phi_s < 1$)的阻力系数C_D与颗粒雷诺数Re_p的关系曲线见图5-29,这里颗粒雷诺数中的直径使用颗粒的等体积直径d_V。由图5-29可知,对于相同的Re_p,颗粒形状系数ϕ_s愈小,C_D愈大,颗粒所受的阻力愈大。

三、流体阻力的影响因素与修正

理论上可以证明,当颗粒尺寸小到与气体分子平均自由程λ相当时(即$\frac{d_D}{2} \approx \lambda$),颗粒表面附近的气体产生速度跃变(即速度不连续),在颗粒及紧贴其表面的第一层气体分子之间的速度差并不等于零,这种现象称为滑动。其结果导致颗粒受到的阻力比用公式计算的要低,为了对这种滑动影响进行修正,坎宁安对斯托克斯定律提出了如下修正。

$$F_D = \frac{3\pi\mu d_p u}{C} \tag{5-61}$$

式中　　C——坎宁安修正系数。

坎宁安修正系数C可用戴维斯建议的式(5-62)计算:

$$C = 1 + K_n\left[1.257 + 0.400\exp\left(-\frac{1.10}{K_n}\right)\right] \tag{5-62}$$

式中　　K_n——克努森数,$K_n = 2\lambda/d_D$,其中气体分子平均自由程λ可按式(5-63)计算。

$$\lambda = \frac{\mu}{\rho_g}\sqrt{\frac{\pi M}{2RT}} \tag{5-63}$$

式中　　R——摩尔气体常数,$R = 8.314$ J/(mol·K);

　　　　T——气体的温度,K;

　　　　M——气体的摩尔质量,kg/mol;

　　　　ρ_g——气体的密度,kg/m³。

坎宁安修正系数C与气体温度、压力和颗粒尺寸有关。温度越高、压力越低、粒径越小,则C值越大。

对于标准状态(293 K,101 325 Pa)的空气,$\lambda = 0.066\ 7\ \mu m$,粒径单位取$\mu m$时,坎宁安修正系数可粗略估算为

$$C = 1 + 0.165/d_p \tag{5-64}$$

对于常压下的空气,卡尔弗特(Calvert)给出了类似的方程,式中粒径单位为 m。

$$C = 1 + \frac{6.21 \times 10^{-10} T}{d_p} \tag{5-65}$$

四、从流体中分离颗粒的基本原理

非均相物系颗粒捕集分离机理如图5-31所示,含颗粒流体进入分离区,在分离力的作用下,颗粒偏离流体,经过足够的时间,迁移至分离界面上,并附着在上面,且不断被除去,以便为新的颗粒继续附着在分离界面上创造条件。因此,要从非均相物系中将颗粒分离出来,必须具备以下基本条件。

1)有分离界面可使颗粒附着在上面,如容器器壁、固体表面、大颗粒物料表面、织物与纤维表面、液膜或液滴等。

2)有使颗粒运动轨迹和流体流线不同的作用力,常见的有图5-31所示的重力、离心力、

静电力、惯性力、扩散力、直接拦截等,此外还有热聚力、声压和光压等。

3)有足够的时间使颗粒迁移到分离界面上。这就要求分离设备有一定的空间,并要控制非均相物系的流速等。

4)能使已附着在分离界面上的颗粒不断被出去,而不会重新返混入流体内,这就是颗粒清除过程。

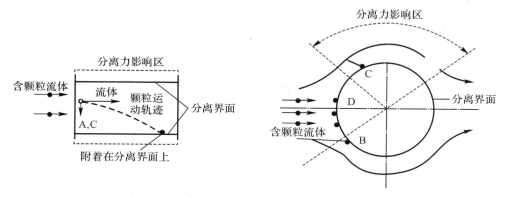

图 5-31　非均相物系颗粒捕集分离机理示意图

A—重力、离心力、静电力;　B—惯性力;　C—扩散力;　D—直接拦截

5.3.3　非均相物质分离设备

一、重力沉降设备

重力沉降是利用颗粒物因重力作用而自然沉降的原理,使颗粒物从流体中分离出来的过程,通常用于气-固、气-液及液-固三种不同物系的分离。

环境工程中常见的重力沉降设备主要包括应用于气-固、气-液非均相物系分离的重力沉降室,应用于液-固非均相物系分离的重力沉降澄清器等。

重力沉降室如图 5-32 所示,含尘气体由管道进入重力沉降室后,因流道截面扩大而流速降低。大而重的颗粒在重力作用下沉降至底部。

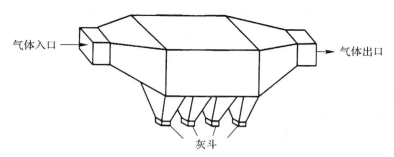

图 5-32　重力沉降室结构示意图

水处理中常将重力沉降用于去除污(废)水中的悬浮物。如图 5-33 所示,重力沉降澄清器是一个带锥形底的圆槽,原液经中心处的进料管送至液面下 0.3～1.0 m 处,固体颗粒在上部自由沉降区边沉降边向圆周方向分散,澄清液经槽的周边溢流出去。

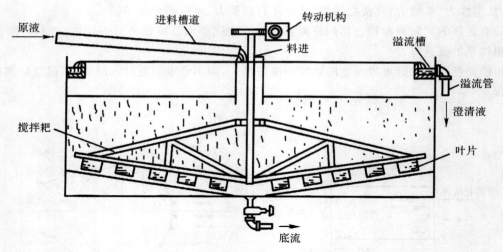

图 5-33 重力沉降澄清器示意图

重力沉降室适用于净化密度大、粒径大的粉尘，一般用作初级净化装置。实际应用中为了提高重力沉降室的去除率和利用率，可采用设置几层水平隔板的多层重力沉降室。图 5-34 所示为用于气体除尘的多层重力沉降室。

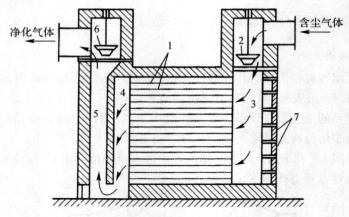

图 5-34 用于气体除尘的多层重力沉降室
1—隔板；2,6—调节闸阀；3—气流分配器；4—气体聚集道；5—气道；7—清灰口

二、离心沉降设备

当颗粒处于旋转的流体中，在惯性离心力作用下而产生的沉降过程称为离心沉降。惯性离心力在工程上一般称为离心力，离心沉降理论主要研究颗粒在旋转流体中在离心力作用下的运动及分离特性。

离心沉降设备是利用离心力沉降原理从流体中分离颗粒物的设备。通常用于气-固非均相物系分离的称为旋风分离器，用于液-固非均相物质分离的则称为旋液分离器。

1. 旋风分离器

旋风分离器是使含颗粒气流做旋转运动，在离心力作用下使颗粒从气流中分离捕集下来的装置,环境治理工程中用来除去(或收集)含尘气体中的尘粒,又称旋风除尘器。因其构造简单,制造方便,并可用于高温气体,因此在工业上应用很广泛。

　　旋风分离器的分离性能可以用它所能分离出的颗粒大小来表示。能够从旋风分离器内全部分离出来的最小颗粒的直径称为临界直径,以 d_c 表示;也可以用分离效率来表示分离性能的优劣,分离效率是指能够从分离器中分离出来的颗粒量与入口气体中颗粒量之比,以 η 表示。

　　2.旋液分离器

　　旋液分离器是利用离心力的作用,使悬浮液中固体颗粒增稠或使粒径不同及密度不同的颗粒进行分级的装置。其结构及操作原理与旋风分离器类似。旋液分离器在水处理中又称水力旋流器。

　　旋液分离器的基本结构如图 5-35 所示,悬浮液从圆筒上部的切向入口进入器内,旋转向下流动。液流中的颗粒受离心力作用,沉降到器壁,并随液流下降到锥形筒的出口,成为较稠的悬浮液而排出,称为底流。澄清的液体或含有较小、较轻颗粒的液体,则形成向上的内旋流,经上部中心溢流管从顶部溢流出口管排出,称为溢流。

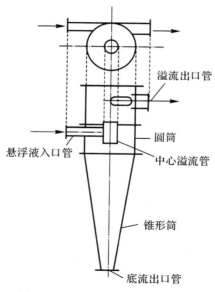

溢流出口管

悬浮液入口管

圆筒

中心溢流管

锥形筒

底流出口管

图 5-35　旋液分离器的基本结构

　　旋液分离与旋风分离不同之处是内旋流中心有一空心柱,同时旋液分离器的圆筒部分短,锥形筒部分长,可以比较充分地发挥锥形筒的作用,由于旋转半径小,故离心力较大。

　　3.离心沉降机

　　离心沉降机是利用离心沉降的原理分离悬浮液的机械,污(废)水处理工程中常用的有转鼓式离心沉降机和管式离心沉降机。

　　图 5-36 为转鼓式离心沉降机的转鼓结构示意图。它的主体是上部带翻边的圆筒,由中心轴带动其高速旋转。由于离心力的作用,筒内液体形成以上部翻边边缘为界的中空垂直圆柱体。悬浮液从沉降机底部进入,形成自下而上的液流,颗粒则随液体到达顶端以前沉到筒底,即可从液体中除去,否则将随液体流出。悬浮液从底部进入,转鼓内的液体以转鼓的旋转

角速度随着转鼓旋转,液体由下向上流动过程中,颗粒由液面处沉降到转鼓内表面处。凡沉降所需要的时间小于或等于在转鼓内停留时间的颗粒,均能沉降除去。

管式离心沉降机的操作原理如图 5-37 所示。乳浊液从下部进入,在管内自上而下流动过程中,在离心力作用下,由于密度不同而分成内、外两层,外层走重液,内层走轻液,都从顶部的溢流口流出。若用于从液体中分离出极少量、极细的固体颗粒,则需要将重液出口堵住,只留轻液出口。对于附于管壁上的小颗粒,可间歇地将管取出加以清除。

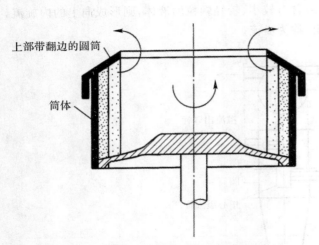

图 5-36 转鼓式离心沉降机的转鼓结构示意图

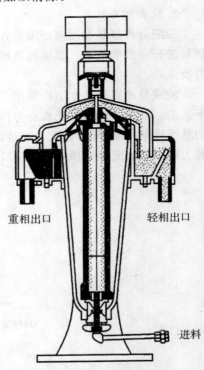

图 5-37 管式离心沉降机的操作原理

三、静电沉降设备

在电场中使颗粒带上静电荷,利用颗粒受到静电力而从流体中分离出来的方法称为静电沉降。

环境工程中常用的静电沉降设备主要是指用于从废气中去除颗粒物的静电除尘器。静电除尘器的种类较多,通常按捕集电极形式不同分为管式和板式两种,图 5-38 所示为两种静电除尘器的基本结构。管式电除尘器的捕集电极为圆管,放电电极装在管的中心,两极间距均相等,电场强度变化较均匀,具有较高的电场强度,但清灰比较困难,一般采用湿式除尘,用清水连续或定期清洗粉尘。板式电除尘器的捕集电极由平板组成,电场强度变化不够均匀,但清灰较方便,制作及安装比较容易。

静电除尘器能有效地捕集 0.1 μm 甚至更小的烟尘或雾滴,捕集效率高达 99.99%,阻力较小,气体处理量可以很大,低温操作时性能良好,也可以用于 800 K 左右的高温气体除尘,缺点是设备费和操作费均较高,安装管理要求严格。

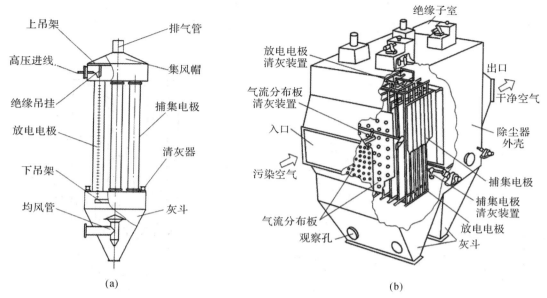

图 5-38　静电除尘器的基本结构图
(a)管式电除尘器；　(b)板式电除尘器

四、过滤

过滤是通过多孔介质把分散的颗粒从流体中滤出的分离方法。按流体介质的类型,过滤可以分为气体过滤(滤除气流中的悬浮颗粒)和液体过滤(滤除液流中的悬浮颗粒)。

1.气体的过滤

理论上气体的过滤过程可以分为稳态过滤和非稳态过滤两个阶段。第一阶段假定颗粒沉降在"干净"的过滤介质上,且在以后的过滤中不再分离,因而沉降的颗粒引起过滤器结构变化量甚微,这一阶段的过滤称为稳态过滤。实际中含低浓度颗粒的气体过滤过程可近似视作稳态过程。由于实际的过滤过程远较稳态过滤复杂得多,在第二阶段,尤其是过滤过程的后期,各种颗粒的沉降导致过滤器产生结构变形,最后过滤器被阻塞,此过滤阶段称为非稳态过滤。

气-固非均相物系的过滤分离机制比较复杂,现以孤立纤维对颗粒的捕集作用机制为例进行讨论。含尘气流通过纤维滤料层时,颗粒不是简单地被过滤除去。研究和实践表明,颗粒的分离是由多种联合作用完成的,这些作用主要包括惯性碰撞、截留效应、静电沉降、扩散效应、重力沉降等,如图 5-39 所示。颗粒在纤维上的沉降过程可能同时受到上述各种机制的影响,这些机制在不同的过滤条件下起不同的作用。

过滤式除尘器是用多孔过滤介质将气、固两相流体中的粉尘颗粒捕集分离下来的一种高效除尘设备,简称"过滤器"。根据过滤方式的不同,可分为表面过滤和内部过滤两种方式。目前采用表面过滤方式的除尘器主要有袋式除尘器,采用内部过滤方式的除尘器则主要为颗粒层除尘器。如图 5-40 所示,袋式除尘器是利用多孔纤维材料制成的滤袋(也称布袋)将含尘气流中的粉尘捕集下来的一种干式高效除尘装置。因其具有除尘效率高,尤其对微米或亚微米级粉尘颗粒具有较高的捕集效率,且不受粉尘比电阻的影响,运行稳定,对气体流量及含尘浓度适应性强,处理流量大,性能可靠等优点,广泛应用于工业含尘废气净化工程。但目前存在的主要问题是：普通滤料不耐高温,若采用特殊滤料,则成本过高;另外,袋式除尘器不适宜净化黏性及吸湿性强的含尘气体,否则气体温度低于露点温度时,会产生糊袋现象,使除尘器不能正常工作。

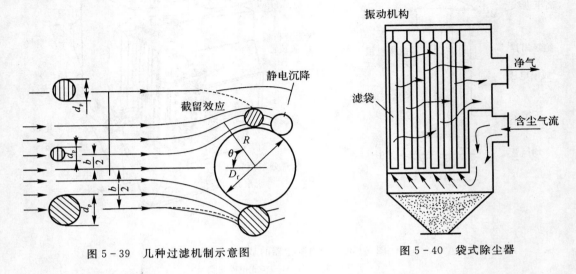

图 5-39 几种过滤机制示意图

图 5-40 袋式除尘器

颗粒层除尘器(见图 5-41)是利用松散的粒状滤料(如硅砂、砾石、矿渣及焦炭等)将粉尘颗粒从含尘气体中捕集下来的高效气固分离装置。由于其具有耐高温、耐腐蚀、耐磨损、除尘效率不受粉尘比电阻的影响、滤料价廉易得及维护费用低等优点,目前在陶瓷、炼焦、冶金及化学等工业领域得到了越来越广泛的应用。其存在的主要问题是对微细粉尘捕集效率相对较低,阻力损失大,过滤气速不能过高,在处理相同流量时过滤面积比袋式除尘器大等。

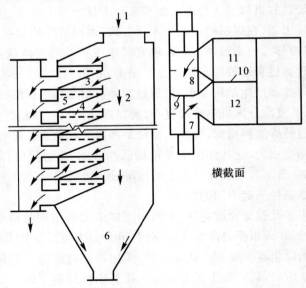

图 5-41 颗粒层除尘器

1—进气口; 2—沉降室; 3—过滤空间; 4—颗粒层; 5—下筛网; 6—灰斗;
7—反吹风口; 8—净气口; 9—气缸阀门; 10—隔板; 11,12—过滤截面

2.液体的过滤

液体过滤是以某种多孔物质为介质,在外力作用下使悬浮液中的液体通过介质的孔道,而固体颗粒截留在介质上,从而实现固液分离的操作。过滤操作采用的多孔物质称为过滤介质,所处理的悬浮液称为滤浆或料浆,通过孔道的液体称为滤液,被截留的固体物质称为滤饼或滤渣。图5-42是过滤操作的示意图。

根据过滤过程的机理可把固-液过滤分为表面过滤和深层过滤。

表面过滤的过滤介质一般为织物、多孔材料或膜等,过滤介质的孔径不一定要小于最小颗粒的粒径。过滤开始时,部分小颗粒可以进入甚至穿过介质的小孔,很快即由颗粒的架桥作用使介质的孔径缩小形成有效的阻挡(见图5-43)。

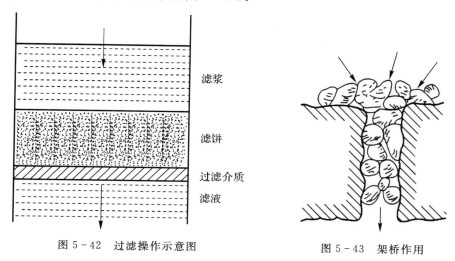

图 5-42　过滤操作示意图　　　　　　　图 5-43　架桥作用

深层过滤时,固体颗粒并不形成滤饼,而是沉降于较厚的过滤介质内部,如图5-44所示。此时,颗粒尺寸小于介质孔道,颗粒可进入长而曲折的孔道。在惯性和扩散作用下,进入孔道的固体颗粒趋向于孔道壁面,并在静电与表面作用力的作用下附着其上。深层过滤常用于净化含固量很少(颗粒体积分数<0.1%)的场合,如水的净化。

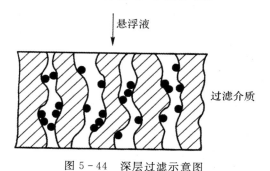

图 5-44　深层过滤示意图

3.过滤机

工业上使用的液体过滤设备称为过滤机,其形式有多种,按操作方式可分为间歇式和连续式,按过滤机推动力又分为重力过滤机、加压过滤机和真空过滤机。这里只介绍最典型的板框压滤机(间歇操作)、转筒真空过滤机(连续操作)和离心过滤机。

(1)板框压滤机。

板框压滤机是间歇式过滤机中应用最广泛的一种,是由许多块滤板和滤框交替排列组装而成(见图5-45)。

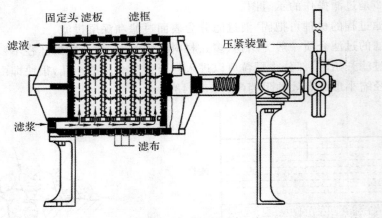

图5-45 板框压滤机

滤框和滤板的结构如图5-46所示,滤框是方形框,其右上角的圆孔是滤浆通道,左上角的圆孔是洗水通道;滤板两侧表面做成纵横交错的沟槽,形成凹凸不平的表面,凸部用来支撑滤布,凹槽是滤液的流道。滤板有两种,一种是左上角的洗水通道与两侧表面的凹槽相通,使洗水流进凹槽,这种滤板称为洗涤板;而另一种,洗水通道与两侧表面的凹槽不相通,称为非洗涤板。滤板的两侧表面放上滤布。

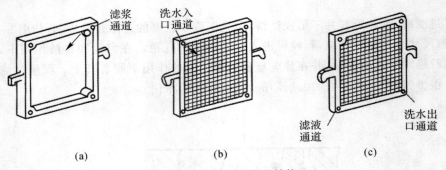

图5-46 滤板和滤框的结构

(a)滤框; (b)洗涤板; (c)非洗涤板

图5-47所示为板框压滤机的操作原理。过滤时,用泵把滤浆送进滤浆入口,由通道流进每个滤框里。滤液穿过滤布沿滤板的凹槽流至每个滤板下角的阀门排出。固体颗粒积存在滤框内形成滤饼,直到框内充满滤饼为止。

若需要洗涤滤饼,则由过滤阶段转入洗涤阶段。洗涤阶段,是将洗水送入洗水入口,经洗涤板左上角的洗水入口通道,进入板的两侧表面的凹槽中。然后,洗水横穿滤布和滤饼,最后由非洗涤板下角的滤液通道排出。在此阶段,洗涤板下角的阀门关闭。

洗涤阶段结束后,打开板框,卸出滤饼,洗涤滤布及滤板、滤框,然后重新组装,进行下一个操作循环。

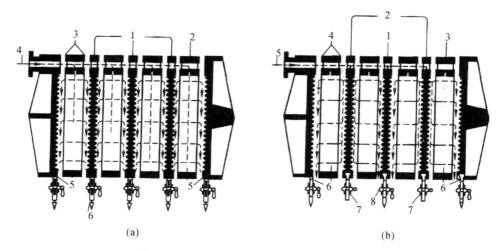

图 5-47 板框压滤机操作原理示意图

(a)过滤阶段

1—滤板； 2—滤框； 3—滤布； 4—滤液入口； 5—滤饼； 6—滤液出口

(b)洗涤阶段

1—非洗涤板； 2—洗涤板； 3—滤框； 4—滤布； 5—洗水入口； 6—滤饼； 7—阀门(关)； 8—洗水出口

板框压滤机结构简单,价格低廉,占地面积小,过滤面积大,并可根据需要增减滤板的数量,调节生产能力,对物料的适应能力较强,由于操作压力较高,对颗粒细小而液体黏度较大的滤浆也能适用,但由于间歇操作,生产能力低,卸渣清洗和组装阶段需用人力操作,劳动强度大,所以只适用于小规模生产。近年来出现了各种自动操作的板框压滤机,使劳动强度得到降低。

(2)转筒真空过滤机。

图 5-48 为转筒真空过滤机操作示意图,它是工业上应用较广的一种连续式过滤机。其主体为水平安装的转筒(转速为 0.1～3 r/min),转筒表面有一层金属网,网上覆盖着滤布,筒的下部浸入滤浆槽中。转筒内用隔板分成 12 个扇形过滤室,每个室分别与转筒端面圆盘上的一个孔用细管连通。此圆盘随着转筒旋转,称为转动盘。转动盘与安装在支架上的固定盘之间的接触面用弹簧紧密配合,保持密封。这两个相互叠合又相对转动的圆盘组成一个分配头。转筒旋转时,借助分配头的作用,能使转筒旋转一周的过程中,每个过滤室可依次进行过滤、洗涤脱水、卸渣等操作。而整个转筒圆周在任何瞬间都划分为几个区域,有过滤区、洗涤脱水区及卸渣区。固定盘上的三个圆弧凹槽之间有一定距离,这是为了从一个操作区到另一个操作区时,不使两个区域互相连通。

转筒真空过滤机能自动连续操作,适用于处理量大、固体颗粒含量较多的滤浆。但由于在真空下操作,其过滤推动力最高只有 1 atm,对于滤饼阻力较大的物料适应能力较差。

(3)离心过滤机。

图 5-49 所示的三足式离心过滤机是一种常用的人工卸料的间歇式过滤机。该机的主体是过滤用的筐式转鼓,其上有许多小孔,内壁衬有金属滤网及滤布。离心过滤时滤浆在筐式转鼓中,与筐式转鼓一起旋转,由于离心力作用,液体产生径向压差,通过滤饼、滤网及筐式转鼓

而流出。

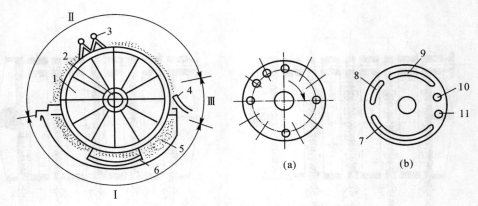

图 5-48　转筒真空过滤机操作示意图

(a)转动盘；　(b)固定盘

Ⅰ—过滤区；　Ⅱ—洗涤脱水区；　Ⅲ—卸渣区

1—转筒；　2—分配头；　3—洗水喷嘴；　4—刮刀；　5—滤浆槽；　6—搅拌器；

7,8—与滤液贮罐相通的槽；　9—与洗水贮罐相通的槽；　10,11—通压缩空气的孔

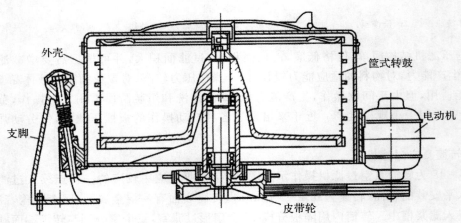

图 5-49　三足式离心过滤机示意图

五、湿式洗涤设备

环境工程中的湿式洗涤设备主要是用于气体净化的除尘器。利用液体为捕集体，捕集分离气体中的颗粒，达到气-固非均相物系分离的目的。湿式洗涤的捕集机理与过滤捕集机理都是流体力学捕集机理，但不同之处在于湿式洗涤的捕集体形式为液滴、液膜及液层。

1)液滴：液滴的产生方法有两种，一种是使液体通过喷嘴而雾化，另一种是用高速气流使液体雾化。液体为分散相，含尘气体为连续相，两相之间存在相对速度，利用液滴对颗粒的惯性碰撞、直接拦截、静电，以及颗粒自身的重力和扩散等效应把颗粒捕集下来。

2)液膜：将液体淋洒在填料介质上，在填料界面形成很薄的液体网络层，即为液膜。此时，液、气均为连续相。气体在通过液膜时，所含的颗粒由于惯性、离心力、扩散等作用撞击到液膜中，进入液体被分离。

3)液层(气泡):使气体穿过液层,因液体表面张力生成气泡,气体为连续相,液体为分散相。颗粒在气泡中依靠惯性、重力和扩散等机理而产生沉降,被分离带入液体。

显然,气-液界面上颗粒与大量分散的液体间的相互作用是颗粒被捕集的关键之一。在湿式洗涤过程中,这些作用涉及惯性碰撞、扩散沉降、黏附作用、扩散漂移作用等,属于短程机制。在净化高温气体时,还有热泳、冷凝等作用,所以影响因素较多,捕集机理也较为复杂。以下仅以单个液滴对颗粒的捕集作用机制为例进行讨论。

1. 雾化接触型洗涤器

通过一定的装置把液体破碎成小液滴,并利用其捕集气体中颗粒的洗涤器称为雾化接触型洗涤器。其捕集机理主要是惯性碰撞和直接拦截。按雾化方式的不同,可分为两种形式:①机械雾化。利用喷嘴把液体雾化成小液滴,常见的为喷雾塔。②气体雾化。利用高速运动的气体把液体雾化成小液滴,常见的有文丘里洗涤器、冲击式洗涤器和自激喷雾式洗涤器等。

重力喷雾塔是最简单的洗涤器,其结构是一圆柱形空心塔(见图 5-50)。液体从塔顶经雾化喷嘴喷出后,向塔底自由沉降;含尘气体从塔底进入,流向塔顶,气液两相逆向流动,在塔内接触,通过惯性碰撞、直接拦截和扩散沉降等作用,雾滴将颗粒捕集。洗水从塔底流出,净气从塔顶排出。

冲击式水浴洗涤器的结构如图 5-51 所示。含尘气体从喷头高速喷出后,冲击水面,依靠惯性,粗颗粒与水发生碰撞而被捕集,气流回转穿过水层,激起大量水花(液滴),对细颗粒实行二次捕集。

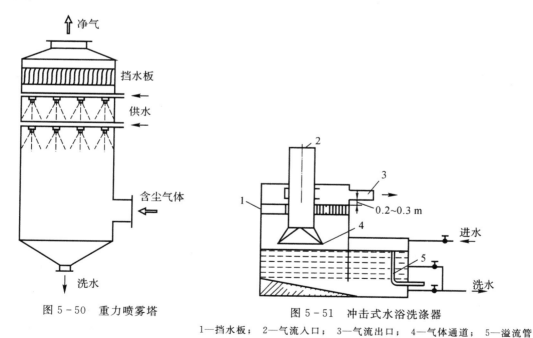

图 5-50 重力喷雾塔

图 5-51 冲击式水浴洗涤器
1—挡水板; 2—气流入口; 3—气流出口; 4—气体通道; 5—溢流管

自激喷雾式洗涤器如图 5-52 所示,含尘气体进入设备腔体后,气流急剧转弯向下冲击水面,粗颗粒因惯性撞击水面而被捕集。细颗粒和气流又转弯进入由两叶片组成的 S 形净化室,由于离心力作用,气流激烈冲击狭槽产生大量的水花,含尘气体与水在此充分接触,细颗粒得以捕集,净化后的气体经挡水板除雾后从设备顶端排出。

　　文丘里洗涤器是一种高效湿式除尘器,其结构如图 5-53 所示,主要由渐缩管、喉管、渐扩管、脱水器等部分组成。含尘气体进入渐缩管后,由于截面积不断减小,气流速度逐渐增大,当到达喉管时,流速达到最大值,通常是渐缩管入口处流速的 5~12 倍,如此高速运动的气流把从喉管附近喷射进来的液滴冲击成更小的雾滴,由于速度快,颗粒与液滴之间发生剧烈的碰撞,颗粒表面的气膜被冲破,颗粒被水润湿。同时,在喉管中由于动压急剧增大,静压减小,如同绝热膨胀一样,液滴迅速蒸发,因而气体中的蒸汽达到饱和甚至过饱和状态。在渐扩管中,气流速度减小,静压回升,过饱和蒸汽开始冷凝,细小的颗粒成为凝结核。这样,含尘气体中的颗粒不论粒径大小,其表面都会附着一层液膜,附着了液膜的尘粒与液滴或其他颗粒相互碰撞,成为更大的聚集体。随后它们在脱水器中被捕集下来。

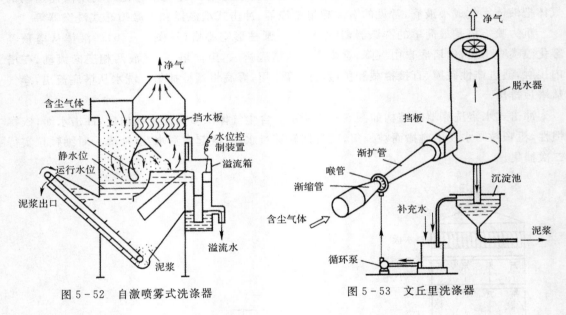

图 5-52　自激喷雾式洗涤器　　　　　　图 5-53　文丘里洗涤器

2. 液膜接触型洗涤器

　　液膜接触型洗涤器是将液体分布在一定的介质上形成液膜,通过液膜与颗粒的碰撞润湿而达到除尘的目的,常见的有旋风洗涤器、填料塔洗涤器。

　　旋风洗涤器如图 5-54 所示,喷嘴沿切向向筒壁喷雾,使壁面形成一层很薄(2~3 mm)的液膜,含尘气体从筒体下部切向进入,旋转上升,因离心力作用颗粒被甩向筒壁,与壁面上的液膜碰撞润湿而黏附,随后颗粒与水流一起流入筒体底部而流出设备,净化后的气体由筒体顶部排出。旋风洗涤器的除尘效率随气体入口速度增大和筒体直径减小而提高,但入口气速过高,会破坏液膜,导致效率降低,同时设备的阻力也增大。

　　填料塔洗涤器一般分为固定床和流动床两种类型。由于固定床填料塔洗涤器净化粉尘时很容易堵塞,所以工程上一般较少使用,这里主要介绍的流动床填料塔洗涤器是湍球塔。如图 5-55 所示,在上下两块筛板间填充若干小球作为填料,在上筛板的上方布置喷嘴,雾状水流经过填料时,在小球表面形成液膜,含尘气体从塔的下部进入,将小球吹成流化态,依靠惯性碰撞、直接拦截、扩散沉降等作用,颗粒被小球表面的液膜捕获。由于小球在不断地湍动、旋转及相互碰撞,其表面的液膜就不断更新,从而强化了气液两相的接触,极大地提高了净化效率。湍球塔还有一个突出的优点就是能同时有效地净化气态污染物。

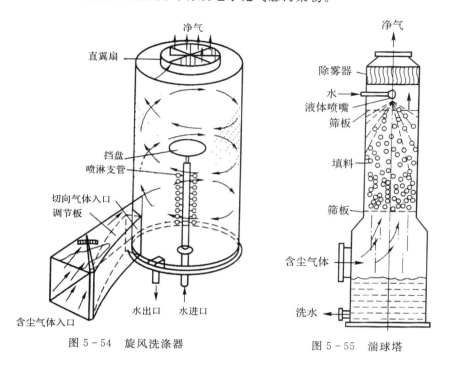

图 5 - 54　旋风洗涤器　　　　　　图 5 - 55　湍球塔

3. 鼓泡接触型洗涤器

鼓泡接触型洗涤器是利用含尘气体穿过液层时形成气泡,在气泡形成及上升过程中将颗粒捕集下来,最常见的是筛板塔洗涤器。

如图 5 - 56 所示,在塔体内布置一些带孔的筛板,液体从塔顶进入,含尘气体从塔底进入,当气流通过筛板时,因阻力使筛板上持有一定的液层,气流穿过这些液层时,就会形成大量气泡(泡沫层),依靠惯性碰撞和扩散沉降,颗粒被捕集。如果洗水横流过筛板而从一侧降液管中流入下一筛板,则称为溢流式筛板塔洗涤器(见图 5 - 56(a));如果洗水通过筛孔流入下一筛板,则称为无溢流筛板塔洗涤器(见图 5 - 56(b))。

5.4　均相混合物的分离

均相混合物,又称均匀混合物,是指不管提取该物质的哪一部分,它的成分、含量、比例都是相同的混合物。环境工程和污染治理过程中许多分离过程都是在气态液态中进行,流体间的传质与分离过程定义为均相分离技术,如萃取、吸附、离子交换等单元操作,单相或多相流体间的分离技术称为均相分离技术,或称流体相分离技术。本节重点讨论均相间的传质与分离技术,该类技术在环境污染治理中得到广泛应用。

5.4.1　萃取

使用与原料液中溶剂互不相溶或部分互溶的一种液体,利用其对原料液中各组分溶解度的差异来实现原料液分离的操作过程,称为萃取。萃取又称溶剂萃取或液-液萃取,属于液-液相之间的传质过程,是环境工程中分离液体混合物的一种重要的单元操作。它具有达到相平衡的速度快、操作简便、处理容量大和分离效果好的特点,故萃取法被广泛用于环境治理、石油化工、冶金、制药及核工业等领域。

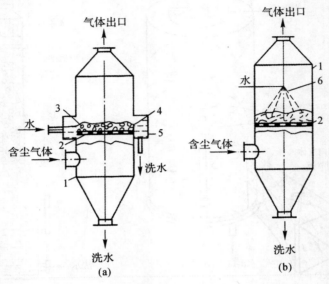

图 5-56 筛板塔洗涤器

(a)溢流式筛板塔洗涤器; (b)无溢流筛板塔洗涤器

1—塔体; 2—筛板; 3—鼓泡区; 4—溢流堰; 5—降液管; 6—液体喷嘴

一、萃取流程

萃取操作的基本流程如图 5-57 所示。待分离的液体混合物称为原料液,其中含溶质 A 与溶剂 B,A 为待分离组分。与溶剂 B 互不相溶或部分互溶的另一种溶剂称为萃取剂,记为 S。将原料液与萃取剂同时加入混合器 1 中,进行搅拌使二者密切接触。溶质 A 则通过两液相之间的界面向萃取剂 S 中转移,经充分接触、传质后,两液体混合物进入澄清器 2 中,因密度差异,液相分层后进行分离。其中一层以萃取剂 S 为主,溶有大部分溶质 A,为萃取相 E;另一层以原溶剂 B 为主,含有少量溶质 A,称为萃余相 R。若溶剂 B 与萃取剂 S 部分互溶,则萃取相中还含有少量 B,萃余相中会含少量 S。

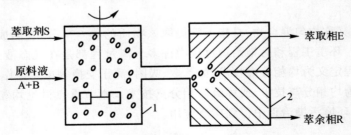

图 5-57 萃取操作的基本流程

1—混合器; 2—澄清器

萃取过程为液-液相传质,操作压力对萃取操作基本无影响。萃取剂与溶质大都为有价值的工业原料,必须分别回收,因此,萃取剂的选择是影响萃取操作的主要因素之一。适宜的萃取剂是萃取过程能够经济合理地进行的关键。此外,影响萃取操作的因素还有温度及传质设备等。

萃取剂种类甚多,按其性能大致可分为四类,见表 5 - 4。

表 5 - 4　萃取剂的类别及性能

序　号	类　别	性能及举例
1	中性萃取剂 (醇、酮、醚、酯、醛、烃等)	①能直接被共萃取组分溶解,如用二甲苯萃取酚;②先与被萃取组分成溶剂络合物,如用磷酸三丁酯萃取硝酸铀酰
2	酸性萃取剂 (羧酸、酸性磷酸酯等)	萃取剂用本身的氢离子转换原料液中金属阳离子实现萃取
3	整合萃取剂	萃取剂的能团可与被萃取离子生成整合物,如 LIX63(芳基烃肟类化合物)
4	胺类萃取剂 (叔胺、季铵等)	叔胺本身与原料液中的游离酸结合,如用三辛胺萃取铬酸;季铵以本身的阴离子转换原料液中的阴离子

按照萃取剂的组成,分为单组分与多组分两种。多组分萃取剂由萃取反应剂、稀释剂、调节剂和协萃剂混合而成。其中,萃取反应剂能选择性地与溶质 A 发生反应,生成易溶于萃取剂的化合物;稀释剂用以降低萃取剂的密度与黏度;调节剂用以提高萃取相在稀释剂中的溶解度;协萃剂本身也是萃取反应剂,用以增强萃取剂的效能。

二、萃取设备

1. 萃取设备的分类

由于萃取过程中液液两相密度差有限,黏度与界面张力又往往较大,因此两相的混合与分离比气液相间要困难得多。为了使这一传质过程进行得充分,不仅要将分散相分散成大小适度的液滴,在传质结束后还要使液滴聚合,两相分离,因此,萃取设备比气-液传质设备要求复杂,其结构形式也很多。按萃取的操作方式及操作过程中是否需要外加能量,液-液萃取设备可按表 5 - 5 分类。

表 5 - 5　液-液萃取设备的分类

方　式		逐级接触式	微分接触式
无外加能量		筛板塔	喷淋塔 填料塔
具有外加能量	搅拌	混合-澄清槽 搅拌-填料塔	转盘塔 搅拌挡板塔
	脉动		脉冲填料塔 脉冲筛板塔 振动筛板塔
	离心力	逐级接触离心机	连续接触离心机

2．混合-澄清槽

每一级均包括混合槽（器）和澄清槽（器）两部分的萃取设备，通常称为混合-澄清槽（器），是一种典型的逐级接触式萃取设备。混合槽与澄清槽也可组合在一起，称作厢式混合-澄清槽。混合-澄清槽可单级使用，也可按错流或逆流方式串联多级使用。混合槽的作用是提供液-液两相传质的场所。槽内常常设置机械搅拌装置（见图 5-58），或将压缩空气通入槽底，或用文丘里喷射管使两液体充分混合，以增大相际接触面积及强化传质。两液相同时进入混合槽内，其中一相被破碎为大小不一的液滴分散于另一相中，经一定时间的停留，使两相充分接触传质后，自另一侧流出而进入澄清槽。

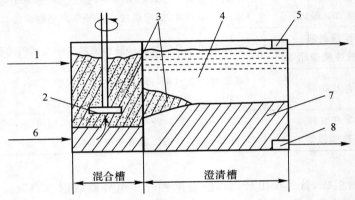

图 5-58　厢式混合-澄清槽

1—轻液入口；　2—搅拌器；　3—两液相的混合物；　4—轻液层；

5—轻液溢流口；　6—重液入口；　7—重液层；　8—重液出口

3．无机械能输入的萃取塔

图 5-59 为用于液-液萃取的筛板塔的结构及两相流动状况。在重力作用下两液相在塔内呈逆流流动，每块塔板（也称筛板）上两相呈错流接触。若选定轻液为分散相，由于浮力作用，轻液自下而上穿过各层塔板，通过塔板筛孔时被分散成液滴（见图 5-59（a）），液滴浮升到该层塔板的上部空间时发生合并，聚集成轻液层，再通过上一层塔板的筛孔时又被分散成液滴。依此类推，轻液每通过一层塔板就分散一合并一次，直到在塔顶聚集成轻液层后引出。重液作为连续相则在塔板上横向流过，与轻液的液滴进行传质，然后沿降液管流到下一层塔板上，逐板与轻液接触，直到从塔底流出。若选定重液为分散相，则必须将塔板上的降液管改装于塔板上方，称为升液管（见图 5-59（b））。此时，轻液在塔板上部空间横向流动并经升液管逐板上升，重液则穿过筛孔逐板分散一合并，自上而下流动，两相在轻液层中进行传质。塔板的结构特点是无论升液管还是降液管均不设溢流堰，这是液层较厚的缘故。

由上述可知，筛板塔中每一层塔板及其上部空间的作用类似于一级混合-澄清槽，筛板塔则类似于一个多级混合-澄清槽，在其中传质界面可以被不断更新，塔板又将轴向返混限制在两板之间的空间内，减少了对传质的不利影响，因而筛板塔的传质效率较填料塔高。

筛板塔的突出优点是结构简单、价格低廉。当设计良好时，具有相当的操作弹性和传质效率，处理量较大，在许多工业萃取过程中得到应用，尤其适用于需理论级数较少、处理量较大及物系具有腐蚀性的场合，主要缺点是级效率不够高。

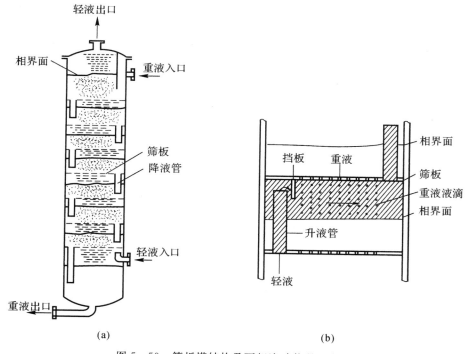

图 5 - 59　筛板塔结构及两相流动状况示意图

(a)轻液为分散相；　(b)重液为分散相

4.输入机械能的萃取塔

为了提高萃取塔的级效率并改善界面张力较大的物系在塔内的传质状况,需要向萃取塔内输入机械能,产生大的传质面积并促使传质表面不断更新。输入机械能的常用方式有转动式和脉冲式两种。

(1)转盘塔。

转盘塔的结构如图 5 - 60 所示,塔体呈圆筒形,其内壁从上到下装设一组等距的环状挡板,称为固定环,将塔分隔成许多小室,塔的中轴线上装设中心转轴,轴上固定着一组水平圆盘,这个圆盘称为转盘,每个转盘都位于两相邻固定环的正中间,转盘直径小于固定环内孔直径,所留自由空间供液体的流通及安装维修使用。转轴由塔顶的电动机带动,塔的顶部和底部是两液相的澄清区。

操作时,转轴带着转盘高速旋转,从而带动两液相随之转动,使不同距离处的液层间产生相当大的速度梯度和剪应力,于是连续相产生旋涡,处于湍动状态,分散相破裂为许多大小不等的液滴并促使液滴不断变形、破裂与合并,即不断进行表面更新,从而提高传质系数和增大相际接触面积。固定环又在一定程度上抑制了轴向返混,因而转盘塔的效率较高。此外,转盘与固定环都较薄而光滑,使液体中不会产生局部应力,易于避免乳化现象。对于塔径在 0.6 m以上的塔,为了不扰乱塔内液体的流动,液体一般宜沿转盘转动方向的切向加入。塔的顶部与底部也常设一层固定栅板,将澄清区与萃取区隔开,以避免干扰。

转盘塔的主要优点是传质效率较高,操作弹性大,处理量大,结构简单,操作维修方便,能量消耗较小,不易堵塞,可处理含固体悬浮物的流体,应用广泛。但对于工业规模的转盘塔,在正常操作条件下,轴向返混有时相当显著,故在进行放大设计时,应考虑轴向返混的影响。

(2)振动筛板塔。

振动筛板塔的结构如图 5－61 所示。塔内筛板不与塔体相连,而是固定于中心轴上,且无溢流装置,中心轴由塔外的曲柄连杆机构带动,以一定频率和振幅进行上下往复运动。当筛板向上运动时,压迫上侧液体,使之经过筛孔向下喷射;反之,液体则向上喷射,从而促使两相混合并进行传质。振动的筛板不仅起到机械搅拌的作用,而且由于筛孔的存在,加速了液滴的形成与表面更新,提高了萃取效率。

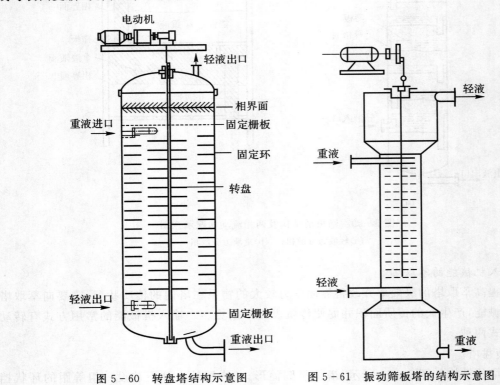

图 5－60　转盘塔结构示意图　　　　图 5－61　振动筛板塔的结构示意图

振动筛板塔的萃取效率主要与筛板的振动频率及振幅有关。在不发生液泛的条件下,当振幅一定时,萃取效率随振动频率增加而提高。设计时,转速取 10～400 r/min,振幅为12.5～25 mm。为了获得高通量及加工方便,板上开孔率及孔径均较大,一般取开孔率为55％,孔径为 14 mm。板间距为 25～200 mm,并可随物系界面张力差异而在塔的不同部位取不同板间距,界面张力低,可增大板间距,反之,则可减小板间距。为了减少轴向返混,塔径大于75 min时,每隔几块筛板,塔内壁上还应设置一块环形挡板。

振动筛板塔的突出优点是传质效率高,能量消耗不太高,结构简单,容易放大,操作方便,运转及维修费用低,可以处理易乳化及含固体的物系。环境治理工程中可用于废水脱酚及提取其他有机物等。但由于机械原因,该种塔的塔径目前尚受到限制,还不能适用于大处理量的需要。

(3)脉冲筛板塔。

利用往复泵或隔膜泵向无溢流筛板塔中输入机械能,造成液体的脉动,便称作脉冲筛板塔,如图 5-62 所示。在该塔中,由于脉冲式外能的输入,借助于轻、重液体的惯性差异,产生相对速度,从而促使两液相很好地混合与传质。

脉冲筛板塔的主要优点是传质效率高,构造简单,主要不足是由于脉冲的输入,与同类型无脉冲塔相比轴向返混增加,液泛速度有所降低,处理量下降。

5.4.2　离子交换

离子交换法是通过离子交换剂与水中可溶性无机离子发生交换反应,用以除去有害离子的一种水处理方法。该方法主要用于制备软水和纯水,也可以在工业废水处理中回收贵重金属离子,同时在放射性废水和有机废水的处理中也有应用。正因为如此,该方法现在已广泛应用于工业、环境保护、食品、制药、科研等领域。

离子交换法具有水中离子去除率高,可浓缩回收有用物质,设备较为简单,易于操作控制,离子交换剂可以再生重复利用等优点。离子交换法的应用也有一定的限制,如离子交换剂品种、性能和成本的限制,离子交换剂再生废液的处理,对被交换处理的原水要求相对较高,要求在进行离子交换处理前具有一定的预处理措施等。

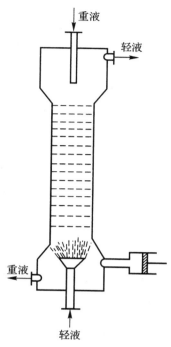

图 5-62　脉冲筛板塔

一、离子交换过程

离子交换这一动态过程可以分为五个连续的步骤,以 A 离子交换水中的 B 离子为例。

1)B 离子从溶液主体向树脂颗粒表面扩散,到达并穿过颗粒表面液膜。

2)穿过液膜的 B 离子继续在树脂颗粒内交联网孔中扩散,直至达到某一活性基团所在位置。

3)B 离子和活性基团中的可交换 A 离子发生交换反应。

4)被交换下来的 A 离子在树脂颗粒内交联网孔中向树脂颗粒表面扩散。

5)被交换下来的 A 离子在树脂颗粒表面扩散穿过液膜进入溶液主体。

上述几步中,3)是离子间的交换反应,速度很快,而 1)和 5)是 A 或 B 离子在液膜中的扩散,称为膜扩散;2)和 4)是 A 或 B 离子在树脂颗粒内交联网孔中的扩散,称为内扩散。交换反应速度与扩散相比要快得多,因此总离子交换速度由扩散过程控制。

二、影响离子交换扩散速度的因素

(1)树脂的交联度。

交联度越大,网孔越小,内扩散越慢,因此总离子交换速度越慢。大孔型树脂的内扩散速度比凝胶型树脂快得多。

(2)树脂颗粒大小。

树脂颗粒越小,扩散速度越快。这是由于树脂颗粒越小,内扩散距离越短,树脂颗粒的比表面积增大,膜扩散的表面积增大,这样就促使扩散速度加快。但颗粒不宜太小,否则水流阻力增加较多，同时反洗时易被冲出而流失。

（3）水温。

提高水温能使离子的动能增加，加快内扩散和膜扩散，同时水的黏度减小，液膜变薄，这些都有利于离子扩散。在实际工作中，在树脂的工作温度范围内可使水温尽可能高些。

（4）溶液离子浓度。

液膜两侧的浓度差是影响扩散速度的主要因素之一，浓度差越大，扩散速度也就越快。

（5）搅拌或提高流速。

搅拌或提高流速，增大流体的湍动程度，可使液膜变薄，加快膜扩散，但对内扩散无影响。

（6）被交换离子的电荷数和水合半径。

被交换离子的电荷数和水合半径越大，离子在树脂内扩散的速度就越慢。实验证明，阳离子电荷数每增加 1，其扩散速度就降低到约为原来的 1/10。

了解离子交换过程的影响因素，有助于采取适当的工程措施来加快离子交换过程的速度。如在树脂交换容量高、交联度低、粒度小、溶液浓度低、流速低的条件下，离子交换过程均为倾向于液膜扩散控制的过程，此时可以通过搅拌或提高流速等工程措施来加快离子交换速度。

三、离子交换系统

在水处理过程中，需根据原水水质、出水要求、生产能力等来确定合适的离子交换工艺。常见的离子交换系统有钠离子交换系统、复床系统和混合床系统。

（1）钠离子交换系统。

该系统主要用于降低 Ca^{2+}，Mg^{2+} 含量（即水的软化），其经常采用的离子交换剂为钠型强酸性阳离子交换树脂或磺化煤。

对于碱度不高的原水的软化处理，通常可以采用单级或二级钠离子交换系统，即原水通过一级或二级钠离子交换器，使水中的 Ca^{2+}，Mg^{2+} 被离子交换树脂中的 Na^+ 所交换，从而降低水的硬度。一级钠离子交换可将硬度降至 0.5 mmol/L 以下，二级离换则可降至 0.005 mmol/L 以下。

当原水碱度比较高时，在软化水的同时应降低碱度。此时，可采用钠离子软化-加酸系统或氢-钠离子并联系统两种方式进行。

（2）复床系统。

复床指水依次通过阳离子交换器（阳床）和阴离子交换器（阴床），通过复床可以将水中的各种矿物盐基本除去。为了保持较好的效果，一般阳离子交换器装有强酸性阳离子交换树脂，阴离子交换器装有强碱性阴离子交换树脂。原水依次经过一次阳离子交换器和一次阴离子交换器处理，称为一级复床除盐。通过一级复床除盐处理，出水电导率可达 10 $\mu S/cm$ 以下，SiO_2 含量小于 0.1 mg/L。图 5-63 就是复床除盐系统的示意图。当处理水质要求更高时，可以采用二级复床除盐处理。

（3）混合床系统。

为了进一步提高出水的纯度，可以采用混合床系统。混合床系统就是将阴离子交换树脂、阳离子交换树脂按一定比例混合装在同一个交换器里，水一次通过混合床，就完成了阴、阳离子交换过程。混合床一般置于复床之后，通常把复床称为一级除盐，混合床称为二级除盐。混合床出水的电导率在 0.3 $\mu S/cm$ 以下，SiO_2 含量小于 20 $\mu g/L$。

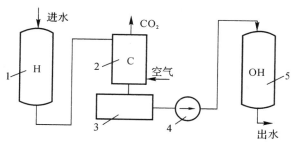

图 5-63　复床除盐系统

1—H 型阳离子交换器(阳床)；　2—除碳器；　3—中间水箱；

4—中间水泵；　5—OH 型阴离子交换器(阴床)

离子交换法应用除上述水质的软化和纯化外,在工业废水的处理方面还经常用于有用金属的回收利用,一些具体应用的例子参见表 5-6。

表 5-6　离子交换法在废水处理中的应用

废水种类	污染物	树脂类型	废液出路	洗脱液出路
电镀废水	Cr^{3+},Cu^{2+}	氢型强酸性树脂	循环使用	蒸发浓缩后回用
含汞废水	Hg^{2+}	氯型强碱性大孔型树脂	中和后排放	回收汞
含镉废水	Cd^{2+}	弱碱性大孔型树脂	排放	回收镉
HCl 酸洗废水	Fe^{2+},Fe^{3+}	氯型强碱性树脂	循环使用	中和后回收 $Fe(OH)_3$
铜氨纤维废水	Cu^{2+}	强酸性树脂	排放	回用
黏胶纤维废水	Zn^{2+}	强酸性树脂	中和后排放	回用
放射性废水	放射性离子	强酸性或强碱性树脂	排放	进一步处理
城市污水	PO_4^{3-},HPO_4^{2-},$H_2PO_4^-$	氯型强碱性树脂	排放	进一步处理
纸浆废水	木质素磺酸钠	强酸性树脂	进一步处理	回用
氯苯酚废水	氯苯酚	弱碱性大孔型树脂	排放	回用

5.4.3　膜分离

膜分离是在 20 世纪初出现,20 世纪 60 年代后迅速崛起的一门分离新技术,借助膜在一定的传质推动力的作用下,利用膜对不同物质的透过性差异而实现组分分离的过程。膜分离技术由于兼有分离、浓缩、纯化和精制的功能,又有高效、节能、环保、分子级过滤及过滤过程简单、易于控制等特征,在水、气净化方面有着较多的应用,如挥发性有机物的回收、污(废)水处理等。

膜分离是被膜隔开的两相可以是气态,也可以是液态;推动力可以是压差、浓度差,也可以是电位差或温差,所以不同膜分离过程的分离体系和适用范围也不同。表 5-7 列出了几种主要的膜分离过程。

表 5-7　几种主要的膜分离过程

分离过程	分离目的	传递选择机理	推动力	截留物性质	透过物性质	膜类型	原料、透过物相态
渗析 (DS)	大分子溶液脱除低分子溶质,或低分子溶液脱除大分子溶质	筛分,阻碍扩散	浓度梯度	$>0.02\ \mu m$,血液透析中$>0.005\ \mu m$	低分子和小分子溶剂	非对称膜,离子交换膜	液体
电渗析 (ED)	脱除溶液中的离子,或浓缩溶液中的离子成分	反离子传递	电位梯度	离子和水	小分子离子	离子交换膜	液体
反渗透 (RO)	溶剂脱除所有溶质,或溶质浓缩	溶解,扩散,优先吸附/毛细管流	静压差 $10^3\sim10^4\ kPa$	$0.0004\sim0.06\ \mu m$ 的溶质	溶剂	非对称膜,复合膜	液体
微滤 (MF)	脱除或浓缩液体中的颗粒	筛分	静压差 $0\sim100\ kPa$	$0.02\sim10\ \mu m$ 的物质	溶液或气体	多孔膜	液体或气体
超滤 (UF)	溶液脱除大分子,或大分子与小分子溶质的分离	筛分	静压差 $10^2\sim5\times10^2\ kPa$	$0.005\sim10\ \mu m$ 的物质	低分子	非对称膜	液体
纳滤 (NF)	脱除低分子有机物,或浓缩低分子有机物	溶解扩散及筛分	静压差 $500\sim10^3\ kPa$	相对分子质量大于300的物质	溶剂和无机物及相对分子质量小于200的物质	非对称膜,复合膜	液体
气体膜分离 (GP)	大分子与小分子气体分离	气体的扩散渗透	压差 $10^3\sim10^4\ kPa$	难渗气体	易渗气体	均质膜,复合膜,非对称膜	气体

与传统的分离技术(如吸收、吸附、萃取、蒸馏等)相比,膜分离过程的特点如下:

1)膜分离过程一般不发生相变,能耗较低。

2)膜分离过程一般在常温或温度不高的条件下进行,适于热敏性物质(如果汁、酶、药物等)的处理。

3)膜分离过程不仅可以除去病毒、细菌等微小颗粒,还可以除去溶液中的大分子和无机盐,并且可以分离恒沸物或沸点相近的组分。

4)一般不需要投加其他的化学物质,可节省原材料和化学药品。

5)膜分离过程的规模和处理能力可在很大范围内变化,而它的效率、设备单价、运行费用等都变化不大。

6)装置简单,操作及维护容易,适应性强,分离效率高,易于实现自动化控制。

一、膜分离原理

膜分离法是利用特殊的膜分离溶液中某些成分的方法,主要包括渗析、电渗析、反渗透、超滤、纳滤、液膜分离法和气体膜分离法等。

1. 电渗析

电渗析是在直流电场的作用下,以电位差为推动力,利用阴、阳离子交换膜对溶液中阴、阳离子的选择透过性(荷电的离子交换膜只允许与交换膜电荷相反的离子通过,而不允许电荷相同的离子通过),使得溶液中的离子做定向移动以达到脱除或富集电解质的膜分离操作过程。

电渗析系统的一般结构如图 5-64 所示,它是由一系列阴、阳膜成对交替排列于两电极之间组成许多由膜隔开的小室,室内通道宽度为 1~2 mm,其中放有隔网以免阳膜和阴膜接触。当原水进入这些小室时,在外加直流电场的作用下,溶液中的离子做定向迁移。阳离子向阴极迁移,阴离子向阳极迁移,但由于离子交换膜具有选择透过性,结果使一些小室离子浓度降低而成为淡水室,与淡水室相邻的小室则因富集了大量离子而成为浓缩室,可以分别制淡水和浓水。

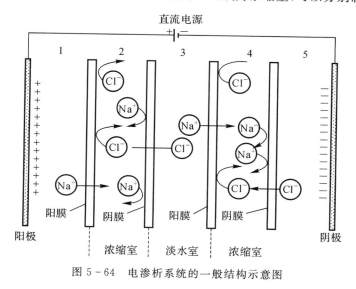

图 5-64 电渗析系统的一般结构示意图

电渗析具有如下特点:

1)电渗析只对水中电解质的离子起去除或浓缩作用,对非电解质无效。

2)电渗析除盐过程中没有物相的变化,可在常温常压下进行。

3)电渗析不使用外源物质,可保证水原有的纯净程度,对环境没有污染。

在电渗析过程中,主要有以下影响因素。

1)反离子的迁移:离子交换膜的选择性低于 100%,造成少量与交换膜同号离子透过。当膜的选择性固定后,随着浓缩室离子浓度增加,这种反离子迁移影响增大。

2)浓差扩散与水的渗透:由于膜两侧淡水室和浓缩室溶液浓度存在差异,电解质存在由浓缩室向淡水室的浓差扩散,浓差扩散速度随浓度差的增大而加快;反过来,在水的渗透压作用下,水由淡水室向浓缩室渗透,浓度差愈大,水的渗透量也愈大。

3)水的电渗透:由于电解质离子以水合离子形式存在,在其电迁移过程中必然携带一定数量的水分子迁移,这就是水的电渗透。水的电渗透量随着溶液浓度的降低而增加。

4)水的极化:电渗析操作电流大到一定程度时,在膜界面处水分子就会解离成 H^+ 和 OH^-,使膜两侧的 pH 发生变化(称为极化现象)。极化现象产生的 H^+ 和 OH^- 在电场作用下通过离子交换膜时,阳膜处将有OH^-积累,若溶液中存在Ca^{2+},Mg^{2+}等离子时将形成沉淀,堵塞膜内通道,膜电阻增大,操作电压或电流下降,降低了分离效率。同时,由于溶液pH发生变化,会使膜受到腐蚀。

电渗析采用的离子交换膜分为两种,带负电荷只允许阳离子通过的称为阳膜,带正电荷只允许阴离子通过的称为阴膜。离子交换膜是电渗析器的关键部件,良好的离子交换膜应具有高离子选择透过性和高交换容量、低电阻和低渗水性,以及足够的化学和机械稳定性。

离子交换膜的种类较多,按结构可分为异相膜、半均相膜、均相膜;按材料性质可分为有机离子交换膜、无机离子交换膜;按活性基团可分为阳离子交换膜、阴离子交换膜、特种膜。

离子交换膜在高分子骨架上带有活性基团,这些活性基团在水中可以解离成电荷符号不同的两部分,即固定基团和解离离子。

2. 反渗透

反渗透是依靠压力作为推动力,并通过半透膜实现溶质和溶剂分离的,适宜分离相对分子质量低于500、直径为$0.0004\sim0.06~\mu m$的溶质。

反渗透基本原理如图5-65所示,用一张半透膜(反渗透膜)将溶剂和某种溶液隔开,该膜只允许溶剂分子通过,而不允许溶质通过。因为溶剂中溶剂分子的化学位比溶液中溶剂分子的化学位高,所以溶剂中的溶剂分子自发地透过膜进入溶液,这种现象称作渗透。在渗透过程中,溶剂一侧液面不断下降,溶液一侧液面则不断上升。当两液面不再变化时,渗透便达到了平衡状态,此时两液面高度差即可表示该种溶液的渗透压。若要使溶剂分子通过反渗透膜反向流动,可以在溶液一侧施加大于渗透压的压力p。在外压的作用下,溶液中的溶剂就会透过反渗透膜流向溶剂一侧,使溶液浓度增加,这种作用称为反渗透。

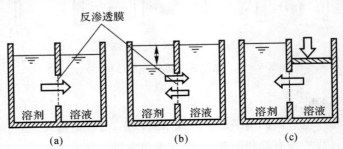

图 5-65 反渗透基本原理示意图
(a)渗透; (b)渗透平衡; (c)反渗透

反渗透过程必须具备两个条件:一是有一种高选择性和高透水性的反渗透膜;二是有溶液侧与溶剂侧两端的压差,即操作压力必须高于溶液的渗透压。

3. 超滤

超滤是以压差为推动力,以多孔膜截留混合物中的颗粒和大分子溶质,而使溶剂和小分子的盐类透过膜孔的分离操作。超滤的分离原理如图5-66所示。超滤的本质是一种机械的筛分过程,其分离主要取决于膜表面的孔隙大小,溶质能否被截留取决于溶质颗粒的大小、形状、柔韧性及操作条件。

超滤过程中,原料液是切向流过膜平面的,比滤膜孔径小的物质(溶剂、小分子有机物质、盐类等)不断透过滤膜,粒径较大的物质(细菌、病毒、蛋白质等)随着切向流重新回到原料液中,最后溶液被分为超滤液和浓缩液两部分。

　　超滤所用的膜为非对称膜,膜孔径为 $1 \sim 20$ nm,适于分离相对分子质量大于 500,直径为 $0.005 \sim 10$ μm 的大分子和胶体,如细菌、病毒、淀粉、树胶、蛋白质、黏土和油漆色料等。超滤的操作压力一般为 $0.1 \sim 0.5$ MPa。目前,常用的膜材料有醋酸纤维、聚砜、聚丙烯腈、聚酰胺、聚偏氟乙烯等。

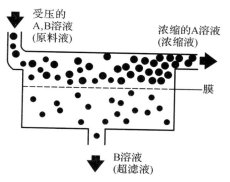

图 5-66　超滤分离原理示意图

4. 纳滤

　　纳滤是介于反渗透和超滤之间的一种新型分子级的膜分离技术,适用于分离相对分子质量在 300 以上、分子大小为 1 nm 左右的溶解组分,故被命名为"纳滤"。纳滤主要特点是具有离子选择性,在低价离子和高价离子的分离方面有独特功能,对单价离子和相对分子质量小于 300 的小分子的截留率低,对多价离子和相对分子质量大于 300 的有机小分子的截留率高。因此,纳滤比反渗透更适宜用于水的净化和软化。

　　纳滤、反渗透、超滤三者均属于以压差作为推动力的膜分离操作,但应用的压力范围、分离对象不同,反渗透膜截留对象为无机盐和相对分子质量为 500 以下的有机物质,对几乎所有的溶质都有很高的去除率;超滤膜截留相对分子质量为几千、几万,甚至几十万的物质;纳滤膜是一种介于反渗透膜和超滤膜之间的膜,能截留相对分子质量大于 300 的有机物。

　　与超滤相比,纳滤截留低相对分子质量的物质能力强(能截留透过超滤膜的小分子),能分离相对分子质量差异很小的同类氨基酸和同类蛋白质,对许多中等相对分子质量的溶质也能有效去除;与反渗透相比,纳滤具有离子选择性,可以截留高价态的无机离子,对不同的离子有不同的去除率,可实现不同价态离子的分离。

5. 气体膜分离

　　在压差的作用下,含有不同组分的气体混合物透过特定薄膜时,因不同种类的气体分子在通过膜时有不同的传递速度,从而使气体混合物中各个组分得以分离的方法称为气体膜分离法。气体膜分离技术具有分离操作无相变、不用加入分离剂的特点,广泛应用于提取或浓缩各种混合气体中的有用成分。

　　气体膜分离过程如图 5-67 所示。气体通过微孔膜(多孔膜)及致密膜(非多孔膜)的分离机理如图 5-68 所示。

　　气体通过不同类型的分离膜的分离机理不同。混合气体通过微孔膜主要依据筛分机理,小分子易于透过微孔膜,而大分子透过速度较慢,混合气体的相对分子质量差别愈大,分离效果愈好。

　　气体通过致密膜主要依据溶解机理,首先是气体与膜接触,接着是气体向膜表面溶解,由于气体溶解产生浓度梯度,使气体在膜中向另一侧扩散迁移,最后气体到达膜的另一侧,脱溶出来。不同气体的溶解程度不同就造成了扩散速度的差异,从而实现不同气体的分离。

　　气体分离膜多为致密膜,有时也用微孔膜及非对称膜。理想的气体分离膜材料应该同时具有良好的分离性能、优良的热稳定性和化学稳定性、较高的机械强度。常用的膜分别由无机材料和有机高分子材料制成。无机膜包括陶瓷膜、玻璃膜、金属膜和分子筛膜,有机膜材料包括橡胶态聚合物和玻璃态聚合物。

气体膜分离的效果是由传质系数决定的,主要与压力、膜的厚度、膜材质、温度等因素有关。

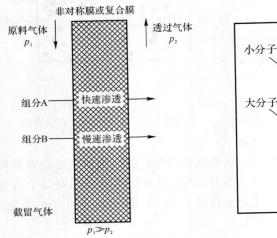

图 5-67 气体膜分离过程示意图

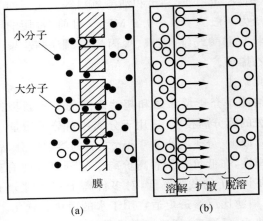

图 5-68 气体膜分离机理示意图

二、膜分离过程与设备

膜分离过程分为许多种,由于膜分离原理的相似性,不同种类膜的分离操作和过程具有某种类同之处。

1.反渗透

反渗透操作流程主要包含预处理和膜分离两大部分。反渗透一般流程如图 5-69 所示。

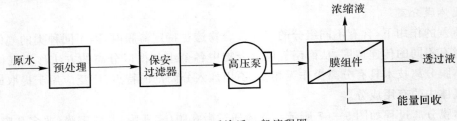

图 5-69 反渗透一般流程图

1)预处理:预处理的目的是使进水符合设备运行要求,保障反渗透设备正常运行,保证膜的使用寿命。预处理方法有物理法(如沉淀、过滤、吸附、热处理等)、化学法(如氧化、还原、pH调节等)和光化学法。预处理方法的选用取决于原水的物理、化学和生物学特性,同时考虑膜和装置的构造。

一般常见的反渗透原水预处理过程包括以下方面:①杀菌灭藻;②絮凝过滤;③化学调节处理;④除余氯;⑤除水、除异味。

2)膜分离:如图 5-70 所示,反渗透法作为一种分离、浓缩和提纯的膜分离方法,常见流程有一级一段(见图 5-70(a))、一级多段(见图 5-70(b))、多级多段(见图 5-70(c))、循环形式(见图 5-70(d))等。

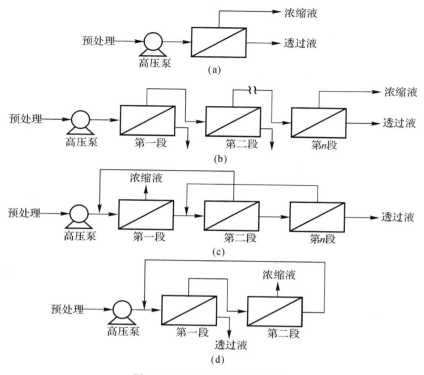

图 5-70　反渗透流程示意图

(a)一级一段处理流程；　(b)一级多段处理流程；　(c)多级多段处理流程；　(d)循环形式

2.超滤

超滤的操作方式可分为重过滤和错流过滤两大类。重过滤是以料液的液柱压力为推动力,这种操作虽然具有设备简单,能耗低,并且可克服高浓度料液渗透流速低的缺点,但由于浓差极化和膜污染严重,实际上很少采用。超滤最常采用的是错流过滤操作,其又可分为间歇式和连续式。常见的超滤流程如图 5-71 所示。

3.纳滤

如图 5-72 所示,纳滤流程与反渗透相似,常常中间设背压调节或中间增压泵,用来补偿流程中前后压力损失,使各段膜组件较均匀地发挥作用,产水率相近,使用寿命一致。

4.电渗析

电渗析器由膜堆、极区和夹紧装置三部分组成(具体结构见"膜分离设备"部分)。

膜堆由交替排列的浓缩室、淡水室隔板、阴膜及阳膜组成,隔板上有水道、进出水孔。膜堆是电渗析器除盐的主要部位。极区包括电极、集水框和保护室。夹紧装置由盖板和螺杆组成。

电渗析器常由几十到几百个膜堆组成,分为级、段。一对电极间的膜堆称为一级,具有同一水流方向的两组或两组以上并联(指水流并联)膜堆称一段。电渗析器分级的目的在于降低级间电压。在级间工作电压一定的条件下,级数越多,电压越大;电渗析器分段的目的在于加长水的流程,提高水的纯度,即提高水质。图 5-73 为电渗析器的多级多段示意图。

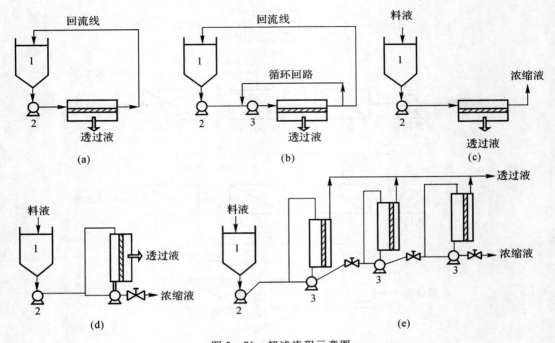

图 5-71 超滤流程示意图

(a)截留液全循环间歇错流； (b)截留液部分循环间歇错流；

(c)单级截留液无循环连续错流； (d)单级截留液部分循环连续错流

1—料液槽； 2—料液泵； 3—循环泵

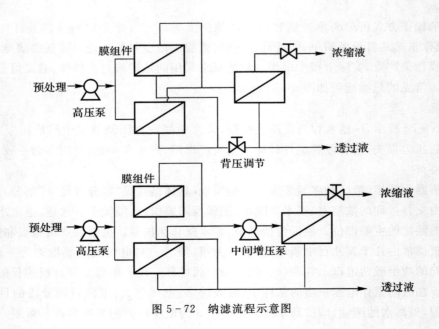

图 5-72 纳滤流程示意图

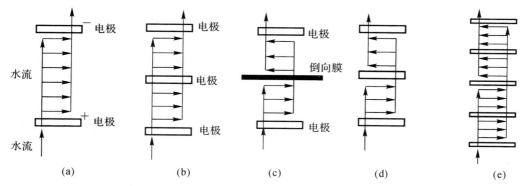

图 5-73　电渗析器的多级多段示意图

(a)一级一段并联；(b)二级一段并联；(c)一级二段串联；(d)二级二段串联；(e)四级二段并串联

　　电渗析器基本结构由膜堆、极区和夹紧装置三部分组成如图 5-74 所示。膜堆包括若干个膜对,膜对是电渗析的基本单元。1 张阳膜、1 张浓缩室(或淡水室)隔板、1 张阴膜、1 张淡水室(或浓缩室)隔板组成一个膜对。极区包括电极、集水框和保护室,夹紧装置由盖板和螺杆组成。用于水处理的电渗析器通常是由几十到几百个膜堆组成的压滤型(也称紧固型)电渗析器。

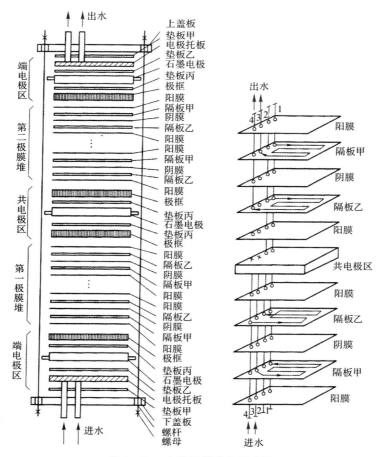

图 5-74　电渗析器结构示意图

5.气体膜分离流程

气体膜分离流程按级数可分为单级和多级。单级气体膜分离在膜分离系数不高、原料气的浓度低或要求产品较纯时,常不能满足工艺要求,实际应用中常采用若干组件串联的多级方式(称为级联)。以下简单介绍几种常见的级联形式。

1)简单级联,形式如图5-75(a)所示。这种形式是将上一级渗透气作为下一级的进料气,每级分别排出渗余气,级间气体无循环,末级的渗透气是简单级联处理的终产品。

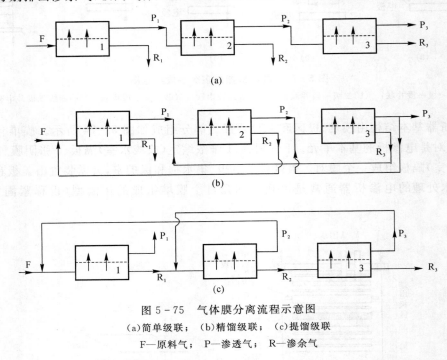

图5-75 气体膜分离流程示意图
(a)简单级联; (b)精馏级联; (c)提馏级联
F—原料气; P—渗透气; R—渗余气

2)精馏级联,形式如图5-75(b)所示。精馏级联属于带回流的渗透形式,基本形式与简单级联类似,也是将每一级的渗透气作为下一级的进料气,最后将末级的渗透气作为易渗产品。除第一级外,各级的渗余气回流到前一级的进料气中,同时在最末一级,也将部分易渗产品回流到本级的进料气中,构成了精馏级联的工艺流程。该级联方式的易渗产品的产量与纯度比简单级联高。

3)提馏级联,形式如图5-75(c)所示。提馏级联也属于带回流的渗透形式,但与精馏级联不同的是其流程是将每一级的渗余气作为下一级的进料气,将末级的渗余气作为渗余产品,第一级的渗透气作为易渗产品,其余各级的渗透气回流到前一级的进料气中。该级联方式的渗余产品的产量与纯度比简单级联高。

6.膜分离设备

从设备结构上讲,膜分离设备具有较大的相似性。膜分离技术的核心是分离膜,将膜以某种形式组装在一个基本单元设备内,就构成了膜分离器,又被称为膜组件。膜材料种类很多,但膜分离设备仅有几种,根据膜组件的形式不同,膜分离设备可分为板框式、螺旋卷式、圆管式、中空纤维式、毛细管式和槽式等。

1)板框式分离设备是应用最早的膜组件形式,其结构形式如图5-76所示。整个装置由若干块圆形多孔透水板重叠起来组成,在多孔透水板的单侧或两侧贴有反渗透膜,膜四周用胶黏剂和多孔透水板外环密封,再紧粘在不锈钢或环氧玻璃钢O形密封圈两侧,构成一个反渗透元件。然后将几个或几十个元件成层叠合,用长螺栓固定后装入密封耐压容器内,与板框压滤机相似。高压水自上而下通过每块板,净化水由每块板引出。板框式膜分离设备结构牢固,能承受高压,占地面积不大,但液流状态差,易造成浓差极化,设备费用较大。

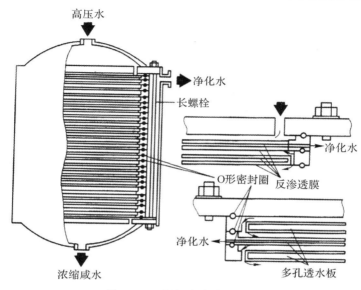

图5-76　板框式膜分离设备

2)螺旋卷式(简称"卷式")膜分离设备的结构如图5-77所示,在两片膜中夹入一层多孔柔性隔网支撑材料,并将两片膜的三个边密封成膜袋,膜袋剩余的一个开放边沿与一根多孔的中心管(透过液收集管)相连接。在膜袋外部的原料液侧再垫一层供处理液流过的网眼型间隔材料(隔网),然后以中心管为轴紧密地卷在一起,形成一个螺旋卷式膜组件。最后将几个组件串联起来,再装进圆柱形耐压容器内,就构成一个螺旋卷式膜分离设备。原料液沿着与中心管平行的方向在隔网中流动,透过膜的透过液沿着螺旋方向在膜袋内的多孔柔性隔网支撑材料中流动,汇集到中心管中而被导出,浓缩液由压力容器的另一端引出。

螺旋卷式膜分离设备类似于螺旋管式换热器,优点是结构紧凑,单位体积内的有效膜面积大,透水量大,设备费用低,缺点是易堵塞,清洗困难,且不宜在高压下操作。

3)圆管式膜分离设备的结构形式如图2-78所示。把膜装在耐压微孔承压管内侧或外侧,制成圆管式膜元件(膜管),膜可以在管内侧,也可在管外侧,然后再将一定数量的膜管以一定方式联成一体组成圆管式膜分离设备。圆管式膜分离设备有单管式和管束式两种形式,装置中的耐压微孔承压管管径一般为0.6~2.5 cm,常用的有多孔性玻璃纤维环氧树脂增强管或多孔陶瓷管,以及钻有小孔眼或表面具有水收集沟槽的增强塑料管、不锈钢管等。

圆管式膜分离设备的结构类似于列管式换热器,优点是原料液流动水力条件好,流速易控制,可通过调节水流状态防止浓差极化和膜污染,膜容易清洗和更换,而且能够处理含有悬浮物的原料液,缺点是设备制造费用和操作费用高,单位体积的膜面积较小。

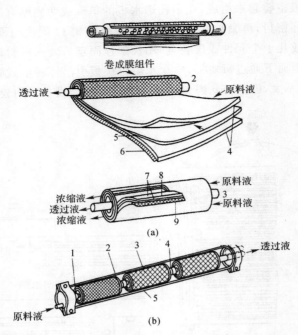

图 5-77　螺旋卷式膜分离设备

(a)各部件

1,2,3—中心管；　4,7—膜；　5—多孔柔性隔网支撑材料；　6—原料液隔网；　8—多孔支撑层；　9—隔网

(b)整体结构

1—端盖；　2—密封圈；　3—螺旋卷式膜组件；　4—连接器；　5—耐压容器

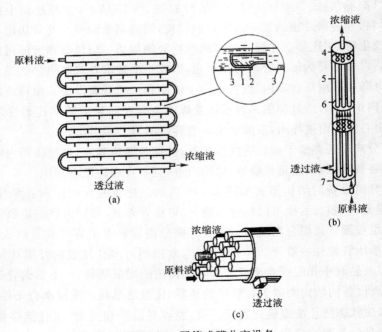

图 5-78　圆管式膜分离设备

(a)结构示意图；　(b)单管式；　(c)管束式

1—孔外衬管；　2—膜管；　3—透过液；　4,7—耐压端套；　5—耐压微孔承压管；　6—透过液收集外壳

4)中空纤维式是一种由制膜液空心纺丝而成的极细的空心管,纤维外径为 $50\sim100\ \mu m$,内径为 $25\sim42\ \mu m$。组装时把数十万根中空纤维膜捆成膜束,弯成 U 形装入耐压圆筒容器中,将膜束的一端封住,另一端固定在用环氧树脂浇铸成的管板上,就组成了结构如图 5-79 所示的中空纤维式膜分离设备。处理时,加压的原料液由膜组件的一端以高压进入壳侧,透过液经纤维管壁引出,浓缩液在容器的另一端排放。

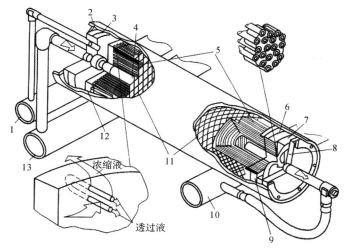

图 5-79　中空纤维式膜分离设备

1—浓缩液收集管；　2,6—O 形圈；　3—盖板(原料液端)；　4—进料管；
5—中空纤维膜；　7—多孔支撑板；　8—盖板(透过液端)；　9—环氧树脂管板；
10—透过液收集器；　11—网筛；　12—环氧树脂封头；　13—料液总管

该设备的优点是设备单位体积内的膜面积大,不需要支撑材料,浓差极化可忽略,设备投资低,缺点是膜组件的制作技术复杂,易堵塞,不易清洗,对进水预处理要求较高。

5)毛细管式膜分离设备由许多直径为 $0.5\sim1.5\ mm$ 的毛细管组成,原料液从每根毛细管的中心通过,透过液从毛细管壁渗出;槽式膜分离设备是由塑料挤压成直径为 $3\ mm$ 左右并开有 $3\sim4$ 个槽沟的槽条,槽条表面编织上涤纶长丝等材料,并涂铸膜液形成膜层,密封槽条一端,然后将几十根至几百根槽条组装成一束装入耐压管中,即形成一个槽式膜分离设备。

以上几种类型的装置适用于不同的处理范围。表 5-8 和表 5-9 给出了不同处理方式的膜分离设备适用性及在反渗透中各种膜分离设备的比较。由于螺旋卷式及中空纤维式装置的单位体积处理量大,故大型装置采用这两种类型较多,而一般小型装置采用板框式或圆管式。

表 5-8　不同处理方式的膜分离设备适用性

	圆管式	毛细管式	中空纤维式	板框式	螺旋卷式
反渗透	＋	－	＋＋	＋	＋＋
超滤	＋＋	＋	－	＋＋	＋
气体膜分离	－	－	＋＋	－	＋＋
电渗析				＋＋	－

注:＋＋表示很适用,＋表示适用,—表示不适用。

表 5-9　在反渗透中各种膜分离设备的比较

比较项目	膜分离设备类型			
	板框式	螺旋卷式	圆管式	中空纤维式
膜组件结构	非常复杂	复杂	简单	复杂
膜装填密度	中	大	小	大
膜支撑体结构	复杂	简单	简单	不需要
膜清洗	非常容易	难	内压式易,外压式难	难(内压式超滤易)

第6章 火箭推进剂污染控制技术

迄今为止,国内外所使用的固体和液体推进剂中,除液氢、液氧之外,都具有不同程度的毒性。在液体推进剂的生产、运输、贮存、转注、加注和使用过程中的跑冒滴漏、挥发,固体推进剂加工过程中产生的粉尘、气溶胶,试车和发射时推进剂燃烧产生的燃气,推进剂事故等,均可对水体和大气产生污染,危害参试人员和公众的健康。

6.1 推进剂污染的成因

火箭推进剂的污染成因涉及的面比较广,既有推进剂生产、制造过程的污染,又有运输、转注、加注、贮存环节以及发射过程中的污染等。

6.1.1 大气污染

(1)火箭发射或发动机试车废气对大气的污染。

火箭发射或发动机试车时,在几秒钟内燃烧掉几十吨甚至几百吨的推进剂,产生大量的高温燃气。这种高温燃气直接排入大气,对大气环境造成污染。例如,美国在"大力神Ⅱ"发动机实验的燃气团中,测得肼的最高浓度为 860 mg/m³,偏二甲肼的最高浓度为 480 mg/m³,二氧化氮的最高浓度为 852 mg/m³。我国某型发动机试车时,在发动机火焰两侧 40～124 m 范围内,测得偏二甲肼最高浓度为 17.3 mg/m³,二氧化氮的最高浓度为 55 mg/m³,氰离子的最高浓度为 0.69 mg/m³。火箭发射或发动机试车过程中产生的大量高温燃气,在目前的经济、技术水平下,还无法收集和处理,只能选择合适的气象条件,使燃气易于稀释和扩散。

(2)火箭发动机试车增压废气对环境的污染。

试车台的容器在加注推进剂之前充有氮气,在加注时,容器内的氮气排空,会带走少量推进剂蒸气。试车时,容器需要用氮气增压,试车后利用此压力将剩余推进剂压回仓库贮罐或加注车,然后将剩余气体排空。所排放的废气中含有推进剂蒸气,本应将推进剂回收或处理后排放。但是,在实际操作中,往往直接排入大气,造成环境污染。

(3)推进剂的渗漏。

红烟硝酸和四氧化二氮是强氧化剂,对金属材料和非金属材料都有比较强的腐蚀破坏作用;肼类燃料对非金属材料的溶胀作用也很强烈。因此,法兰连接处的密封、阀门和泵的填函部位的密封都不是绝对可靠的,有时出现滴漏现象,使推进剂蒸气散发到库房等地的空气中。

(4)槽车、贮罐、管道残液的吹出。

推进剂槽车、贮罐、管道及阀体检修时,通常采用清洗液洗消,然后用水清洗。但是,有时冲洗完后,仍需用氮气将残留的废液或污水吹出,或者用氮气吹出而不用水冲洗。这样氮气中含的推进剂废气必然污染大气。

(5)推进剂泄漏事故。

由于液体推进剂在航天工业上的重要性,应该说对其工作的每个环节都应万无一失。但是,由于种种原因,在推进剂的使用、管理工作中,就曾发生过泄漏事故,对环境和操作人员造成不同程度的危害。例如,曾发生过波纹管断裂,致使大量四氧化二氮喷出,造成人员受伤和环境污染;也发生过因有人偷锯管道造成大量偏二甲肼泄漏;还发生过由于工作不负责任将数以吨计的四氧化二氮和偏二甲肼随意排放,对工作现场和周围大气造成了严重污染。

(6)推进剂生产车间的空气污染。

无论是液体推进剂还是固体推进剂,在其生产过程中,由于其自身的物理性质不同,以气态、蒸气和气溶胶的形式存在于车间空气中,对生产车间空气造成污染。

生产车间的气态污染物是指在常温、常压下以气态形式分散在空气中的物质。常见的气态污染物有二氧化硫、一氧化碳、氮氧化物、氯化氢、氟化氢、丁二烯等。

生产车间的蒸气污染物是指在常温、常压下的液体或固体,由于其沸点或熔点低,挥发性大,因而以蒸气形式挥发到车间空气中。常见的蒸气污染物有偏二甲肼、肼、一甲基肼、三乙胺、二乙烯三胺、苯、苯乙烯、醛类物质等。

生产车间的气溶胶污染物是指悬浮于空气中的液体和固体颗粒的均匀分散体系。该污染物主要是指固体推进剂生产中的污染物。例如,高氯酸铵、铝粉、铍粉、聚丁二烯丙烯腈、聚硫化物、聚丙二醇、三乙二醇二硝酸酯、有机酯、聚硫化物固化混合物等。

生产车间空气中的推进剂污染物直接损害工作人员的身体,有时甚至会导致典型职业病症。

6.1.2 水污染

(1)火箭发射产生的污水。

火箭点火发射后,几百吨的推进剂在很短时间内燃烧掉,产生大量的燃气,同时燃烧温度可达一千多度,为了防止高温对火箭发动机尾喷管、地面发射配属设备及导流槽的烧蚀,在发射架的下部安装有多环冷却水喷管,在火箭点火的同时,冷却水环管喷水形成水幕,不仅能保护发射设备,而且能够吸收部分高温燃气,缓解燃气对大气的污染。

冷却水中溶解了部分燃气,使污水中含有氧化剂与燃烧剂的高温燃烧产物和未完全燃烧的剩余推进剂残物。该种污水成分比较复杂,经检测分析得知,其主要成分有偏二甲肼、硝基甲烷、亚硝基二甲胺、甲醛、四甲基四氮烯、氢氰酸、有机腈、氰酸、二甲胺、偏腙等。

(2)火箭发动机试车产生的污水。

火箭发动机点火试车时,由于氧化剂和燃料不可能同时进入发动机,因此在发动机点火前总会有一种推进剂过剩,过剩的推进剂将随发动机燃气排入大气。发动机试车结束时,供应推进剂的阀门关闭,阀门到发动机之间一段管道内的推进剂,用水挤入发动机。这部分推进剂前一部分燃烧了,后一部分因被水稀释而未燃烧,随消防水进入导流槽,产生推进剂污水。

(3)推进剂槽车、贮罐、管道洗消污水。

推进剂槽车、贮罐、加注管道以及阀件在检修前均需要对其进行洗消。

1)四氧化二氮槽车、贮罐、管道的洗消。四氧化二氮槽车、贮罐、管道及阀件的洗消采用3%～5%的碳酸钠溶液中和处理后,再用自来水冲洗三次。碳酸钠中和四氧化二氮的反应时间不少于 30 min。其反应方程式如下:

$$N_2O_4 + H_2O \longrightarrow HNO_3 + HNO_2$$

$$2HNO_3 + Na_2CO_3 \longrightarrow 2NaNO_3 + H_2CO_3$$

$$2HNO_2 + Na_2CO_3 \longrightarrow 2NaNO_2 + H_2CO_3$$

由以上反应方程式可以看到,四氧化二氮槽车、贮罐、管道及阀件洗消污水中主要存在的物质有硝酸钠、亚硝酸钠、硝酸、碳酸、碳酸钠等。以上物质中,亚硝酸钠毒性较大,应严格控制和处理。亚硝酸钠在地面水中的最高容许浓度为 0.2 mg/L。

2)偏二甲肼槽车、贮罐、管道的洗消。偏二甲肼槽车、贮罐、管道及阀件的洗消采用 5% 的醋酸溶液进行中和。中和液在容器及管道中停留时间不少于 30 min,排出后再用自来水对容器及管道冲洗三次。

从偏二甲肼的性质可知,它是一种弱有机碱,而醋酸是一种弱有机酸,二者的反应为酸碱中和反应,反应产物为偏二甲肼醋酸盐,其反应方程式如下:

$$(CH_3)_2NNH_2 + CH_3COOH \longrightarrow (CH_3)_2NNHC_2H_3O + H_2O$$

从以上反应可以看出,该种污水中的物质有偏二甲肼、醋酸、偏二甲肼醋酸盐。其中,偏二甲肼为有毒物质。

以上冲洗水及冲洗液均收集于推进剂污水处理贮存池中,以便集中净化处理。

6.2　推进剂污染物的排放标准

6.2.1　污染治理与环境标准

人类生存的自然环境是人类及一切生物赖以生存的物质基础。人类与环境相互依存、相互制约,并不断进行着能量转换和物质循环,形成一个相对稳定的生态平衡系统。但是,由于人类的活动和工农业生产的发展,多种污染物质进入生态环境中,超过了生态环境的容量和自净能力,破坏了生态平衡,造成环境污染。

人类活动所产生的污染一般可分为化学性、物理性和生物性 3 大类。化学性污染主要有无机物(汞、镉、砷、铬、铅、氰化物、氟化物等)和有机物(有机磷、有机氯、多氯联苯、酚、多环芳烃等);物理性污染主要有噪声、振动、放射性、非电离电磁波、热污染等;生物性污染主要有细菌、病毒、原虫等病原微生物。

我国的大气污染较为严重。在城市环境污染问题中,以大气污染最为严重。据不完全统计,全国每年排入大气的污染物约为 4.3×10^7 t。其中,粉尘约为 2×10^7 t,二氧化硫约为 1.8×10^7 t,氮氧化物约为 4×10^6 t。国家卫生标准规定,每日每平方千米的降尘量是 6～8 t,但几乎所有的城市都超过这一标准,一般都是 30～40 t,有的高达百吨,某些工业区甚至更高。

我国的水污染也较严重,据统计,目前我国每年废水排放量为 3.69×10^{10} t,每年因水污染造成的经济损失达 434 亿元。

为了治理污染,保护环境,防止新的污染源产生,国务院有关部委相继制定和颁布了一系列标准和规定,对环境实施科学化、标准化、法制化管理。

一、水质标准

1. 工业废水最高容许排放浓度

工业废水中有害物质的最高容许排放浓度分为两类:第一类,能在环境和动植物体内蓄积,对人体健康产生长远影响的有害物质。含此类有害物质的废水,在车间或车间处理设备出口,应符合表 6-1 规定的标准,但不得用稀释方法代替必要的处理。第二类,其长远影响小于第一类有害物质,在工厂排出口的水质应符合表6-2的规定。

表6-1 第一类有害物质工业废水最高容排放浓度

序 号	有害物质名称	最高容许排放浓度/(mg·L^{-1})
1	汞及其无机化合物	0.05(按 Hg 计)
2	镉及其无机化合物	0.1(按 Cd 计)
3	六价铬化物	0.5(按 Cr^{6+} 计)
4	砷及其无机化合物	0.5(按 As 计)
5	铅及其无机化合物	1.0(按 Pb 计)

表6-2 第二类有害物质工业废水最高容许排放浓度

序 号	有害物质或项目名称	最高容许排放浓度
1	pH	6~9
2	悬浮物(水力排灰、洗煤水、水力冲渣、尾矿水)	500 mg/L
3	生化需氧量(5 天 20℃)	60 mg/L
4	化学耗氧量(重铬酸钾法)	100 mg/L①
5	硫化物	1 mg/L
6	挥发性酚	0.5 mg/L
7	氰化物(以游离氰根计)	0.5 mg/L
8	有机磷	0.5 mg/L
9	石油类	10 mg/L
10	铜及其化合物	1 mg/L(按铜计)
11	锌及其化合物	5 mg/L(按锌计)
12	氟的无机化合物	10 mg/L(按氟计)
13	硝基苯类	5 mg/L
14	苯胺类	3 mg/L

注:①造纸、制革、脱脂棉生产过程中的最高容许排放浓度小于300 mg/L。

2.地面水水质卫生要求和水中有害物质最高容许浓度

地面水水质卫生要求和水中有害物质最高容许浓度应符合表6-3~表6-5等标准的规定。

表 6-3　地面水水质卫生要求

指　标	卫　生　要　求
悬浮物质,色、嗅、味	含有大量悬浮物质的工业废水,不得直接排入地面水体,不得呈现工业废水和生活污水所特有的颜色、异臭或异味
漂浮物质	水面上不得出现较明显的油膜和浮沫
pH	6.5～8.5
生化需氧量(5 d,20℃)	不超过 4 mg/L
溶解氧	不低于 4 mg/L
有害物质	不超过表 6-4 规定的最高容许浓度
病原体	含有病原体的工业废水和医院污水,必须经过处理和严格消毒,彻底消灭病原体后方可排入地面水体

表 6-4　地面水中有害物质的最高容许浓度　　　　　单位:mg·L^{-1}

序　号	物质名称	最高容许浓度	序　号	物质名称	最高容许浓度
1	乙氰	0.5	28	钒	0.1
2	乙醛	0.05	29	松节油	0.2
3	二硫化碳	2.0	30	苯	2.5
4	二硝基苯	0.5	31	苯乙烯	0.3
5	二硝基氯苯	0.5	32	苯胺	0.1
6	二氯苯	0.02	33	苦味酸	0.5
7	丁基黄原酸盐	0.005	34	氟化物	1.0
8	三氯苯	0.02	35	活性氯	不得检出
9	三硝基甲苯	0.5	36	挥发酚类	0.01
10	马拉硫酸(4090)	0.25	37	砷	0.04
11	己内酰胺	按地面水中生化需氧量计算	38	钼	0.5
			39	铅	0.1
12	六六六	0.02	40	钴	1.0
13	六氯苯	0.05	41	铍	0.000 2
14	内吸磷	0.03	42	硒	0.01
15	水合肼	0.01	43	铬(三价铬、六价铬)	0.5
16	四乙基铅	不得检出	44	铜	0.05
17	四氯苯	0.02	45	锌	0.1

续表

序号	物质名称	最高容许浓度	序号	物质名称	最高容许浓度
18	石油 (包括煤油、汽油)	0.3	46	硫化物	1.0
			47	氰化物	不得检出
19	甲基对硫磷 (甲基 E605)	0.02	48	氯苯	0.05
			49	硝基氯苯	0.02
20	甲醛	0.3	50	锑	0.05
21	丙烯腈	2.0	51	滴滴涕	0.05
22	丙烯醛	0.1	52	镍	0.2
23	对硫磷(E605)	0.003	53	镉	0.01
24	乐戈(乐果)	0.08			
25	异丙苯	0.25			
26	汞	0.001			
27	吡啶	0.2			

表 6 - 5　航天推进剂水污染物排放标准

序号	污染物最高允许排放标准		序号	污染物最高允许排放标准	
1	pH	6～9	8	苯胺类	$2.0\ mg \cdot L^{-1}$
2	生化需氧量	$60\ mg \cdot L^{-1}$	9	肼	$0.1\ mg \cdot L^{-1}$
3	化学需氧量	$150\ mg \cdot L^{-1}$	10	一甲基肼	$0.2\ mg \cdot L^{-1}$
4	悬浮物	$200\ mg \cdot L^{-1}$	11	偏二甲肼	$0.5\ mg \cdot L^{-1}$
5	氨氮	$25\ mg \cdot L^{-1}$	12	三乙胺	$10.0\ mg \cdot L^{-1}$
6	氰化物	$0.5\ mg \cdot L^{-1}$	13	二乙烯三胺	$10.0\ mg \cdot L^{-1}$
7	甲醛	$2.0\ mg \cdot L^{-1}$			

二、大气环境质量标准

1. 废气排放标准

废气排出口有害物质的排放(或浓度)不得超过表 6 - 6 的规定。

表 6-6　13 类有害物质的排放标准

序　号	有害物质名称	排放有害物企业①	排放标准		
			排气筒高度/m	排放量②/(kg·h⁻¹)	排放浓度/(mg·m⁻³)
1	二氧化硫	电站	30	82	
			45	170	
			60	310	
			80	650	
			100	1 200	
			120	1 700	
			150	2 400	
		冶金	30	52	
			45	91	
			60	140	
			80	230	
			100	450	
			120	670	
		化工	30	34	
			45	66	
			60	110	
			80	190	
			100	280	
2	二硫化碳	轻工	20	5.1	
			40	15	
			60	30	
			80	51	
			100	76	
			120	110	
3	硫化氢	化工、轻工	20	1.3	
			40	3.8	
			60	7.6	
			80	13	
			100	19	
			120	27	

续表

序号	有害物质名称	排放有害物企业①	排放标准		
			排气筒高度/m	排放量②/(kg·h⁻¹)	排放浓度/(mg·m⁻³)
4	氟化物（换算成F）	化工	30	1.8	
			50	4.1	
		冶金	120	24	
5	氮氧化物（换算成NO₂）	化工	20	12	
			40	37	
			60	86	
			80	160	
			100	230	
6	氯	化工、冶金	20	2.8	
			30	5.1	
			50	12	
		冶金	80	27	
			100	41	
7	氯化氢	化工、冶金	20	1.4	
			30	2.5	
			50	5.9	
		冶金	80	14	
			100	20	
8	一氧化碳	化工、冶金	30	160	
			60	620	
			100	1 700	
9	硫酸（雾）	化工	30～45		260
			60～80		600
10	铅	冶金	100		34
			120		47
11	汞	轻工	20		0.01
			30		0.02
12	铍化物（换算成Be）		45～80		0.015

续　表

序　号	有害物质名称	排放有害物企业①	排放标准		
			排气筒高度/m	排放量②/(kg·h⁻¹)	排放浓度/(mg·m⁻³)
13	烟尘及生产性粉尘	电站(煤粉)	30	82	
			45	170	
			60	310	
			80	650	
			100	1 200	
			120	1 700	
			150	2 400	
		工业及采暖锅炉			200
		炼钢电炉			200
		炼钢转炉 (小于 12t)			200
		炼钢转炉 (大于 12t)			150
		水泥			150
		生产性粉尘③ (第一类)			100
		生产性粉尘③ (第二类)			150

注:①表中未列入的企业,其有害物质的排放量可参照本表类似企业。

②表中所列的数据按平原地区,大气为中性状态,点源连续排放制定。间断排放者,若每天多次排放,其排放量按表中规定;若每天排放一次而又小于一小时,则二氧化硫、烟尘及生产性粉尘、二氧化碳、氟化物、氯、氯化氢、一氧化碳等七类物质的排放量可为表中规定量的三倍。

③系指局部通风除尘后所允许的排放浓度。第一类指含 10% 以上的游离二氧化硅或石棉的粉尘、玻璃棉和矿渣棉粉尘、铝化物粉尘等;第二类指含 10% 以下的游离二氧化硅的煤尘及其他粉尘。

2.大气环境质量标准

大气环境质量标准分为以下三级:

1)一级标准:为保护自然生态和人群健康,在长期接触情况下,不发生任何危害影响的空气质量要求。

2)二级标准:为保护人群健康和城市、乡村、动植物,在长期和短期接触情况下,不发生伤害的空气质量要求。

3)三级标准:为保护人群不发生急、慢性中毒和城市一般动植物(敏感者除外)正常生长的空气质量要求。

空气污染物三级标准浓度限值见表 6-7。

表 6-7 空气污染物三级标准浓度限制

污染物名称	取值时间	浓度限值/(mg·m^{-3})		
		一级标准	二级标准	三级标准
总悬浮颗粒	日平均	0.15	0.30	0.50
飘尘	日平均	0.05	0.15	0.25
二氧化硫	日平均	0.05	0.15	0.25
氮氧化物	日平均	0.05	0.15	0.25
一氧化碳	日平均	4.00	4.00	6.00
光化学氧化剂(O_3)	一小时平均	0.12	0.16	0.20

6.2.2 推进剂污水排放标准及水质检测

一、推进剂污水的排放标准

推进剂污水的排放水质执行 GJB3485A—2011《肼类燃料和硝基氧化剂污水处理与排放要求》标准,见表 6-8。取样口位于处理设施的排放口。

表 6-8 肼类燃料和硝基氧化剂污水排放标准

序 号	项 目	污染物最高允许排放浓度
1	pH	6～9
2	悬浮物	150 mg/L
3	五日生化需氧量(BOD$_5$)	30 mg/L
4	化学需氧量(COD$_{Cr}$)	120 mg/L
5	氰化物	0.5 mg/L
6	甲醛	2.0 mg/L
7	偏二甲肼	0.5 mg/L
8	一甲基肼	0.2 mg/L
9	肼	0.1 mg/L
10	氨氮	25 mg/L
11	硝酸盐氮	30 mg/L
12	亚硝酸盐氮	0.1 mg/L

注:最高允许排放浓度执行 GB 8978—1996 中 4.1 规定的二级标准,项目建设年限,最高允许排水量执行 GB 8978—1996 中 4.2 的规定。

二、推进剂污水水质检测

推进剂污水的主要检测指标及方法见表 6-9。

在推进剂偏二甲肼污水的原水中,以上各种物质都会存在,但其浓度不同,主要成分还是偏二甲肼。在污水处理过程中,偏二甲肼会分解成多种中间产物,如四甲基四氮烯、二甲胺、亚硝酸盐氮、氰化物、甲醛等,这些物质有的容易进一步分解,有的难以分解,其最终的产物主要是亚硝酸盐氮、氰化物、甲醛三种,其中以甲醛最难分解。

表 6－9　肼类燃料和基氧化剂污水的化验项目及方法以

序　号	项　目	测 定 方 法	标　准　号
1	pH	玻璃电极法	GB 6920
2	悬浮物	质量法	GB 11901
3	五日生化需氧量(BOD$_5$)	稀释接种法	HJ 505
4	化学需氧量(COD$_{Cr}$)	重铬酸盐法	GB 11914
		快速消解分光光度法	HJ/T 399
5	氰化物	异烟酸-吡唑啉酮比色法	HJ 484
		异烟酸-巴比妥酸比色法	HJ 484
6	甲醛	乙酰丙酮分光光度法	GB 13197
7	偏二甲肼	氨基亚铁氰化钠分光光度法	GB/T 14376
8	一甲基肼	对二甲氨基苯甲醛分光光度法	GB/T 14375
9	肼	对二甲氨基苯甲醛分光光度法	GB/T 15507
10	氨氮	纳氏试剂分光光度法	HJ 535
		水杨酸分光光度法	HJ 536
		蒸馏-中和滴定法	HJ 537
11	硝酸盐氮	酚二磺酸分光光度法	GB 7480
		气相分子吸收光谱法	HJ/T 198
12	亚硝酸盐氮	N-(1-萘基)-乙二胺分光光度法	GB 7493
		气相分子吸收光谱法	HJ/T 197

在实际的污水处理过程中,检测处理过程中的水质与推进剂污水排放标准中各项污染物最高允许排放浓度相比,化学需氧量和悬浮物两项指标在处理前通常均能达到排放标准,在处理过程中会进一步降低;pH 是污水酸碱性的衡量指标,污水处理前 pH 通常在排放标准范围内,但在处理过程中,由于产生一定数量的酸性中间产物,有时污水的 pH 会降低到 4 左右;污水中的偏二甲肼、一甲基肼和肼类在初始污水中浓度一般偏高,但在处理过程中会迅速分解成亚硝酸盐氮、氰化物、甲醛等中间产物。大量的水质检测结果发现,在处理过程中,虽然亚硝酸盐氮、氰化物的浓度会有先逐渐增加后逐渐减小的现象发生,但以上两类物质的最大值浓度均低于最高允许排放浓度,满足排放要求,其中只有甲醛浓度变化趋势为先增高后减小,最大值浓度往往达 20 mg/L,不能达到排放标准。

在实际的污水处理过程中,通过大量的水质检测结果,获得九项污染物指标在处理过程中的初始浓度与变化规律,发现 pH 和甲醛两项指标浓度不易控制,处理后出水浓度会超出"标准"的规定值。因此,应将 pH 和甲醛作为重点检测指标,用来衡量处理的效果。

在推进剂污水处理方法的选择上,也应重点考虑对污水中 pH 和甲醛的处理效果。但是近年来的研究发现,肼类污染物的降解产物中含有致癌性较强的亚硝基胺类产物,需要引起更大的关注,因此肼类污水处理效果也应加强亚硝基胺类产物的检测与处理。

6.3 肼类燃料的"三废"处理

6.3.1 肼类气态污染物的治理技术

一、水吸收法处理偏二甲肼废气

对于液体火箭发动机试车、推进剂库房、转注间等产生的液体推进剂废气,一般采用水吸收法处理。该方法简单易行,运行费用低,水吸收推进剂后产生的废水,再采用推进剂废水常用的处理方法处理。

要完成水对偏二甲肼废气的吸收过程,必须使偏二甲肼废气与水充分直接接触。通常在工程中采用水喷淋气体吸收塔,其结构形式如图6-1所示。

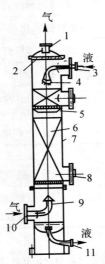

图 6-1 填料塔结构图

1—出气管; 2—气液分离器; 3—进液管; 4—液体分布器; 5—导流图
6—填料; 7—塔体; 8—支撑板; 9—气体分布器; 10—进气管; 11—出液管;

从图6-1中可见,为增大水与废气的接触面积,采用喷淋方式使水成雨滴形式与塔底送入的废气逆流接触,使尽量多的废气溶于水中,还可以通过在塔内充填填料以增大气液两相的接触面积。目前,液体填料吸收塔处理工业废气应用得比较广泛。工业上填料塔所用的填料,大致可分实体填料盒网体填料两大类。在实体填料中包括拉西环、鲍尔环、鞍形填料、波纹填料等。网体填料则包括由丝网体制成的各种填料,如鞍形网网环填料等。

偏二甲肼吸湿性较强,在大气中能与水蒸气结合而冒白烟。由于偏二甲肼在常温下能与水完全互溶,因此,偏二甲肼废气易溶于水,溶解度大,液膜的阻力极小,可以忽略不计,吸收进行迅速。

水吸收偏二甲肼废气以物理吸收为主,其中也伴随化学吸收过程。水吸收偏二甲肼废气净化反应式如下：

$$(CH_3)_2NNH_2 + H_2O \Longleftrightarrow (CH_3)_2NNH_3^+ + OH^-$$

1 m³ 水吸收不同浓度偏二甲肼废气量及水吸收后所含偏二甲肼质量详见表 6-10。

表 6-10　1 m³ 污水含偏二甲肼的质量及可吸收的废气量

项　目	污水浓度/(mg·L⁻¹)						
	500	1 000	2 000	4 000	6 000	8 000	10 000
1 m³ 污水含偏二甲肼的质量/kg	0.5	1	2	4	6	8	10
可吸收 1% 体积废气/m³	19	37	75	149	224	298	373
可吸收 5% 体积废气/m³	3.8	7.4	15	29.8	44.8	59.6	74.6
可吸收 10% 体积废气/m³	1.9	3.7	7.5	14.9	22.4	29.8	37.3

水吸收法处理偏二甲肼废气装置分固定式和移动式两种。

(1)固定式水吸收法处理偏二甲肼废气工艺。

固定式水吸收法处理偏二甲肼废气的工作原理如图 6-2 所示。从图 6-2 中可见，偏二甲肼废气经过二级水吸收处理。第一级是在喷射泵中完成。当高压水经过喷射泵时，使偏二甲肼废气管与泵壳的连接部位造成负压，偏二甲肼废气被吸入泵内，然后与水混合喷出，使水与废气充分接触。废气的第二级吸收在喷淋填料塔中完成。经过第一级吸收的废气经过喷淋填料塔时，与塔顶喷淋的水帘进行传质，使废气中的偏二甲肼进一步被水吸收。

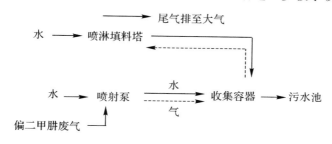

图 6-2　固定式水吸收法的工作原理图

该方法的具体工艺如图 6-3 所示。该系统实现全部程序控制。当废气压力低于 19.6 kPa 时，由系统中电接点压力表控制自动关闭水、气阀门，停止处理。系统工作参数：废气处理量为 200 m³/h；耗水量为 11 t/h。

(2)移动式水吸收法处理偏二甲肼废气工艺流程。

移动式水吸收法废气净化装置工作原理如图 6-4 所示。废气先经第一段进行喷射泵湍流强化吸收，后经容器 2 鼓泡吸收，再经第二段喷射泵及容器 1 鼓泡吸收。最后尾气经容器 1 顶部排至大气。含偏二甲肼的水溶液排到污水池集中处理。

具体的工艺如图 6-5 所示。该装置由两段组成，泵 1、容器 1、喷射泵 1、冷却器 1 为第一段，泵 2、容器 2、喷射泵 2、冷却器 2 为第二段。这套装置全部装在一辆汽车上，可根据需要开到工作现场。由于该装置为车载式净化系统，因而具有较大的灵活性，尤其是对于分散的污染源最具有适用性和经济性。

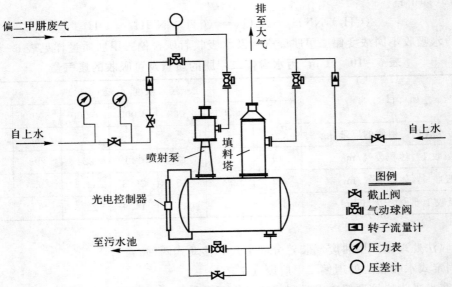

图 6-3 固定式水吸收法处理偏二甲肼废气工艺流程

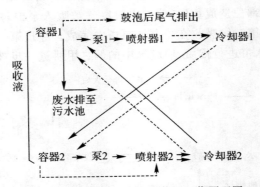

图 6-4 移动式废气净化装置工作原理图

水吸收法处理偏二甲肼废气的实际应用证明,该方法简单易行,效果良好,处理效果详见表 6-11。

表 6-11 水吸收法处理偏二甲肼废气效果

项 目	吸收前浓度/(mg·m⁻³)	吸收后浓度/(mg·m⁻³)	吸收率/(%)	备 注
1	75 000	225	99.7	固定式装置
2	9 950	665	99.3	固定式装置
6	8 775	0	100	固定式装置
4	22 936.3	38.9	99.83	固定式装置
5	10 687.5	21.37	99.8	固定式装置

续表

项　目	吸收前浓度/(mg·m⁻³)	吸收后浓度/(mg·m⁻³)	吸收率/(%)	备　注
6	127 500	625	99.5	固定式装置
7	3 925	0	100	固定式装置
8	650	0	100	移动式装置
9	1 031.25	6.2	99.4	移动式装置

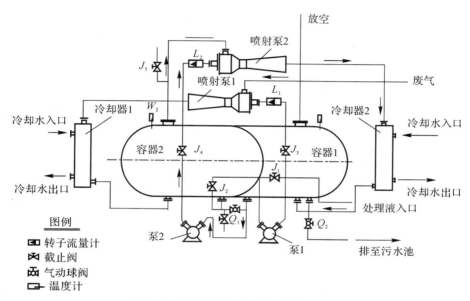

图 6-5　移动式废气处理装置系统原理图

二、高空排放法处理偏二甲肼废气

近几十年来,采用高烟囱来分散处理工业废气和降低落地浓度,以减轻污染物的危害,已获得满意的效果。很多工业企业,例如火力发电厂,已将高烟囱排放废气作为最终处理手段。采用高烟囱排放废气污染物是依靠排放的尾气流扩散实现的。尾气流的扩散取决于废气的性质、排出口离地面的高度、气象因素、地面特征和周围地区建筑物等因素。其中气象因素是一个变量,一年四季、昼夜都在发生变化。为此,各国环境工作者进行了大量的研究工作,建立了一些大气扩散理论,如湍流扩散的统计理论、K 理论和相似理论等。依据不同理论,相继推导出关于烟囱高度、风速、排放率与空气浓度之间相互关系的公式和模式。

在众多估算大气低层扩散的方法中,萨顿的方法和赫帕斯奎尔的方法得到了比较广泛的应用。二者都是由统计理论推导出来的,采用高斯内插公式,把烟囱下风浓度与水平和垂直浓度分布函数的关系,表示成迁移时间或距离的函数。在这两种方法中,这些浓度分布函数是通过实际的示踪物释放实验求得的,并与烟云释放时所测气相参数联系起来。因此,只要通过简单的仪表设备测得必要的气象参数,就可进行扩散参数的计算,使其更具应用价值。

废气污染物排入大气后,是否会引起大气污染,这是个相当复杂的问题。因为决定污染物在大气中的净化、扩散稀释的因素较多,单纯的理论推导极难圆满回答这一问题。污染物在大气中扩散主要受近地面大气层中湍流左右,大气湍流是强或弱、是否会发展,取决于风速的大小、地貌地物和近地面的大气垂直温度结构。同时,污染物的成分、浓度和性质,在大气和阳光作用下的化学变化等都决定了排放到大气中的污染物是否会对大气造成污染。

废气从烟囱排出后,在大气的运动大致可分为三个阶段:第一阶段为动力或热力上升阶段。这是由于废气通过烟囱排放都是经过有组织的机械动力或压力排气实现的。对于烟囱排出的烟气是由于烟气都有一定温度,借热力上升。第二阶段,当废气上升到一定的高度时,由于风的影响,气团破裂,发生较大的波动,这是废气的破裂上升阶段。第三阶段为废气扩散阶段,在大气湍流作用下,废气向上下左右扩散。

废气团上升的高度对污染物的扩散影响很大。它是烟囱高度、动力和热力的函数。也就是说,废气团的上升高度受排放因子和气象因子的影响最大。这里说的排放因子有废气在烟囱顶部出口的速度 v_s(m/s)、废气在烟囱顶部出口的温度 T_s(K),以及烟囱出口的直径 d(m);气象因子有烟囱出口高度处的平均风速 v_a(m/s)、烟囱出口处环境大气温度 T_a(K)、风速垂直切变 du/dz(s^{-1}),以及大气稳定度等。因此,合理利用气象条件,正确选择烟囱的高度,既可以高空稀释排放有害废气,又可以保持地面环境不受有害气体危害。实践证明,通过高烟囱一般可将地面烟气浓度降至烟囱出口浓度的 $0.001\%\sim1\%$。由于高烟囱排放理论和技术的不断发展和完善,该方法在国外也受到了欢迎,烟囱的高度也在不断增长。目前,世界上高 300 m 以上的烟囱已非罕见。

我国某航天发射中心,为了排放推进剂库房、燃料转注间的废气,建立了一套高烟囱排放推进剂废气系统。该系统自建成以来工作状况良好,经高烟囱排放的废气对地面环境未产生环境污染。两个金属烟囱分别高 90 m 和 100 m,分别排放偏二甲肼和四氧化二氮废气,废气处理量为 300 m^3/h。

高空排放法简单易行,但缺点是毒物未经化学处理仍会污染大气,所以从污染物排放总量控制的角度出发,高空排放法不是长久之计,关键是采用何种有效的措施来代替它。

三、活性炭吸附处理法

由于活性炭具有优良的吸附特性,它不仅在肼类废水处理上得到应用,而且在肼类废气的处理工艺中也得到了广泛的应用。活性炭吸附法处理肼类废气工艺,是将肼类废气首先通过活性炭吸附装置,使废气中的肼类物质吸附到活性炭的表面。净化后的废气可直接排放。当活性炭吸附饱和后,可用热蒸气再生活性炭。含肼类物质的热水蒸气,再经霍加拉特催化床进一步催化氧化处理。其处理流程详见图 6-6。

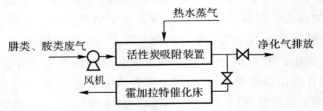

图 6-6 活性炭吸附法处理肼类废气工艺流程

活性炭吸附装置,可根据废气浓度、性质,设多级吸附装置。吸附设备级数及活性炭再生周期,可通过实验确定。活性炭的再生可采用热水蒸气吹脱。水蒸气的温度为 $100\sim150℃$,水蒸气用量与吸附质量比为 $1:5\sim1:3$。

吸附法的缺点是吸附剂需频繁再生,被吸附物质需再处理,设备投入产出较大,对高浓度增压废气效果不佳(主要问题是因吸附放热、致使温度升高,吸附效率降低)。

四、催化氧化法

催化氧化法是常用的有害废气净化方法之一。催化氧化法处理工业废气在生产上的应用还是比较广泛的。例如:有色冶炼工业含 SO_2 废气,采用五氧化二钒作催化剂,将 SO_2 氧化成 SO_3,然后再用 SO_3 制取工业硫酸,使有害的 SO_2 废气变成硫酸。既达到了空气净化的目的,又使废物得到利用。又如化纤工业生产中产生的 H_2S 臭气,采用铝矾土作催化剂,将 H_2S 氧化成 H_2O 和 S,回收硫磺。

汽车尾气是城市大气的重要污染源之一,国内外对其净化技术的研究均取得了可喜的进展。目前,国外一些科学技术比较发达的国家,正在重点研究改革燃料和改革汽车设备结构,发展无公害、高效的交通系统。对于含碳氢化合物和 CO 的汽车废气,通常采用铂、钯催化剂和稀土催化剂,将碳氢化合物和 CO 氧化成 H_2O 和 CO_2。目前,市售或已应用的各种汽车尾气净化装置,均按此原理制造。油漆工业和漆包线生产中产生的含甲苯和苯废气,通常采用铂或钯催化剂,将苯、甲苯氧化成水和二氧化碳。

由于催化剂对有机化工合成、环境治理有重要的作用,催化剂的实际应用超过了催化理论的研究。作为优良的催化剂应具备以下特性:

1)良好的活性和选择性。要求某种催化剂对某种反应,能在反应条件下,快速、彻底的完成。

2)足够的机械强度。要求催化剂具有一定的机械强度,保证使用的长期性。

3)良好的热稳定性和化学稳定性。要求催化剂在充分发挥其催化效能的情况下能重复使用。

通常,催化剂由三部分组成:活性物质、载体和助催化剂。活性物质是催化剂的主体,它可分为络合催化剂、酸碱催化剂、金属催化剂、金属氧化物催化剂等。

载体是活性物质的承载体,是催化剂的主体结构,它的存在对催化剂的催化作用有直接影响。载体在催化剂中具有以下作用:①提供有效表面和适合的孔结构;②使催化剂具有一定强度;③提高催化剂的稳定性;④节省活性物质的用量。通常作为催化剂的载体有活性炭、分子筛、硅胶、氧化铝、碳化硅、浮石、金刚石、硅藻土、二氧化钛、三氧化二铁等。助催化剂是指催化剂中为保持和提高催化剂活性的添加剂。助催化剂可以以元素状态加入,也可以以化合物状态加入,可以加入一种,也可加入多种。几种废气净化催化剂的组成见表 $6-12$。

表 6 - 12　几种废气净化催化剂组成

用　途	主要活性物质	载　体	助催化剂
SO_2 氧化为 SO_3	V_2O_5:$6\%\sim12\%$	SiO_2	K_2O 或 Na_2O
碳氢化合物和 CO 氧化成 H_2O 和 CO_2	Pt,Pd,Rh	Ni,NiO	
	CuO,Cr_2O_3,Mn_2O_3 和稀土氧化物	Al_2O_3	

续 表

用　途	主要活性物质	载　体	助催化剂
汽车尾气中碳氢化合物和 CO 氧化成 H_2O 和 CO_2	V_2O_5:4%～7% CuO:3%～7%	$Al_2O_3 - SiO_2$	Pd:0.01%～0.015%
苯、甲苯氧化为 CO_2 和 H_2O	Pt,Pd 等	Ni 或 Al_2O_3	
	CuO,Cr_2O_3,MnO_2	Al_2O_3	

火箭推进剂废气中肼类物质属于还原性物质。在有催化剂存在的条件下,利用空气中的氧将其氧化分解,使肼类废气得以净化。肼类废气催化氧化工艺流程详见图 6-7,图中所示预处理装置的作用是去除废气中的固体颗粒及杂质。例如,废气中含有使催化剂中毒的物质,在该装置中采用必要的处理手段将其除去。

图 6-7　肼类废气催化氧化工艺流程图

混合装置的作用是使被处理废气与氧化剂充分混合。在肼类废气催化处理工艺中,采用的氧化剂是洁净的空气。预热装置的作用是满足催化氧化作用的温度条件。在该装置中,将肼类废气与空气的充分混合物预热到 250～300℃。催化反应装置是肼类废气催化氧化处理的核心设备。在该设备中,肼类废气通过催化床氧化分解,达到废气净化的目的。

肼类废气催化氧化工艺中采用的催化剂有铁系、锰系、稀土系催化剂。载体多采用活性炭、硅藻土。一般最常用的催化剂是颗粒状的霍加拉特催化剂。稀土系催化剂是催化剂家族中的新成员。我国是稀土元素贮量最丰富的国家,应大力开发稀土系催化剂的研究和应用,使其早日取代贵重金属催化剂,占领世界催化剂工业的市场。催化氧化法处理肼类燃料废气,耗时短、操作简单、易于实现自动化控制。但该法投资运行费用较高,日常管理、设备维修及电力消耗较大。

五、燃烧处理法

燃烧法是广泛利用的净化工业废气的方法之一。所谓燃烧法处理,是将有害气体、蒸气、烟气,通过高温燃烧手段使其净化的处理方法。废气燃烧法处理可分以下三类。

1.直接燃烧法

直接燃烧法是把可燃的有机有害废气直接当作燃料来燃烧的方法,通常是在 1 000℃以上的高温下进行。有机废气通常的燃烧产物是 CO_2,NO_2 和水蒸气。直接燃烧法工艺简图如图 6-8 所示。在油田或炼油厂看到整年在高烟囱出口燃烧的火炬,也是直接燃烧处理法的一种形式。

2.热力燃烧法

当需净化的有机废气中可燃有机物含量较低时,废气本身不能当作燃料持续燃烧,需要添加辅助燃料燃烧。此时,需净化的废气作为净化燃烧对象。也就是说,这种燃烧方法需要有燃烧热源,这种净化废气的方法为热力燃烧法。直接燃烧法燃烧温度一般在 1 000℃以上,而热力燃烧法一般需维持燃烧温度在 500～800℃。

图 6-8　直接燃烧法工艺流程

国内外的大量资料和工程实践证明,热力燃烧必须在充分供氧的条件下,满足三个要素的要求,即反应温度、反应时间、湍流混合。这就是经常在国外资料上看到的"三 T 条件"。

反应温度是实现热力燃烧法净化有机废气的重要条件。它依据废气中所含有机物质的种类不同而有所不同。对于大多数碳氢化合物来讲,通常在 590～650℃时,即可燃烧净化。但是,对于含一定浓度的甲烷、甲苯、二甲苯的废气,其燃烧净化温度需 760℃以上。

反应时间就是有机废气在燃烧炉中停留的时间。热力燃烧法需要的反应时间很短,一般在瞬间即可完成。

湍流混合也是废气热力燃烧净化的必要条件。通过湍流混合达到废气与高燃气的充分混合燃烧。

含有碳氢化合物的废气,热力燃烧所需的反应温度为 600～700℃,反应时间为 0.3～0.6 s。

采用热力燃烧法处理肼类废气、废液及高浓度废水在国内外均有实例。美国马夸特公司生产的瞬时膨胀式焚烧炉,用天然气作燃料,每小时可焚燃 500 L 肼或 380 L 偏二甲肼。燃气中残留的燃烧物体积浓度低于 2×10^{-6},NO_x 的体积浓度低于 1.65×10^{-4}。热力燃烧法净化肼类废气、废液的关键是性能良好的燃烧炉。国外有定型产品,国内以锅炉改造的燃烧炉居多。燃料可采用天然气、液化石油气、柴油、酒精等。肼类废气、废液的输入采用特殊喷嘴,使燃气与废气充分湍流混合,以达到废气净化的目的。热力燃烧法处理肼类废气的产物是 CO_2、N_2 和水。运行良好的焚烧炉,是可以实现肼类废气、废液的燃烧净化的。例如,某厂用一台工厂蒸气锅炉改装的焚烧炉焚烧偏二甲肼废液,炉内温度可达 1 100℃,烟道出口处未检出偏二甲肼。

3. 催化燃烧法

催化燃烧是采用催化剂使废气中可燃物质在较低温度下氧化分解的净化方法,具体见本节的"催化氧化法"。

6.3.2　肼类废水治理技术

一、臭氧氧化法

推进剂污水中所含的肼类物质从化学属性分类,属于还原性物质。因此,可以用氧化剂来氧化破坏污水中有毒的肼类物质,使其向低毒、无毒化方面转化,从而实现推进剂污水净化和保护环境的目的。

目前,在肼类污水处理中使用的氧化剂种类很多,像臭氧、过氧化氢、液氯、空气、次氯酸钠、漂白粉、漂粉精、二氧化氯等。综合各种氧化剂在处理肼类污水中的效果和应用范围,臭氧法处理推进剂污水技术应用最广泛。

1. 臭氧的性质

臭氧的分子式为 O_3，相对分子质量为 48，在常温、常压下是一种淡紫色的气体。在 0℃和标准大气压下，臭氧的相对密度为 2.144。臭氧的密度，液态为 1.572 g/cm^3（温度为 $-183℃$），固态为 1.738 g/cm^3（温度为 $-195.2℃$）。臭氧的沸点为 $-111.9℃$。

纯的臭氧具有爆炸性，因为臭氧分解时释放相当大的热量。工业上实际应用的臭氧并不是纯的臭氧，而是臭氧和空气或臭氧和氧气的混合气体。以无声放电法生产的臭氧为例，臭氧只占空气的 1%～2%。据有关资料介绍，臭氧在混合气体中浓度不超过 10%就不会发生爆炸。

在常温下，臭氧在空气中自行分解为氧。臭氧在空气中的分解速度与空气的湿度、温度有关。空气的湿度越大、温度越高，其分解速度也越快。臭氧在水溶液中的分解速度比在空气中快，在强碱性溶液中其分解速度更快。但是，在酸性溶液中其分解速度明显缓慢。臭氧在水中的半衰期为 17 min。若水中有二氧化锰、铜等物质存在，臭氧会加速分解。

臭氧是一种强氧化剂。在酸性介质中，臭氧的氧化还原电位是 2.07 V；在碱性介质中，其氧化还原电位是 1.24 V。由于臭氧具有很强的氧化能力，它可以同有机物、无机物、蛋白质进行氧化反应，可以把难以生物降解的物质氧化分解为可生物降解的物质。

臭氧在同有机物的反应过程中，是臭氧分子同双键或三键的碳—碳化合物直接结合，生成臭氧化物。臭氧化物是一个不稳定化合物，在水解作用下进行分解，实现臭氧的氧化过程。臭氧具有良好的杀灭细菌、病毒、芽孢的作用。它的杀菌作用与常用的杀菌剂液氯不同，氯是通过细菌细胞壁的渗透作用来抑制细胞中酶的活性而实现杀菌的。臭氧是通过直接氧化构成细菌的机体的蛋白质而实现杀菌的。因此，臭氧的杀菌效果好、速度快。

臭氧具有一系列特征，因此广泛应用于水处理工艺中。臭氧除用于杀菌、除嗅、除味、除色、除铁、除锰外，还广泛应用于含酚废水、石油裂解废水、印染废水、胶卷洗印废水、含氰废水、合成洗涤剂废水、农药废水、腈纶厂废水的治理。臭氧处理推进剂肼类废水的技术，经过深入的实验研究和长期的实际使用，已取得了令人满意的效果。

2. 臭氧的制备

臭氧自 1875 年发现以来，制备方法有光化学法、电解法、无声放电法。由于无声放电法操作简单，管理方便，可获得大量低浓度臭氧化气，我国工业臭氧制备均采用该方法。国外一些工业比较发达的国家像法国、美国、日本等国也采用无声放电法制取工业臭氧。该法制取臭氧的发生装置包括臭氧发生器、空气净化装置、供电设备、电气控制及测量设备等。

3. 臭氧处理偏二甲肼废水的机理

为了提高臭氧处理偏二甲肼废水的效果，降低能耗，必须弄清偏二甲肼与臭氧的反应机理。臭氧与偏二甲肼二者间的反应相当复杂，在反应过程中生成了一系列中间产物。臭氧与偏二甲肼反应首先生成偶氮化合物，多数偶氮化合物联成四甲基四氮烯，部分偶氮化合物继续被臭氧氧化分解，生成二氧化碳、氮气和水。反应式如下：

$$(CH_3)_2NNH_2 + O_3 \longrightarrow (CH_3)_2N^+{=}N^- + H_2O + O_2$$

偶氮化合物

$$2(CH_3)_2N^+{=}N^- \longrightarrow (CH_3)_2NN{=}NN(CH_3)_2$$

四甲基四氮烯

$$2(CH_3)_2N^+{=}N^- + 3O_3 \longrightarrow 2CO_2 + N_2 + O_2 + 3H_2O$$

从以上反应式可以看出,臭氧与偏二甲肼反应的部分中间产物主要是四甲基四氮烯和一小部分偶氮化合物、氮气、二氧化碳和水。

中间产物四甲基四氮烯进一步被臭氧氧化分解成甲胺、二甲胺、甲醛和氮气。其反应式如下:

$$(CH_3)_2NN{=}NN(CH_3)_2 + O_3 \longrightarrow CH_3NH_2 + (CH_3)_2NH + CH_2O + N_2 + O_2$$

据有关资料介绍,在碱性条件下,臭氧可氧化分解二甲胺和甲胺,其氧化产物主要是甲醛和部分亚硝酸盐、硝酸盐。四甲基四氮烯被臭氧氧化分解的主要产物是甲醛,氧化过程中也伴随甲胺、二甲胺的不断生成和不断被氧化分解的动态过程。

在臭氧处理偏二甲肼废水的过程中,甲醛是重要的中间产物早已得到证明。废水经处理前,废水中偏二甲肼含量较高,而甲醛含量很少。在臭氧的作用下,废水中偏二甲肼含量趋于零时,甲醛含量达到最高值。这一规律无论是实验室实验还是实际废水处理都是如此。臭氧与偏二甲肼反应的过程和机理相当复杂,其反应机理如图 6-9 所示。

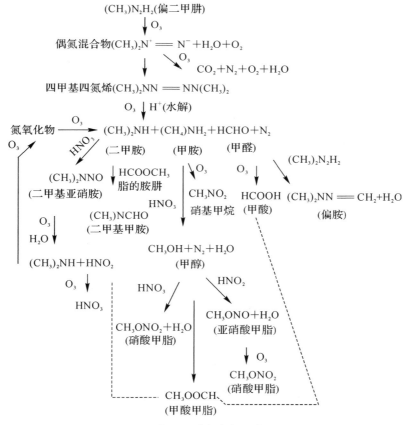

图 6-9　偏二甲肼与臭氧反应机理图

从以上分析可看到,采用臭氧处理偏二甲肼废水理论上是可行的。由于偏二甲肼是易氧化分解化合物,因而在实际应用中也获得了满意的效果。但是,从偏二甲肼与臭氧反应机理图中可以了解到,臭氧氧化分解偏二甲肼并不是一个简单的氧化过程。在该过程中,既存在偏二甲肼氧化分解产生一系列中间产物,又存在中间产物继续分解、中间产物之间、中间产物与偏二甲肼之间的反应。该过程是一个复杂的化学反应过程。

臭氧氧化分解偏二甲肼产生一系列中间产物,而某些中间产物的毒性并不低于偏二甲肼,如甲醛、四甲基四氮烯、二甲胺、亚硝基二甲胺、硝基甲烷等。因此,在采用臭氧法处理偏二甲肼废水时,不但应检测偏二甲肼的氧化分解情况,而且更应注意一系列中间产物的氧化分解情况,使废水真正实现无害化。

偏二甲肼与其一系列分解产物绝大部分可氧化分解为甲醛。甲醛是无色透明液体,与水可任意混合。它是一种较强的还原剂,具有较强的刺激性气味。含有甲醛的废水排入水体,对水生动物尤其是鱼类有一定程度的危害。我国地面水甲醛最高容许浓度为 0.5 mg/L。对于偏二甲肼废水中的甲醛,其含量必须严格控制。甲醛虽然属于还原性较强的物质,但是偏二甲肼废水中其含量比较低,一般为 10 mg/L 左右,因而单纯用臭氧去氧化分解废水中的甲醛是相当困难的。为解决甲醛进一步氧化分解的问题,采用紫外线与臭氧联合处理工艺,解决了推进剂废水中主要污染物偏二甲肼及其一系列中间产物不易完全氧化分解的难题。甲醛在紫外线照射下与臭氧反应生成甲酸和氧气,甲酸进一步氧化生成二氧化碳和水。甲醛臭氧氧化分解反应方程式如下:

$$\underset{H}{\overset{O}{\underset{\|}{HC}}} + O_3 \xrightarrow{\text{光}} \underset{OH}{\overset{O}{\underset{\|}{HC}}} + O_2$$

$$\underset{OH}{\overset{O}{\underset{\|}{HC}}} + O_3 \xrightarrow{\text{光}} CO_2 + H_2O + O_2$$

4.臭氧-紫外线联合处理推进剂废水工艺

工程应用的处理流程如图 6-10 和图 6-11 所示。

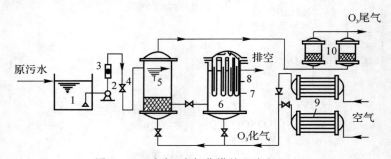

图 6-10　臭氧-光氧化塔处理流程(一)

1—污水调节池;　2—污水泵;　3—转子流量计;　4—调节阀;　5—接触氧化塔;　6—光氧化塔;
7—石英玻璃套管;　8—紫外线灯管;　9—臭氧发生器;　10—臭氧尾气罐

该处理工艺已应用在我国某航天发射中心,处理推进剂废水数千吨。各项指标均满足国家排放标准。废水中主要指标偏二甲肼与甲醛处理前后变化值见表 6-13。从表中所列数据可以看出,臭氧-紫外线处理卫星发射场推进剂废水是比较好的方法之一。其优点如下:①该方法由于采用臭氧-紫外线-活性炭联合处理,不仅能氧化分解推进剂本身,而且对其氧化分解中间产物也能进一步氧化分解,使废水中各项指标均能达到国家排放标准。②该方法反应迅速,处理时间短,处理后的废水几乎没有异味,可直接排放。③臭氧本身反应后的产物是氧气,不产生二次污染。同时,废水中溶解氧增加,对排放水体的生化自净有利。④该处理方法简单、便于操作、占地面积小。⑤该方法是采用设备化组合处理,宜于实现自动化控制。

表 6 - 13　臭氧−紫外线处理推进剂废水效果

序　号	处理前废水浓度/(mg·L^{-1})		处理后废水浓度/(mg·L^{-1})	
	偏二甲肼	甲醛	偏二甲肼	甲醛
1	3.8	2.2	0	0
2	138	7.0	0	0
3	50	19.5	0	0
4	90	27.8	0	0.198
5	108	36.4	0	0.217
6	325	87.3	<0.1	0.327

但从实际工程应用过程中发现,尾气中臭氧浓度过高,对人体健康有影响,故在水处理中散发的臭氧尾气必须处理,同时臭氧发生器需要冷却水降温,管线复杂,价格昂贵。

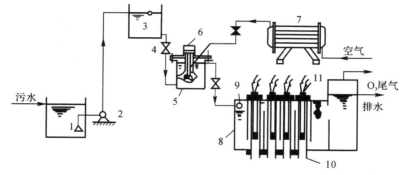

图 6 - 11　臭氧−光氧化箱处理流程(二)
1—污水调节池;　2—污水泵;　3—高位水箱;　4—阀门;　5—气水混合器;　6—乳化搅拌器;
7—臭氧发生器;　8—光氧化箱;　9—配水管;　10—石英玻璃管;　11—紫外线灯管

5. 臭氧法处理一甲基肼和无水肼废水

在火箭推进剂家族中,一甲基肼和无水肼同样占有重要地位,国内外均在使用。一甲基肼可以单独使用,也可与肼或偏二甲肼,或与肼和硝酸肼组成混合燃料使用。无水肼同样可以单独作为燃烧剂使用,也可与偏二甲肼或一甲基肼等量混合作为燃烧剂使用。若 50% 的无水肼与 50% 的偏二甲肼混合,即是称为混肼 50(即 A - 50)的火箭燃烧剂;若 50% 的无水肼与 50% 的一甲基肼混合,即是称作 M - 50 的火箭燃烧剂。同时,肼或肼的混合物还用作火箭姿态控制的单元推进剂。由于一甲基肼和无水肼的单独或混合使用,在设备或管道洗消过程中便产生了待处理的废水。实践证明,含有一甲基肼或无水肼的废水虽然水量不大,但其毒性不可忽视。

一甲基肼的分子式为 $CH_3N_2H_3$,相对分子质量为 46.08,冰点为 −52.5℃、沸点为 87.5℃、密度为 0.874 4 g/cm^3。一甲基肼的性质介于肼与偏二甲肼之间,其物理性质与偏二甲肼相似。它具有较强的吸湿性,在潮湿空气中因吸收水蒸气而冒白烟。一甲基肼能溶于水、低级醇和某些碳氢化合物中。

一甲基肼是一种强还原剂,能与许多氧化物发生强烈化学反应,与酸作用生成盐,与醛或酮反应生成腙。它在空气中极易发生氧化反应,生成叠氮甲烷、氨、甲胺等。

一甲基肼是一种强还原剂,臭氧是一种强氧化剂,因此,臭氧极易氧化破坏一甲基肼。臭氧与甲基肼的反应式如下:

$$CH_3N_2H_3 + 2O_3 \longrightarrow CH_3OH + N_2 + H_2O + 2O_2$$

$$CH_3N_2H_3 + 5O_3 \longrightarrow CO_2 + N_2 + 3H_2O + 5O_2$$

实验研究证明,臭氧与一甲基肼反应中所产生的 O_2,也可氧化分解一甲基肼。反应过程中若 Cu^{2+} 存在时,可明显提高反应速度。

肼是火箭的高能燃料,它的分子式为 N_2H_4。肼具有很强的吸湿性,其蒸气在大气中与水蒸气结合而冒白烟。肼与大气中的二氧化碳作用而生成盐。肼是一种还原剂,能与许多氧化物发生猛烈反应,如高锰酸钾、次氯酸盐等。肼与液氧、过氧化氢、硝基氧化剂(如红烟硝酸、四氧化二氮)、卤素(如液氟等)、卤间氧化剂(如三氟化氯、五氟化氯等)等强氧化剂接触,可瞬时自燃。

肼是一种还原剂,因此,采用臭氧氧化法处理含肼废水是一种有针对性的处理方法。臭氧处理无水肼废水的反应方程式如下:

$$3H_2N_4 + 2O_3 \longrightarrow 3N_2 + 6H_2O$$

研究证明,影响臭氧氧化法处理无水肼的效果和速度的重要因素是废水的 pH。当废水的 pH 在 9 左右,反应时间为 1 h,臭氧与肼的投配比为 $(1 \sim 1.3):1$ 时,无水肼含量可由 200 mg/L 降至 0.5 mg/L 以下,去除率可达 99.9%,COD 去除率在 80% 左右。当废水的 pH 调整到 11 以上时,废水浓度仍为 200 mg/L,降至 0.5 mg/L 以下,处理时间可缩短一半。

二、自然净化法

臭氧光氧化处理工艺采用了紫外光处理手段,其设备投资较高,一般一套固定或车载设备需几十万元,加上基建工程费用,一次性投资需 100 万元以上;日常运行管理、设备维修及电力消耗经费每年需上万元,显然经济成本较高。

某工程设计研究所经过充分论证,在偏二甲肼废水成分分析和亚急性毒性实验的基础上,进行了偏二甲肼废水自然净化法的研究。该实验研究经过了实验室小型模拟实验、中间扩大模拟实验和火箭发射阵地实际废水处理实验。实验结果表明,当偏二甲肼废水在碱性条件下(pH=8~9)自然存放半年左右,在阳光的照射和空气的自然氧化作用下,废水中主要有害成分均可达到排放标准;若在废水中加入 1×10^{-5} mol/L 的 Cu^{2+},自然净化周期可缩短到两个月甚至更短。

实践证明,该方法处理推进剂肼类废水经济、适用性强,其特点如下:

1)该方法首次提出和研究了处理偏二甲肼废水的新方法,处理后废水中主要有害成分均可达到排放标准。

2)由于该工艺的主要特点是在 Cu^{2+} 催化作用下自然缓慢氧化,偏二甲肼的分解中间产物偏腙、甲醛、亚硝胺、氰化物等也随之缓慢氧化,不会产生短期内某中间产物浓度相对增加的现象,较好地防止了二次污染。

3)该方法简便、有效、节能、实用,不需专用处理设备,一次性投资少,具有明显的经济效益和环境效益。

4)不使用臭氧,避免了臭氧对环境的污染。

1.影响自然净化法处理肼类废水的因素

大量的实验研究和实际应用证明,影响自然净化法处理推进剂废水效果的主要因素有光照、催化剂、空气、温度以及废水的 pH。从表 6 - 14 所列数据可以看出,光照对偏二甲肼废水的自然净化效果影响很大。在光照条件下,偏二甲肼的分解速度可提高十几倍。光照对偏二甲肼提高分解速度的机理比较复杂,既有能量转换,又有催化活化作用。在光照作用下,紫外光的辐射能可以被废水中的偏二甲肼吸收,成为活化分子;废水中溶解的氧等氧化剂,在紫外光的照射下,产生了各种游离基,像 O・,HO・,HO$_3$・,O$_3$・ 等,这些游离基具有很强的活性,尤其以 HO・ 为最强,它可以把偏二甲肼分子的 H 拉出来,成为进一步分解偏二甲肼的引发剂,加速偏二甲肼的分解。

表 6 - 4　阳光对三组加 Cu^{2+} 配制废水偏二甲肼分解影响

样品放置条件	样品组					
	1		2		3	
	光照	避光	光照	避光	光照	避光
偏二甲肼起始浓度(体积分数)	97.2	97.2	93.3	93.3	101	101
偏二甲肼终止浓度(体积分数)	0.5	5.9	0.5	7.3	0.4	11.2
自然净化天数/d	7	60	12	52	42	42

实现偏二甲肼自然净化的另一重要条件是加催化剂 Cu^{2+}。偏二甲肼自然净化的过程是一个复杂的反应过程,既有偏二甲肼分解成一系列氧化中间产物,又有中间产物之间或中间产物的进一步氧化分解。偏二甲肼及其中间产物在催化剂和紫外光的照射下进一步分解,实现有机物向无机物转化,有害物质向无害化转变。反应过程主要是氧化还原反应。

氧化还原反应的速率除由参加反应的化学物质本身的性质决定外,催化剂的参加是一个很重要的条件。Cu^{2+} 在偏二甲肼自然净化过程中就是起到催化剂的作用。它不仅加速偏二甲肼的进一步分解,而且也进一步提高了偏二甲肼的分解中间产物的降解速度。表 6 - 15 中所列数据为偏二甲肼原始浓度为 100 mg/L,加酸碱(pH 不同)及加 Cu^{2+} 配制废水在高温季节(6～9 月),在阳光照射条件下,废水中亚硝胺含量的测定结果。

表 6 - 15　加酸、碱及 Cu^{2+} 的偏二甲肼废水光照后亚硝胺浓度

废水类型	pH	自然净化天数/d	亚硝胺浓度/(mg・L^{-1})
单一偏二甲肼	8～9	110	0.07
偏二甲肼 HNO$_3$	2～3	110	1.94
单一偏二甲肼	8～9	50	0.41
偏二甲肼＋NaOH	10～11	50	1.96
偏二甲肼＋Cu^{2+}	8～9	15	0.008

数据表明,当有 Cu^{2+} 催化剂存在的条件下,废水中偏二甲肼分解产物——亚硝胺的含量可降低 1/500～1/100。

空气和温度的影响机理是显而易见的,空气主要是提供偏二甲肼分解的氧化剂,温度是提高分子的活性和运动速度,增加分子的碰撞机会,提高了偏二甲肼废水的处理效果,缩短了其净化周期。

2. 自然净化法在工程上的应用

(1)自然净化法处理偏二甲肼废水的工艺流程。

自然净化法处理偏二甲肼废水的工艺流程应具备如下条件:首先应具备光照条件,再者应提供充分溶解空气中氧的条件,处理工艺中必须设置自然净化池。其工艺流程如图 6-12 所示。

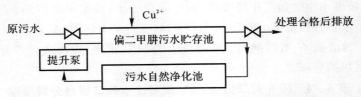

图 6-12　自然净化法处理偏二甲肼污水工艺流程简图

自然净化池是自然净化法处理偏二甲肼废水的关键部分,是实施偏二甲肼废水净化的重要手段。下面以某工程为例简述其结构形式及每一处理单元的要求。

液体推进剂洗消废水汇集到发射场的导流槽中,构成了火箭推进剂废水。废水量一般为每次发射产生 300~400 m³;废水浓度为 100 mg/L 左右。贮存于导流槽的废水,经水泵提升、管道输送到废水处理场的废水贮存池中。废水贮存池的结构详见图 6-13。

由图 6-13 可知,该废水贮存池分为两格,每格可贮存污水 200 m³,二者交替使用。偏二甲肼污水贮存池的作用除起到污水贮存、均质均量作用外,还起到污水初级自然净化的作用。由于池水比较深,影响光照和空气溶入,只能达到自然净化的初级阶段或辅助作用。

从图 6-14 可见,污水贮存池中的偏二甲肼污水,经潜水泵提升到自然净化池的导流槽。污水沿着溢流堰经三级跌水汇集到集水槽,通过管道自流回污水贮存池。这样不断循环,直至污水经检测合格后排放。污水在自然净化池中的流动状态是:污水在跌水部分形成水膜垂直流下,造成局部湍流旋涡,可挟带大量空气的污水沿着自然净化池的坡面顺坡逐级流下。坡面上的水膜厚度达 5 mm,在阳光的照射下造成了一个良好的自然氧化条件。采用跌水和薄水膜形式是自然净化的必备条件。自然净化池的尺寸大小可根据污水量的多少、污水处理周期的要求和可占用地的多少做适当的增减,以便充分发挥自然净化池的处理效果。

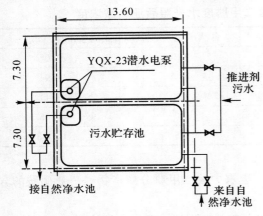

图 6-13　污水贮存池结构图(单位:m)

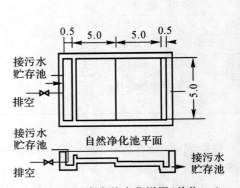

图 6-14　污水自然净化详图(单位:m)

3. 自然净化法处理推进剂污水的操作与管理

自然净化法处理推进剂污水的净化周期一般为两个月或更短。管理中应注意以下问题：

1）定量投加 Cu^{2+} 催化剂。Cu^{2+} 是自然净化法处理推进剂污水的催化剂，它的存在可大大缩短处理周期和提高处理效果。Cu^{2+} 的投加量为 0.6 mg/L，用污水提升泵进行搅拌，混合均匀。

2）充分利用光照时间。光照是自然净化法处理推进剂污水的重要条件。因此，推进剂污水的处理时间应根据气相条件合理安排，应在有光照的条件下集中处理。

3）应随时注意污水水质的变化。自然净化法处理推进剂污水的周期较长，水质的变化特点是前期变化比较大，到后期其变化速度比较慢。对水中污染指标的检测在前 15 d 内应每天取样化验分析，16～30 d 内最好 3 d 取样分析一次，30～60 d 可 5 d 分析一次。

4）污水检测项目。为更好地鉴定自然净化法处理推进剂污水的效果，保证排水对环境不造成有害影响，应定期对污水中的有毒成分进行检测分析，分析项目有偏二甲肼、甲醛、氰化物、亚硝胺类、pH 以及 COD。如全部指标检测有困难的话，亚硝胺、氰化物可在处理后期进行抽样检测。

4. 自然净化法处理其他污水的应用前景

实践证明，自然净化法是一种有效、经济、适用、简便、节能的污水处理方法，尤其是采用强氧化剂氧化后易产生一系列有毒中间产物的污水采用自然净化法更有其优越性。该方法可应用于化工、医药、印染行业的污水治理工程，随着应用领域的不断扩大，其经济效益和环境效益会越来越被人们所认识。

三、氯化法

氯和氯制剂是较强的氧化剂，作为氧化剂和消毒剂广泛应用于给水消毒和污水处理领域。对于肼类推进剂污水治理来讲，氯及氯制剂是常用的处理药剂。

1. 氯化处理药剂种类及性质

氯和氯制剂的种类很多，目前应用较多的有液氯、漂白粉、次氯酸钠、二氧化氯等，其性质如下。

（1）氯。

氯是重要的化工原料。在通常条件下，氯是黄绿色带强烈特殊刺激性气味的气体，密度为 3.2 kg/m³（0℃，标准大气压）。水处理工艺中常用的是装于有绿色环带标志的钢瓶中的液氯。液氯的相对密度为 1.5（0℃，标准大气压）。在常温常压下，液氯极易气化。它的沸点（液化点）为 -34.5℃（标准大气压），1 kg 液氯可气化成 0.31 m³ 氯气。氯气能溶于水，并与水发生水解作用。氯在水中的溶解度与压力和温度有关。当温度为 20℃，压力为标准大气压时，氯在水中的溶解度为 7.3 kg/m³；当温度为 10℃，压强为标准大气压时，氯的溶解度为 9.65 kg/m³。氯气溶解在水中迅速水解成次氯酸，并进一步离解成离子，其反应如下：

$$Cl_2 + H_2O \longrightarrow H^+ + Cl^- + HClO$$

$$HClO \Longleftrightarrow H^+ + ClO^-$$

次氯酸的离解度与水的 pH 有关。当 pH 为 7.5 时，HClO 和 ClO⁻ 各占 50%。随着 pH 的提高，ClO⁻ 的浓度将越来越大，HClO 的浓度将相应减小。

（2）漂白粉。

漂白粉是氯制剂的一种，常用于山区给水和游泳池杀菌消毒。漂白粉常态下是白色粉末，保存时应注意防潮避光，防止漂白粉失效。按化学成分来说，漂白粉是钙盐与次氯酸盐的混合物。稳定的漂白粉的成分为 $50\%CaCl_2 \cdot Ca(OH)_2 \cdot H_2O$，$30\%Ca(ClO)_2 \cdot 2Ca(OH)_2$ 和 $20\%Ca(ClO)_2$。市售漂白粉有效氯的含量为 $25\%\sim30\%$。漂白粉的投加方式应根据用量大小，先制成浓度为 $1\%\sim2\%$ 的澄清液（以有效氯计为 $0.2\%\sim0.5\%$），再通过计量设备注入待处理的水中。

（3）次氯酸钠。

次氯酸钠是继液氯之后应用非常广泛的一种氯制剂消毒剂。它除用于饮用水和游泳池水杀菌消毒外，还应用于医院污水、生活污水和其他工业废水治理领域。次氯酸钠的分子式为 $NaClO$，它在溶液中生成次氯酸离子，通过水解反应生成次氯酸，具有和其他氯的衍生物相同的氧化和消毒作用。次氯酸钠溶液在 $pH=11$ 时最稳定，含有量为 $160\sim180$ g/L。次氯酸盐的饱和强碱性溶液能保存两周，活性氯的浓度可达 $100\sim180$ g/L。次氯酸钠的生产现已实现产品系列化。目前，次氯酸钠发生器有效氯的产量在 $50\sim2\,000$ g/h 内均有定型产品。由次氯酸钠发生器生产的次氯酸钠为淡黄色透明的液体，pH 在 $9.3\sim10$ 之间，含有效氯为 $6\sim11$ mg/L。次氯酸钠发生器由电解槽、整流器、贮液箱及盐水供应系统、冷却水循环系统及自控系统组成。

（4）二氧化氯。

二氧化氯作为控制饮用水的味和嗅是 20 世纪 30 年代末至 40 年代初的事。由于二氧化氯制造技术逐步完善，尤其是工业化生产型二氧化氯发生器的出现，使它在 20 世纪 80 年代初进入了消毒剂的行列，并越来越受到人们的重视。二氧化氯的相对分子质量为 67.5，其中氯占 53%，氧占 47%。它是一种带强烈气味的黄绿色的气体。10℃时密度为 3.09 g/L。二氧化氯易溶于水，在室温及标准大气压下，在水中的溶解度为 2 900 g/L。二氧化氯的水溶液在 $pH=2$ 时最稳定；在碱性条件下，分解速度很快，反应停留在生成次氯酸盐的阶段。反应式如下：

$$2ClO_2 + 2NaOH \longrightarrow NaClO_2 + NaClO_3 + H_2O$$

二氧化氯是强氧化剂，它对废水中的硫化物、氰化物、铁、锰、酚、氯酚、硫醇、仲胺和叔胺均有降解作用。当污水的 pH 在 $5\sim9$ 之间时，平均 5.2 份质量的二氧化氯可迅速把 1 份质量的硫离子（S^{2-}）氧化成硫酸盐离子（SO_4^{2-}）。二氧化氯能把简单的氰化物，如氰化钠和氰化钾氧化成氰酸盐。实验得知，平均 2.5 份质量的二氧化氯可将 1 份质量的氰化物（CN^-）氧化成氰酸盐离子（CNO^-）。当 pH 在 10 以上时，平均 5.5 份质量的二氧化氯可将 1 份质量的氰化物离子（CN^-）氧化成二氧化碳（CO_2）和氮（N_2）；平均 3.3 份质量的二氧化氯可把 1 份质量的苯酚氧化成低分子非芳香羧酸。

二氧化氯发生器是美国查尔斯·斯威尼于 1980 年研制的，目前国内十几家工厂已有定型系列产品。二氧化氯发生器主要由电解槽和电源两部分组成，其构造如图 6-15 所示。从图 6-15 可见，电解槽为一个不锈钢圆筒，筒体内由塑料圆筒隔开，不锈钢内壁与塑料筒体之间的部分为外室（或阴极室），塑料筒体内的部分称为内室（或阳极室）。在阳极室设有阳极和双性电极，在阳极室和阴极室交界处设有离子交换隔膜。二氧化氯发生器整流电源采用硅全波整流技术，输出电压为 6 V 和 12 V 两种直流电压。

二氧化氯发生器的工作原理是，在电场作用下，阳极室（内室）的盐水清液中存在下列平衡：

$$NaCl \Longrightarrow Na^+ + Cl^-$$

$$H_2O \Longrightarrow OH^- + H^+$$

阳极上发生的主要电化学反应：

$$2Cl^- \Longrightarrow Cl_2 \uparrow + 2e^-$$

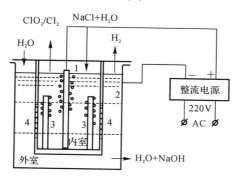

图 6-15　二氧化氯发生器电解槽简体结构示意图

1—阳极；　2—阴极；　3—双性电极；　4—隔膜

中性电极上发生的主要电化学反应：

$$Cl^- - 3e^- + 2H_2O \Longrightarrow HClO_2^- + 3H^+$$
$$HClO_2^- - 2e^- \Longrightarrow ClO_2 + H^+$$
$$Cl_2 + 4H_2O - 4e^- \Longrightarrow 2HClO_2^- + 6H^+$$
$$HClO_2^- - 2e^- \Longrightarrow ClO_2 + H^+$$

当阳极电位较高、盐水浓度降低时,阳极上也发生下列反应：

$$2OH^- - 2e^- \Longrightarrow H_2O_2$$
$$3OH^- - 6e^- \Longrightarrow O_3 + 3H^+$$
$$3OH^- - 3e^- \Longrightarrow H_2O_3^- + H^+$$

盐水溶液中的钠离子穿过全氟碳酸离子膜进入阴极室(外室),在电场作用下阴极室存在下列反应：

$$H_2O \Longrightarrow OH^- + H^+$$
$$Na^+ + OH^- \Longrightarrow NaOH$$

阴极上发生的主要电化学反应：

$$2H^+ + 2e^- \Longrightarrow H_2 \uparrow$$

从以上电化学反应方程式可知,二氧化氯发生器所产生的并不是单一的二氧化氯气体,它是多种强氧化剂气体的混合物,如 ClO_2, Cl_2, $HClO$, O_3, H_2O_2, $H_2O_3^+$ 等。几种强氧化剂的联合协同作用,提高了氧化降解肼类污水的能力。二氧化氯发生器结构简单,使用方便,易实现自动控制。二氧化氯在净化肼类污水方面是很有发展前途的。

2. 氯化法在处理肼类推进剂污水工程上的应用

氯制剂处理含肼类废水,在常温下 3~5 min 即可完成反应,在 0~5℃ 低温下反应略慢一些,但相差不多。当原水浓度较高时($c_0 > 100$ mg/L),随反应过程的进行,废水有明显变红然后再变黄至无色的颜色变化过程。这是肼在氧化剂的作用下逐步分解成一系列中间产物以及中间产物不断再分解的过程。实验研究证明,1 mol 偏二甲肼需 8 mol 的次氯酸钙方能实现彻底反应。因此,1 kg 偏二甲肼需用 6.5 kg 次氯酸钙(有效氯 80％)或 9.5 kg 漂粉精(有效氯

58%)固体。

氯化处理后的含肼类污水,残余浓度很低,不易造成呼吸道和皮肤中毒。Mach M. H. 等人发现用过量的 $Ca(ClO)_2$ 处理偏二甲肼,主要生成物是甲醛、二甲基腙和四甲基四氮烯,不生成二甲基亚硝胺。由于该氧化过程比较复杂,既有偏二甲肼的氧化破坏,又有一系列中间产物的存在和进一步氧化分解。因此,氯化处理过的废水不应立即排放,应在观察池中存放 3～5 d。一方面,污水可在观察池中进行自然净化;另一方面可继续抽样检测,以保证排出的污水无害化。氯气处理肼类污水,使用次氯酸钙时沉渣较多,使用次氯酸钠时污水中溶解盐类增加,使用氯气应考虑投配时氯气逸出及贮瓶漏氯的安全问题。

(1)漂白粉、漂粉精处理肼类污水流程。

漂白粉、漂粉精处理肼类污水工艺流程如图 6-16 所示。

从图 6-16 中可见,污水沿着管道 1 经阀门 2 流入间歇式接触氧化池 3 中。在接触氧化池中由投药管加入漂白粉或漂粉精溶液。池中可通过压缩空气搅拌,使药液与污水均匀混合。氯化处理后的污水进入沉淀池 6 经沉淀去除悬浮渣后,合格水经管道 7 排放。

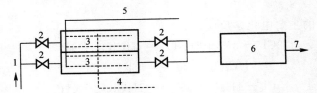

图 6-16　漂粉精处理偏二甲肼污水流程示意图

1—原污水管；　2—阀门；　3—接触池；　4—压缩空气管；

5—投药管；　6—沉淀池；　7—处理污水排放

(2)次氯酸钠、二氧化氯处理肼类废水工艺流程。

从图 6-17 中可见,污水集水池 1 中的污水,经泵提升到接触氧化池 4,加药间 3 中的次氯酸钠发生器或二氧化氯发生器生产的次氯酸钠或二氧化氯经计量设备投入接触氧化池 4 中,与待处理水混合。搅拌是由水泵间 2 中的循环泵完成。处理合格后的水经管道 5 进入观察池停留 3～5 d 后排放。

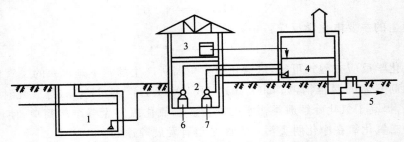

图 6-17　次氯酸钠法处理偏二甲肼污水流程图

1—污水集水池；　2—水泵间；　3—加药间；　4—接触池；

5—排放管；　6—提升泵；　7—循环泵

四、催化氧化法

肼类污水采用强氧化剂臭氧、次氯酸钠、过氧化氢等氧化处理,均获得了较好的效果,有的已用于工程实际。国外有关杂志也曾披露,偏二甲肼发生少量泄露时采用高锰酸钾、次氯酸钠、漂粉精中和清洗的事例,充分说明采用氧化法处理肼类污水是可行的。氧在空气中占 21%。如果利用空气中的氧来氧化分解肼类污水中的有毒成分,那将是最经济、最具有应用价值的好方法。实验研究已证明,氧气与偏二甲肼反应的生成物主要有甲醛二甲基腙(偏腙)、水和氮气。二者的反应方程式如下:

$$3(CH_3)NNH_2 + 2O_2 \longrightarrow 2(CH_3)_2NN{=}CH_2 + 4H_2O + N_2$$

但是,实际上空气氧化偏二甲肼污水的氧化效率相当低。例如,2 L 含有 75 mg/L 偏二甲肼的污水,1 min 通入 2 L 空气,氧化 3 h,其出水中偏二甲肼的浓度仍为 70.2 mg/L 左右。实验证明,如果在空气氧化偏二甲肼污水处理工艺中,加入活性炭或者加入浸渍铁离子、锰离子、铜离子的活性炭,其氧化效率明显提高。例如,当原水偏二甲肼浓度为 100 mg/L,采用唐山 TW-400 号浸渍金属离子的活性炭处理,由于金属催化剂的作用,用空气氧化处理 3 h,其出水偏二甲肼浓度可降到 1 mg/L。

1. 空气催化氧化法处理偏二甲肼污水工艺流程

空气催化氧化法处理偏二甲肼污水工艺流程如图 6-18 所示。从图中可见,偏二甲肼污水从反应塔顶部进入,从塔下部流出,由空压机供给的空气,经缓冲罐、调节阀、流量计从塔底部进入,再经微孔布气板,使空气变成微小气泡垂直上升,与偏二甲肼污水充分混合。塔内装入一定量活性炭,由于上升空气的吹浮作用,活性炭在塔内上下翻浮。

2. 影响催化氧化效果的因素

(1)活性炭的种类及投配量。

为了考查不同种类活性炭对空气氧化偏二甲肼污水的催化效果,曾在图 6-18 所示的实验装置中进行了系统的实验研究。氧化塔采用长 2 m,内径为 56 mm 的有机玻璃柱,内装 100 mg/L 的偏二甲肼污水 2 L,不同种类的活性炭 20 g,空气流量为 200 L/h。定期分析塔中水样的偏二甲肼浓度,并将不同种类活性炭处理效果及通气历时曲线绘于图6-19中。

从图中所绘出的五条曲线来看,在条件相同的情况下,上海色层分析碳、TW-400 号炭比太原 8 号炭、TW-300 号炭、光华颗粒炭催化效果好。投加的催化剂数量对于空气催化氧化偏二甲肼污水处理效果有明显影响。当活性炭投配量由 20 g/L 增加到 40 g/L 时,处理效果明显提高;当活性炭投配量从 40 g/L 增加到 100 g/L 时,处理效果虽有所提高,但提高幅度较小。

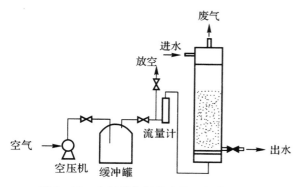

图 6-18　空气催化氧化法处理污水流程图

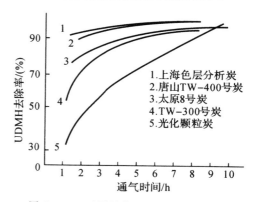

图 6-19　不同种类活性炭的强化效果

（2）空气通气量。

空气是实施空气催化氧化法的重要条件。但是,对于原水浓度为 100 mg/L 的偏二甲肼污水,空气量由 200 L/h 增加到 400 L/h,对处理效果影响不大。实验结果如图 6-20 所示。

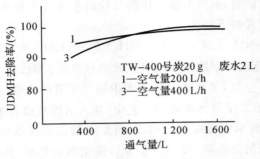

图 6-20 不同空气量的影响

3. 空气催化氧化法处理偏二甲肼污水工程应用参数

综上所述,采用活性炭作催化剂,空气催化氧化偏二甲肼污水是可行的。活性炭除起催化作用外,还起到富集氧化作用。因为活性炭具有较强的吸附作用,它可以将污水中的偏二甲肼和溶于水中的氧同时吸附到活性炭表面,为氧化分解污水中偏二甲肼提供了有利的条件。空气催化氧化法处理偏二甲肼污水工程应用参数如下:

1）活性炭种类:建议采用唐山 TW-400 号炭。该种炭处理效果好,价格便宜。

2）活性炭投配比:为 20～40 g/L 污水。

3）空气投配量:100 L/(h·L) 污水。

4）反应时间:3～4 h。

4. 其他催化剂的催化氧化效果

采用空气氧化法处理偏二甲肼污水的实验研究中,除了探讨活性炭的催化作用外,也进行了载铁、载锰催化效果的实验,获得了较好的处理效果。表 6-16 中列出了太原 8 号炭与载铁、载锰活性炭的催化效果。

表 6-16 太原 8 号炭与载铁、载锰活性炭的催化效果

催化剂	偏二甲肼污水 进水浓度 mg·L^{-1}	通气量 L·h^{-1}	处理参数		甲醛含量 mg·L^{-1}
			氧化时间/min	偏二甲肼污水 出水浓度/(mg·L^{-1})	
载铁活性炭	116	100	30	43.5	10
载锰活性炭	116	100	30	11.2	17.6
太原 8 号炭	100	100	60	55	

五、吸附法

吸附法是利用活性炭及其他吸附剂通过物理吸附及化学吸附作用,对废水中的污染物进行吸附处理而使废水得到净化的过程。

水处理吸附剂应具备良好的吸附性、较大的比表面积、良好的再生能力和耐磨强度、来源丰富、成本低廉等条件。对于水处理领域,常用的吸附剂有活性炭、硅藻土、氧化铝、合成沸石、白土、硅胶和分子筛等,其中活性炭是应用最广的重要吸附剂。活性炭及其他吸附剂处理废水的能力依赖于它们的吸附作用,即固体吸附剂对溶液中溶质的吸附。固体在溶液中的吸附作用是一个比较复杂的问题,尚需深入研究。固体吸附剂在溶液中的吸附是溶剂、溶质和固体综合组成体系中的界面现象。这种现象可能由两方面的推动力促成,一种是溶剂对憎水溶质的排斥作用,另一种是固体对溶质的亲和吸引作用。

固体在溶液中的吸附是一个动态平衡过程,在达到平衡时,被吸附的溶质在固体表面和溶液中的浓度按一定的规律分布。吸附量 Q 同吸附剂和溶液中各种物质的化学特性、温度、被吸附物质在溶液中的浓度 c 有关。在温度固定的条件下,吸附量同溶液浓度之间的关系称为等温吸附规律,可以用吸附等温式来表示,一般常采用弗林德利希经验公式:

$$Q = Kc^{\frac{1}{n}}$$

式中,Q 为吸附量(mg/L),c 为浓度(mg/L),K 及 n 都是在一定范围内表达吸附过程的经验常数,$n > 1$。在实际应用过程中,常对上式进行线性化处理:

$$\lg Q = \lg K + \frac{1}{n} \lg c$$

确定某种吸附剂对废水中某有毒成分的吸附量很有实用价值,对吸附剂的种类、废水处理效果起着决定性意义。为了降低处理成本,一般需要对已经吸附饱和的吸附剂再生,以恢复其吸附能力,除非吸附剂用量较少或再生比较困难。

吸附剂的再生方法(以活性炭为例)有加热法、化学法、湿式空气氧化法、生物法等。在诸多方法中,加热法仍是目前应用最普遍的方法。

加热再生法是利用高温,使吸附质分子振动能增加到足以克服吸附剂的吸引力,离开吸附剂表面。在高温的作用下,各种有机吸附质被氧化,最后生成二氧化碳、一氧化碳、水蒸气及氮的氧化物等从炉中排出。

活性炭的再生是在专用活性炭再生炉中进行的。活性炭在水蒸气存在的条件下,在 800～1 000℃ 的高温下,依次完成干燥(水分蒸发)、熔烧(吸附物质的挥发、热分解和炭化)、活化(碳化物的氧化分解和活化)等三个过程。

活性炭吸附法处理肼类燃料废水,在工程上已得到实际应用,并取得了理想的效果。在应用此法时,要对活性炭的种类、粒度及与废水的投配比、溶液 pH、温度等参数进行研究,以确定最佳的工艺条件。

活性炭处理肼类燃料废水的工艺流程如图 6-21 所示。在此工艺中,需要对活性炭再生过程中吹脱产生的含肼类化合物的废气进行催化分解,以达到国家废气排放标准。

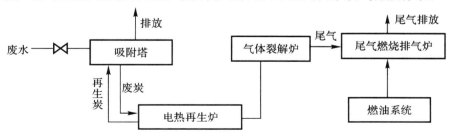

图 6-21　活性炭吸附法处理肼类燃料废水工艺流程图

六、离子交换法

离子交换法是利用离子交换剂中的交换离子同废水中的有害离子进行交换取代反应,去除废水中的有害物质,使废水得以净化的一种方法。离子交换可以看作一种特殊的固体吸附过程,它是由离子交换剂在电解质溶液中进行的。离子交换剂能够从电解质溶液中吸附某种阳离子或阴离子,而把本身所含的另外一种相同电荷符号的离子等当量地交换放出到溶液中去。离子交换和其他化学反应一样,严格按照化学当量定律进行,这是它与其他吸附过程的明显区别。

离子交换是一种可逆过程。交换剂对各种离子具有不同的亲和力,它可以优先吸取溶液中的某些离子,这是离子交换的选择性。离子交换剂分无机和有机两大类:无机交换剂有天然海绿砂和合成沸石等;有机离子交换剂又可分为碳质和有机合成离子交换剂。碳质离子交换剂主要是磺化煤,有机合成离子交换剂即离子交换树脂。离子交换树脂是一种带有交换离子基团的高分子有机化合物,由两大部分组成。一部分是交换剂本体,为高分子化合物和交联剂组成的高分子共聚物,它构成了离子交换剂的固体骨架(也称母体),不溶于水,其结构呈晶体状态或者凝胶状态,分布成空间网状物;另一部分是交换基团,由能起交换作用的阳(阴)离子与交换剂本体联结在一起的阴(阳)离子组成。

离子交换树脂根据离子基团的本性可分为阳离子交换树脂和阴离子交换树脂。阳、阴离子交换树脂又可根据它们的酸碱反应基的强度分为强酸性和弱酸性,强碱性和弱碱性等。当用离子交换树脂处理肼类燃料废水时,可以用下式表示净化的反应过程:

$$(CH_3)_2NNH_2 + H_2O \longrightarrow (CH_3)_2NNH_3^+ + OH^-$$

$$R^-H^+ + (CH_3)_2NNH_3^+ + OH^- \longrightarrow R^-(CH_3)_2NN_3^+ + H_2O$$

其中,R^-H^+ 为阳离子交换树脂。

因为肼类燃料废水中还含有肼类分解的中间产物亚硝基、氰基等阴离子,所以还需要用阴离子交换树脂处理后,才能达到废水排放标准。

离子交换剂的离子交换能力有一定的限度,通常称为交换容量。当某一时刻离子交换剂的交换量达到其交换容量时,交换剂就失去了继续交换水中阳、阴离子的能力,即达到了饱和状态,此时就需要通过一定的方法再生。

离子交换树脂的再生通常采用化学药剂法(又称酸碱再生法)。它的基本原理是将一定浓度的酸、碱溶液加入失效的离子交换树脂柱中,利用酸、碱溶液中的 H^+ 和 OH^- 离子,分别将饱和树脂上所吸附的阳、阴离子置换下来,使离子交换树脂重新获得交换水中阳、阴离子的能力。

离子交换树脂的再生过程,实际上就是交换反应的逆过程。对于不同种类的阳、阴离子交换树脂,其再生过程可以用下列方程表示:

强酸性阳离子交换树脂:

$$R(-SO_3)_2Ca + 2HCl \longrightarrow R(-SO_3)_2H_2 + CaCl_2$$

强碱性阴离子交换树脂:

$$R\equiv NCl + NaOH \longrightarrow R\equiv NOH + NaCl$$

在离子交换树脂再生的过程中,已被树脂吸附的有毒离子又进入再生液中,因此,再生液的处理是决定离子交换法处理肼类燃料废水成功与否的关键。

离子交换法处理肼类燃料废水的工艺流程如图 6-22 所示。废水首先用提升泵提升到装有石英砂等过滤介质的过滤器中,以除去悬浮物防止堵塞离子交换柱;然后再进入阳离子柱,以去除肼类化合物;阳离子柱的出水再进入脱气塔,除去二氧化碳以减轻阴离子交换树脂的负荷;出水再进入阴离子交换柱,以除去氰根、亚硝基等阴离子。处理后的出水进入循环池,可用于对再生后的离子交换树脂进行冲洗或排放;再生液进行焚烧无害化处理。

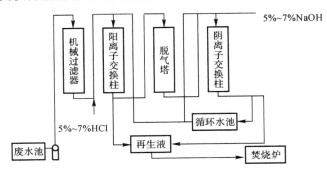

图 6-22　离子交换法处理肼类燃料废水工艺流程图

离子交换法处理肼类燃料废水是一种简单、实用的方法,但一次性投资太大,并且如果废水中可溶性盐类太多,将影响离子交换树脂的交换能力,缩短树脂再生周期。

七、光催化法

催化技术是多学科交叉的基础研究问题,在能源、资源和环境问题日趋严重的今天,有着极其重要的应用背景和前景。近年来,随着先进的实验方法和理论计算及模拟方法的发展,催化技术的研究已逐步从宏观实验现象的观察和总结深入到原子和分子层次,催化剂结构和催化机理导向的分子设计概念已经在新型工业催化剂设计和新型催化机理的研究中逐步深入。催化学科已发展成为化学学科中最前沿的分支学科和最活跃的领域之一。

光催化剂是 20 世纪 70 年代以来国际学术界最活跃的催化研究领域之一。该技术在环境保护、太阳能利用和新功能材料开发等方面具有广阔的应用前景,具有重大经济效益和社会效益。该技术符合绿色化学的理念,使用过程中不会产生二次污染,并且可以在常温常压下进行,应用范围相当广泛。在光催化技术中,金属氧化物半导体催化剂是最为常见、应用最为广泛的光催化剂,其化学组成可以分为非计量的和计量的。在非计量的半导体中,最常见的是 n 型半导体和 p 型半导体。常用的 n 型半导体有 TiO_2,ZnO,CdS,Fe_2O_3,SnO_2,WO_3 等。

光催化剂的催化机理是基于金属的能带理论。半导体粒子与金属相比,能带是不连续的。半导体的能带结构通常是由一个充满电子的低能价带(valence band,VB)和一个空的高能导带(conduction band,CB)构成,价带和导带之间存在一个区域为禁带,区域的大小通常称为禁带宽度(E_g)。半导体材料吸收能量大于或等于 E_g 的光子,将发生电子由价带向导带的跃迁,这种光吸收称为本征吸收。本征吸收在价带生成空穴 h^+,在导带生成电子 e^-,光生电子及空穴因为库仑相互作用被束缚形成电子-空穴对。电子-空穴对可以重新复合,发出热量,这样,光能转化成了热能。如下式(式中 SC 代表半导体):

$$SC + h\nu \longrightarrow SC(h^+ + e^-)$$

$$h^+ + e^- \longrightarrow energy(h\nu' < h\nu)$$

在适合条件下,电子与空穴分离并迁移到粒子表面不同位置,还原和氧化吸附在粒子表面的物质。光致空穴有很强的得电子能力,可夺取半导体颗粒表面有机物或溶剂中的电子,使原本不吸收光的物质被活化氧化,而电子受体则通过接受表面上的电子被还原,迁移到表面的光致电子和空穴既能参与氧化还原反应,也因复合使能量以热能的形式散失掉。选用适当的俘获剂或表面空位来俘获电子或空穴,电子与空穴的复合就会受到抑制,从而产生大量以羟基为自由基为代表的一系列氧活性物种,这些基团的氧化作用几乎无选择性,可以氧化包括难生物降解化合物在内的众多有机物,使之完全氧化。

目前,TiO_2 是应用最为广泛的半导体催化剂。作为光催化剂,TiO_2 具有以下四个优点:①合适的半导体禁带宽度(3.0 eV 左右),可以用 385 nm 以下的光源激发活化。在此波段区间内,通过改性有望直接利用太阳能来驱动。②光催化效率高,导带上的电子和价带上的空穴具有很强的氧化-还原能力,可分解大部分有机污染物。③化学稳定性好,具有很强的抗光腐蚀性。④价格便宜,无毒而且原料易得。

1. 光催化技术的应用

迄今为止,光催化机理及其应用研究已经从最初的光催化分解水制氢拓展到光催化技术处理污水、固氮固碳、染料敏化太阳能电池以及光催化净化环境材料等多个领域。由于受到基础理论、材料和成本等方面的制约,相比之下,光催化技术和材料在环境清洁方面的应用得到了较大的发展。

对于环境治理来说,需要的光催化剂应该是宽光谱响应,特别是应能响应太阳光谱,同时还具有高反应活性,即具有高的氧化能力和还原能力。因为环境污染物是普遍存在的、复杂的、多样的、不可预测的。TiO_2 光催化剂可以基本满足这些要求。TiO_2 粒子在紫外光照下产生载流子(电子-空穴对),空穴能与周围的物质作用产生活性羟基自由基·OH,电子能使空气中的氧还原成活性氧离子,因而显示出极强的氧化能力,使性能具有可调变性,污染物可以直接分解矿化为 CO_2 和 H_2O。由于其光催化活性高,能彻底分解污染物,无二次污染且费用不太高,因此被广泛地用于环境科学中,成为新一代“绿色”环保技术。

2. 污水处理

自 1976 年 Carry 等报道了在紫外线照射下,纳米 TiO_2 可使难降解的有机化合物多氯联苯脱氯以来,纳米 TiO_2 光催化技术作为一种水处理技术引起了各国众多研究者的广泛重视。至今,已发现 3 000 多种难降解的有机化合物可以在紫外线的照射下通过 TiO_2 降解,特别是当水中有机污染物用其他方法很难降解时,光催化技术有着明显的优势。研究表明,TiO_2 可对水体中的大量有机污染物质实现光催化降解。

(1)卤代化合物。

卤代化合物是天然水体中主要的一类污染物,毒性大,分布广。它们包括卤代脂肪烃、卤代芳香烃、卤代脂肪酸等。这类化合物结构比较稳定,采用一般的水污染治理技术来处理,效果并不理想。利用锐钛矿型 TiO_2 对水中卤代烷烃、芳香烃以及烃基类化合物进行光催化降解研究的结果表明,这些有机污染物能被完全降解为二氧化碳和水等无害物质。研究证明,卤代化合物在光催化降解的过程中,一般都先羟基取代,再脱卤,逐步降解,直至矿化为 CO_2,H_2O 等简单的无机物。

(2)染料废水。

随着染料纺织工业的迅速发展,染料的品种和数量日益增加,印染废水已成为水体环境的重点污染源之一。染料分子进入水体后会对生态环境和自然水体等造成极大危害,如含有苯环、氨基、偶氮基等的染料是可致或潜在可致癌物质。印染废水处理难度大、可生化性差,不适宜采用生物处理法。近年来,光催化技术在染料的脱色、光解等方面的研究日益增多,如用活性炭负载 TiO_2 或纳米复合 TiO_2 光催化降解各种染料废水,取得了很好的效果。

(3)表面活性剂。

表面活性剂在工业和生活中的广泛应用及任意排放,使得水体污染日益严重。它进入水体后能产生异味和大量泡沫,污染水体,同时又影响废水的生化处理;并且有些表面活性剂属于激素,进入人体后,影响正常的生理活动,刺激体重增加,提高肝脏合成胆固醇的速度。目前,采用 TiO_2 光催化分解表面活性剂已日益引起人们的关注,开展了对表面活性剂光催化降解过程的系统研究,结果表明含芳环的表面活性剂比仅含烷基或烷氧基的表面活性剂更易断裂降解而实现矿化;表面活性剂结构的直链部分降解速度极慢。采用此方法可以对一些表面活性剂进行降解,实验取得了较好的结果。如在对壬基聚氧乙烯苯表面活性剂光催化降解的研究中,通过分析中间生成物,探讨了该催化反应的机理。

(4)农药。

农药一般分为除草剂和杀虫剂。它使用广泛和结构稳定,农药在环境中的危害范围很广,在大气、土壤和水体中的停留时间长,极易通过生物链进入人体中。因此,控制农药污染、保护生态环境已成为环境保护的一个热点问题。近些年各国加强了光催化技术处理农药的研究,利用光催化剂 TiO_2 产生的光生电子、空穴和强氧化性的羟基自由基,将农药氧化降解为无毒物质。利用光催化去除农药的优点是不产生毒性更高的中间产物,这是其他方法所无法相比的。对有机磷农药废水光催化降解的研究表明,该法能将有机磷完全降解为 PO_4^{3-},COD 去除率达到 $70\% \sim 90\%$。

(5)含油废水。

随着石油工业的发展,每年有大量石油流入海洋或淡水中,对水体及海岸环境造成严重污染。对于这种不溶于水且漂浮于水面上的油类及有机污染物的光催化处理,也是近年来的研究热点之一。利用环氧树脂将 TiO_2 粉末黏附在木屑上,可以对水面油层进行光催化降解;也可以用硅烷偶联剂将纳米 TiO_2 偶联在硅铝空心微球上,制备漂浮于水面上的 TiO_2 光催化剂,对水面油膜污染物进行光催化分解,取得满意效果。

(6)其他有机化合物。

其他有机污染物主要包括酚类、多环芳烃以及含氮化合物等。对于这类化合物,光催化技术也能有效地进行处理。

(7)无机污染物。

光催化技术不仅能去除有机化合物,同时也能去除大量的无机化合物,如氨、叠氮化物,含铬、铜、金、铁、锰、汞离子等的化合物,氰化物等。

尽管光催化技术可以将有机污染物分解矿化成无机物、CO_2 和 H_2O,但是目前在规模处理或工业化处理方面还存在一些难题亟须解决。这是由多方面的因素造成的。除了光反应器的因素外,就废水本身而言,所含污染物复杂多样,浓度高、浊度大、透光性差,使用光催化剂单一的处理方法效果不理想,并且光催化剂本身对太阳能的利用效率低,反应活性不高,反应速度慢,对高污染物浓度的污水处理还不能完全满足要求。

半导体光催化反应过程中,参与有机物氧化反应的是空穴、羟基自由基、各种活性氧化物种,其中具有代表性的是羟基自由基。对大多数有机分子而言,尽管不能排除体系中羟基自由基均相反应的可能性,但它对整个光催化反应的贡献是很有限的,而表面反应是主要的。

偏二甲肼是一种弱有机碱,它与水作用生成共轭酸和碱,与多种有机酸反应生成盐;同时它还是一种还原剂,可与许多氧化剂的水溶液发生反应并放出热量,例如次氯酸钠、高锰酸钾、漂白粉等。偏二甲肼与氧化剂反应的一个特点是反应过程中溶液的颜色发生一系列变化,由无色历经淡黄→黄→淡红→红→淡黄→无色过程。偏二甲肼浓度越高,颜色变化越明显。对不同颜色的偏二甲肼溶液进行 GC/MS 分析,发现有含量不等的不同化合物,如甲醛、四甲基四氮烯、硝基甲烷、氰根离子、二甲胺等。这说明偏二甲肼的降解氧化过程是一个复杂的化学反应过程,既存在偏二甲肼氧化分解为一系列中间产物,又存在中间产物继续分解、中间产物之间、中间产物与偏二甲肼之间的反应等,经历了许多中间产物,最终生成 CO_2,H_2O 和 N_2。

用 TiO_2 光催化降解偏二甲肼废水时,首先光催化剂在光的诱导下生成羟基自由基等一系列活性氧化物种(自由基),然后偏二甲肼与活性氧化物种反应生成活泼的中间体,中间体再逐步被降解为小分子物质。

第一步,偏二甲肼与·OH 反应生成活泼中间体 $(CH_3)_2N=N$:

$$(CH_3)_2NNH_2 + \cdot OH \longrightarrow (CH_3)_2NN\cdot H + H_2O$$

$$(CH_3)_2NN\cdot H + \cdot OH \longrightarrow (CH_3)_2N^+=N^- + H_2O$$

并在水溶液中存在如下平衡:

$$(CH_3)_2N^+=N^- + H_2O \longrightarrow (CH_3)_2N^+=NH + OH^-$$

第二步,活泼中间体 $(CH_3)_2N=N$ 进一步分解:

$$2(CH_3)_2N^+=N^- \longrightarrow (CH_3)_2N^+=NCH_3 + CH_3N=N^-$$

$$(CH_3)_2N^+=NCH_3 \longrightarrow (CH_3)_2NN=CH_2 + H^+$$

$$CH_3N=N^- + H^+ \longrightarrow CH_4 + N_2$$

第三步,生成的 $(CH_3)_2NN=CH_2$ 发生如下反应:

$$(CH_3)_2NN=CH_2 + \cdot OH \longrightarrow (CH_3)_2NH + CO_2 + H_2O + N_2 + NO_x$$

生成的 $(CH_3)_2NH$ 等最后被降解成小分子物质。

6.3.3　肼类废水新型处理技术

一、低温等离子体处理法

低温等离子化学从原理上讲是特殊的自由基化学,它通过在放电空间中通入 O_2,在外加电场的作用下,电子从电场中获得能量,通过激发或电离将能量转移到分子或原子中去,那些获得能量的分子或原子被激发,同时部分分子被电离,生成大量的活性基团,其主要成分是臭氧。介质放电产生的大量携能电子和活性基团轰击污染物分子,使其氧化、电离、电解和激发,然后引发系列复杂的物理、化学反应,使复杂大分子污染物转变为简单的小分子安全物质,从而使污染物可以降解除去。低温等离子体产生的大量携能电子和高浓度臭氧的混合气体,对污水中的偏二甲肼有很强的氧化能力,最终达到较好的处理效果。

二、Fenton 法

Fenton 试剂具有很强的氧化能力,具有较好处理水中有机物的效果。其实质是二价铁离子(Fe^{2+})和 H_2O_2 之间的链式反应生成·OH,再和反应物 RH 反应生成游离基 R·,最终使

有机物氧化为 CO_2 和 H_2O,从而完成有机污染物的降解过程。

詹华圻等利用 Fenton 法处理偏二甲肼废水,以 COD 的去除率为检测指标,对偏二甲肼及其重要的 2 种中间产物二甲胺、偏腙在不同 pH 条件下的降解效果进行了研究。实验结果表明:偏二甲肼和偏腙在 pH 为 3 的条件下降解效果最好,COD 去除率分别达到 91.6% 和 80%;而二甲胺则在 pH 为 9 的条件下降解效果最好,此时 COD 去除率为 88%。

普通 Fenton 法对偏二甲肼废水的降解并不彻底,国内外对 Fenton 法处理偏二甲肼废水的工艺进行了一系列改进。俄罗斯的 Makhotkina 等对 Fenton 体系中的催化剂进行了改进,研究了 FeZSM-5 在 Fenton 体系中对偏二甲肼的催化性能。实验表明,在 FeZSM-5 的催化作用下,偏二甲肼矿化效果有很大提高。

Fenton 法联用紫外光照及微波辐射等工艺,也能显著提高其氧化降解能力。采用 UV-Fenton 工艺处理偏二甲肼废水,在常温下,H_2O_2 用量为 1.5 倍理论值,Fe^{2+} 和 H_2O_2 物质的量比为 1∶10,初始 pH 为 3.5 左右时,经过 45 min 反应,偏二甲肼废水(400 mg/L)中偏二甲肼降解率达到 99% 以上,COD 去除率达 95.8%。而采用微波强化 Fenton 工艺处理偏二甲肼废水,在微波功率为 280 W,H_2O_2(68.5 g/L)投加量为 4.0 mL;pH 为 4,Fe^{2+} 和 H_2O_2 物质的量比为 1∶16 时,反应 8 min,偏二甲肼废水 COD 去除率也可达 98.4%。

三、生物降解法

(1)使用细菌降解偏二甲肼。

早在 1979 年,美国的 Kane D. A. 就使用富集的细菌培养物(硝化菌、亚硝化菌、厌氧菌以及反硝化菌)来降解偏二甲肼污水,结果发现要使污水中的偏二甲肼降解 50%,需要这 4 种菌的浓度分别为 1 800 mg/L,35 mg/L,2 300 mg/L,125 000 mg/L。Street Jimmy 等人研究了偏二甲肼在水/土壤系统中的降解,确定了偏二甲肼在水/土壤系统中降解的最佳条件:Cu^{2+} 浓度和强度、pH 缓冲液、温度、溶解氧和细菌含量。

(2)水生植物降解偏二甲肼。

该法利用水生植物对污水中的有机物质和营养物质的吸收,从而减少污染物在水中的浓度。目前普遍采用生长力强、繁殖迅速的多年生水生植物凤眼莲(又名水葫芦)。

曾健等人经实验发现凤眼莲对偏二甲肼的处理能力最强。但是凤眼莲对高浓度偏二甲肼的耐受能力有限,在偏二甲肼浓度为 150 mg/L 时,凤眼莲就会死亡。净化后,偏二甲肼大部分都会一直残存在凤眼莲体内,代谢时间长,所以净化后的植物体不能用作饲料。对一些生态系统而言,凤眼莲属于外来物种,其旺盛的生长能力,使其和水生动植物争夺水中 O_2,造成动植物大量死亡,甚至阻塞河道,因此该法使用的局限性很大。

四、膜生物反应器处理法

膜生物反应器(MBR)是一种集膜分离技术与生物处理工艺于一体的新型废水处理技术,具有占地少、抗冲击强、脱氮性好、延缓膜污染等优点。因其所含降解菌浓度高,可提高处理难降解废水的效果。

战略支援部队推进剂检测与防护中心对膜生物反应器处理偏二甲肼废水进行了探索性的研究。夏本立等进行了 MBR 处理偏二甲肼废水效果的研究,证实该技术能有效处理低浓度的偏二甲肼废水,对于浓度为 40~50 mg/L 的偏二甲肼废水,其 COD 和偏二甲肼的平均去除率分别为 95% 和 99.4%。为提高对较高浓度偏二甲肼废水的降解率和矿化能力,刘渊等人将 EOW 与 MBR 联用,采用 EOW 对偏二甲肼为 300 mg/L 的废水进行预处理后,调节溶液 pH,通过敞口静置将溶液中的有效氯挥发后用来驯化 MBR 中的活性污泥,稳定运行后测定 MBR 的降解效果。结果表明,EOW - MBR 组合工艺比单独 MBR 对较高浓度偏二甲肼废水的降解和矿化效果都有了显著提高。

五、催化超临界水氧化法

当水处于其临界点(T_c = 374.3℃,p_c = 22.1 MPa)以上的高温高压状态时,其物化性质会发生显著变化,可以与有机物及氧气、氮气、空气和二氧化碳等气体以任意比例互溶,在短时间内就能将难降解的有机物氧化成 CO_2,N_2 和 H_2O 等无毒的小分子化合物。

在超临界水中添加金属离子作为催化剂可以降低反应工艺条件要求,进一步缩短反应时间。甄宝勤等分别以 Cu^{2+} 和 Mn^{2+} 为催化剂,H_2O_2 为氧化剂,进行催化超临界水氧化偏二甲肼实验,考查了反应温度、压力、停留时间及催化剂浓度等因素对降解效果的影响。以 COD 来表征反应的效率,结果显示 COD 的去除率达 99.4% 以上,矿化较为彻底。

该方法对偏二甲肼的矿化较为彻底,但反应条件苛刻,在后续的研究中需要继续降低反应工艺条件要求,以利于工程应用。

6.3.4 肼类燃料的再生和回收

一、高浓度偏二甲肼的处理

偏二甲肼作为一种液体推进剂,在使用过程中经常产生大量的废液,对高浓度偏二甲肼废液的处理过去曾有三种方法。

(1)倾倒。

此做法严重地污染了土壤和地下水源,给周围生态环境造成了极大的损害,倾倒过偏二甲肼废液的地面,多年寸草不生。

(2)烧掉。

废液中偏二甲肼浓度在 50% 以上的烧掉,此做法引起的毒害更大,根据监测,偏二甲肼和四氧化二氮燃烧后可产生 15 种有毒残留物(美国监测到的有 50 多种),而且有毒性更大的亚硝基二甲胺(强致癌物)、甲醛、二甲胺、二甲基甲酰胺、乙腈、氰化物(剧毒)、四甲基四氮烯等,这些残留物通过呼吸引起中毒。一个成年人每天要呼吸空气量约 15 kg,燃烧偏二甲肼对空气的污染是很大的,据某发动机厂过去调查资料,职工体检转氨酶在 200 以上者,占总职工人数的 60%;大部分肝大;加注、试车、化验人员,因长期接触染料肝病发生率在 85% 以上。

(3)加水稀释处理后排放。

处理大量高浓度偏二甲肼废液的研究工作,经检索发现,国内外仍未有人研究。美国和苏联在 20 世纪 60—70 年代仅有一些零星报道,但以后随着液体导弹被固体导弹所替代,他们也再没有进行深入研究。根据前些年我们的研究,结合国内处理的现状,在处理贮存发射中产生的大量高浓度偏二甲肼溶液时采用资源再生利用、变废为宝的方法是可行的。通过"回收"将偏二甲肼转化为二甲胺和氨,产物毒性小,不会造成二次污染,消除了偏二甲肼以往处理方法中对环境造成二次污染的不足,而且其处理产物氨水可作农家肥。二甲胺是重要的化工原料,用于合成二甲基甲酰胺。另外,还可用于农药、医药的合成。

国外在研究肼类燃料应用方面也取得了部分成果。例如,在农业方面可用作植物生长调节剂、除草剂、杀虫剂和杀菌剂;在医药方面可用作降压药、利尿剂、止痛剂、兴奋剂、消炎药;在工业方面可用来制聚酰亚胺、有机硅碳化物、胶黏剂,在染料应用中用作酮酞花菁颜料。不过从目前看来,仍处于研究开发阶段。

二、偏二甲肼的再生

根据偏二甲肼及其所含杂质的性质以及文献中所报道的资料,适用的技术路线如下。

(1)离子交换法。

据资料报道,用弱酸性螯合离子交换树脂可净化水合肼,由于偏二甲肼与肼有着类似的性质,因此选用适当的树脂,让偏二甲肼通过装有树脂的柱子,便可除去偏二甲肼中的杂质,但不能除去水分。

(2)苛性碱脱水法。

苛性碱具有极强的吸水性,其与水结合力大于偏二甲肼与水的结合力。向偏二甲肼中加入固体 $NaOH$,便生成 $NaOH \cdot H_2O$,使溶液分为两层:上层为偏二甲肼层,下层为 $NaOH \cdot H_2O$。该法的优点是工艺简单,缺点是不能得到纯度大于 95% 的偏二甲肼。因为在偏二甲肼-氢氧化钠-水体系中,有一个恒沸点,在此点,上层溶液组成为 94.5% 偏二甲肼+5.5% 水,下层溶液组成为 48.1% 氢氧化钠+1.4% 偏二甲肼+50.5% 水,也就是说当加碱量达到此点组成后,如果继续加入氢氧化钠,只能生成碱的固相,而不能提高偏二甲肼的纯度,因此该法适用于稀的偏二甲肼的浓缩处理,而不适用于浓偏二甲肼的再生。

(3)精馏法。

精馏法是一种理想的精制方法,根据偏二甲肼-水二元体系的气液相组成的平衡数据及由此数据所做的气-液平衡曲线,可以清楚地看到偏二甲肼是易挥发组分,水是难挥发组分,这说明可以从精馏塔顶得到纯度高的偏二甲肼。偏二甲肼与水无恒沸点,因此可用普通精馏法将二者分离。

需再生的偏二甲肼中主要含有偏二甲肼、偏腙、水和二甲胺,其中如果按偏二甲肼含量 93% 到 94%,偏腙 3% 到 4%,水含量 1.5%,二甲胺含量 1.5% 计算,这四种物质在常压下的沸点分别为 63℃,70℃,100℃,7.4℃,以此组成不会形成共沸物,可以采用普通精馏的方法将杂质除去,根据物料组成和性质,可选定偏二甲肼为轻关键组分,偏腙为重关键组分,非关键组分的相对挥发度与关键组分的相对挥发度相差很大,且轻重关键组分为相邻组分,认为可以清晰分割馏分,即比轻关键组分(偏二甲肼)还轻的二甲胺完全不落入塔底,相对密度关键组分(偏腙)还重的水完全不进入塔顶,由于偏腙沸点比偏二甲肼高 7℃,可能通过精馏操作实现有效分离,这样,偏二甲肼物料转化为虚拟二元物系来计算,水和二甲胺的饱和蒸气压可以从手册上直接查到,偏二甲肼和偏腙的饱和蒸气压采用计算方法估算,以此进行偏二甲肼再生的有关技术参数的计算。

工艺流程:精馏设备由加料泵、传输泵、预热器、精馏塔、再沸器、冷凝器、蒸馏釜、成品储罐、废液储罐和水吸收槽等组成。其精馏工艺为先将偏二甲肼与偏腙分开,偏二甲肼和二甲胺等轻物料由塔顶分出,经冷凝器流入蒸馏釜;偏腙和水等少量重物料落入塔底,再由塔底放入废液储罐等回收,蒸馏釜中的物料只需稍加热,使物料温度低于 63℃即可蒸出二甲胺,二甲胺经深冷换热器收集放入二甲胺储罐,蒸馏釜中去除二甲胺的偏二甲肼加入产品储罐,等检测合格后封装。

使用模拟精馏装置进行精馏实验,经过调整回流比、进料速度、填料种类、各段温度等条件,得到了较好的分离效果,进料中偏二甲肼的含量为 92.2%、偏腙的含量为 3.4%、水的含量为 3.1%、二甲胺的含量为 1.3%。经过一次精馏,可分离出偏腙和水,偏腙的含量降到 1%左右,水分降到 0.1%以下,二次精馏可分离出二甲胺,其含量可降到 0.3%。

三、偏二甲肼的回收

偏二甲肼虽然可用于工业、农业、医药等方面,但从目前看来,仍处于研究阶段,选择偏二甲肼裂解方案较合适,此转化途径有如下两个方案。

(1)催化加氢裂解。

偏二甲肼加氢裂解的主要反应式为

$$(CH_3)_2NNH_2 + H_2 \xrightarrow[\triangle]{催化剂} (CH_3)_2NH + NH_3$$

$$NH_3 \xrightarrow[\triangle]{催化剂} N_2 + H_2$$

即偏二甲肼催化加氢得到二甲胺和氨,加氢所用的氢气由氨催化分解制得,偏二甲肼的转化率为 100%,此反应目前已有成熟的技术可利用,理论上无毒害气体放出。

(2)催化裂解法。

偏二甲肼催化裂解反应方程式为

$$(CH_3)_2NNH_2 \xrightarrow[\triangle]{催化剂} N_2 + 2CH_4$$

偏二甲肼的转化率为 100%,其中主要产物是氮气和甲烷,还有少量的氨气和二甲胺,这些产物在其后的氨分解和催化完全氧化过程中完全转化为水和二氧化碳。

$$CH_4 + O_2 \xrightarrow[\triangle]{催化剂} CO_2 + H_2O$$

甲烷的转化率为 100%。

四、从含肼溶液中回收硫酸肼

液体推进剂无水肼毒性较强,在使用过程中产生的废液若直接排入环境,会对人体健康和周围生态环境造成巨大的潜在危险。在无水肼的生产、运输、贮存、使用、取样化验、车辆设备清洗、发动机试车等环节不可避免地产生大量的废液、废水,必须采取污染控制措施和手段。无水肼价格昂贵,单纯分解处理会造成巨大浪费。因此,从肼废液、废水中以化学成盐的形式先回收硫酸肼,然后再对回收后的污水进行氧化处理,使之达到排放标准,这样有显著的经济效益。硫酸肼是基本的化工原料,在农药、医药、塑料制品等方面具有广泛的用途。另据文献报道,大白鼠静脉注射肼的 LD_{50} 为 0.57 mg/kg,注射硫酸肼的 LD_{50} 为 250 mg/kg,毒性相差 38 倍,可见从含肼废水中回收硫酸肼,其环境效益也是显著的。

6.4　硝基氧化剂的"三废"处理

航天工业中,硝基氧化剂以红烟硝酸和四氧化二氮为主,其主要污染物是氮氧化物,尤其是 NO_2,它是 N_2O_4 的分解产物。航天工业氮氧化物的气态污染源主要来自于氧化剂的生产、运输、使用、尾气排放和事故泄露。由于氮氧化物排放量的逐年增加,其危害程度的加重和污染范围的扩大,控制和治理氮氧化物的污染工作早已受到世界环境科学工作者的关注。

6.4.1　氮氧化物气态污染物的治理技术

一、液体吸收法

由于环境科学工作者的努力,目前氮氧化物的治理技术已取得了较大发展,主要治理方法有燃烧法、催化还原法、液体吸收法和固体吸收法几大类。其中,液体吸收法是中、小型化工企业处理氮氧化物废气常用的手段。另外,采用氨气与氮氧化物反应,再用氢氧化钠溶液吸收的工艺流程,也不胜枚举。液体吸收法效果好坏的关键是吸收剂的选择和吸收设备的结构形式。作为吸收剂,应具备良好的吸收性能和稳定法,吸收设备要求具备阻力小,气、液两相接触面积大,以提高吸收效率。

目前,最常用的吸收设备有填料塔、湍流塔、喷洒塔和文丘里吸收器等。下面简单介绍填料塔和湍流塔的结构形式及主要设计参数。

填料塔是液体吸收处理废气的常用设备,广泛用于中、小型化工企业废气回收和治理。图6-23 中所展示的为填料塔的一种。塔中,支撑板上放置填料,其作用是增大气、液两相的接触面积。液体吸收剂自塔上部向下喷淋,沿填料表面下降;被吸收废气沿填料间隙上升,在填料表面完成液体对气体的吸收。

湍流塔是近年来发展的一种新型吸收塔,它是填料塔的一种特殊形式。从其结构图6-24 中可见,湍流塔的填料是空心或实心的轻质塑料小球。当气流通过支撑栅板上升时,小球处于旋转、湍动状态。此时,吸收液自塔顶向下喷淋,随着小球的湍动,而达到气、液相充分接触,完成吸收过程。湍流塔的空塔流速一般为 $2\sim6$ m/s。该塔由于气流速度高,处理能力大,设备体积小,是一种很有发展前途的废气吸收处理装置。

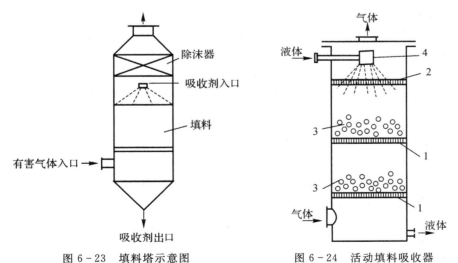

图6-23　填料塔示意图　　　图6-24　活动填料吸收器

1—支承栅板;　2—限位栅板;　3—球形填料;　4—喷淋器

二、酸性尿素水溶液吸收法

四氧化二氮是一种红棕色液体,在常温下冒红棕色的烟,四氧化二氮的分解产物是二氧化氮。常温下四氧化二氮只是部分离解。随着温度下降,部分二氧化氮又聚合成四氧化二氮,使二氧化氮在四氧化二氮中的含量减少。当达到凝固点温度（$-11.23℃$）时，二氧化氮完全聚合成四氧化二氮，成为无色的晶体，其反应式如下：

$$NO_2 + NO_2 \underset{离解}{\overset{聚合}{\rightleftharpoons}} N_2O_4 + Q$$

从上面的反应式可以看出，当温度升高时，四氧化二氮吸热向二氧化氮转化。在标准大气压力下，当温度升高到 $140℃$ 时，四氧化二氮完全离解为二氧化氮气体。温度继续升高到 $140℃$ 以上时，二氧化氮开始分解为一氧化氮和氧。在环境压力下，当温度升高到 $620℃$ 时，二氧化氮全部分解。其反应式如下：

$$N_2O_4 + Q \underset{\triangle}{\overset{140℃}{\rightleftharpoons}} 2NO_2 \underset{\triangle}{\overset{620℃}{\rightleftharpoons}} 2NO + O_2 + Q$$

四氧化二氮是强烈的氧化剂，它易吸收空气中的水分，与水作用生成硝酸并放热：

$$3N_2O_4 + 3H_2O \rightleftharpoons 4HNO_3 + 2NO + Q$$

四氧化二氮可溶解在硝酸中形成红烟硝酸。其在硝酸中的溶解度随温度升高而降低，常温下的最大溶解度为 52%。四氧化二氮与氢氧化钠或碳酸钠反应，生成硝酸钠和亚硝酸钠。反应式如下：

$$N_2O_4 + 2NaOH \longrightarrow NaNO_3 + NaNO_2 + H_2O$$
$$N_2O_4 + Na_2CO_3 \longrightarrow NaNO_3 + NaNO_2 + CO_2 \uparrow$$

依据 N_2O_4 的上述特性，在某试验基地建立了一套酸性尿素水溶液吸收法处理 NO_2 废气装置。几年使用证明，用酸性尿素水溶液吸收 NO_2 废气效果良好。在鼓泡接触条件下，吸收效率一般为 95% 左右，最高可达到 98%，吸收母液中含的硝酸和硝酸铵，可以作肥料，不存在二次污染问题。

1. 尿素及其水溶液的性质

尿素化学名称为碳酰胺，分子式为 $CO(NH_2)_2$，相对分子质量为 60.06。尿素为已知含氮最高的化肥之一。纯尿素是一种无色、无味、无嗅的针状或棱柱状结晶，熔点为 $132.7℃$，$20℃$ 时相对密度为 1.33。尿素呈微碱性，不能使一般指示剂变色，但能与酸结合生成盐。尿素在酸性、碱性或中性水溶液中，$60℃$ 以下不发生水解；当温度升高到 $80℃$ 时，$1\ h$ 水解 0.5%；$110℃$ 时，$1\ h$ 水解 3%，其水解产物为碳酸铵或其他铵盐。尿素有强烈的吸湿性，在水中溶解度很大，$100\ g$ 溶液中，$0℃$ 时可溶解尿素 $40\ g$，$20℃$ 时可溶解 $51\ g$，$40℃$ 时可溶解 $63\ g$。尿素与硝酸作用生成硝酸脲。硝酸脲是一种白色结晶体，熔点为 $163℃$，$20℃$ 时的相对密度为 1.69，微溶于水，在硝酸中溶解度也不大。尿素是一种还原剂，在酸性条件下，可迅速将亚硝酸根还原成氮。因此，利用尿素水溶液吸收 NO_2 废气是可行的。在美国有 3 家生产硝酸的工厂，它们均采用酸性尿素水溶液吸收氮氧化物废气，并被认为是比较经济的方法之一。

2. 吸收过程中的主要化学反应

无论采用何种吸收液，氮氧化物的吸收过程都是十分复杂的，这是因为氮氧化物气相本体就有多种反应平衡。氮氧化物与吸收液的反应也很复杂，气、液相反应间的相互影响，都会影响传质过程。另外，废气浓度、温度变化、吸收设备的结构形式及特性、操作条件等都会给吸收过程的化学反应、吸收效果带来不同的影响和结果。因此，对于氮氧化物吸收过程的化学反应，除依据理论指导外，仍需要在分析实验中获取大量数据的基础上，找出相互之间的关系，确定主要的化学反应过程。

吸收过程中的第一个反应是 NO_2 与水的反应：

$$2NO_2 + H_2O \rightleftharpoons HNO_3 + HNO_2$$

$$N_2O_4 + H_2O \rightleftharpoons HNO_3 + HNO_2$$

亚硝酸可以与尿素作用,也可自行分解：

$$HNO_2 + CO(NH_2)_2 + HNO_3 \longrightarrow N_2 \uparrow + CO_2 \uparrow + NH_4NO_3 + H_2O$$

$$2HNO_2 + CO(NH_2)_2 \longrightarrow 2N_2 \uparrow + CO_2 \uparrow + 3H_2O$$

$$3HNO_2 \longrightarrow HNO_3 + 2NO \uparrow + H_2O$$

亚硝酸分解过程中的 NO,可在空气中进一步氧化生成 NO_2：

$$2NO + O_2 \longrightarrow 2NO_2$$

亚硝酸与尿素的反应存在以下中间反应过程：

$$HNO_2 + CO(NH_2)_2 \longrightarrow N_2 \uparrow + HNCO + 2H_2O$$

$$HNCO + HNO_2 \longrightarrow N_2 \uparrow + CO_2 \uparrow + H_2O$$

$$HNCO + H_2O + HNO_3 \longrightarrow NH_4NO_3 + CO_2 \uparrow$$

但是,处理火箭发射场的 NO_2 废气时,情况就不同了。由于 N_2O_4 转注或加注管拆卸产生的 NO_2 废气浓度比较高,总反应式为

$$2NO_2 + CO(NH_2)_2 \longrightarrow N_2 + CO_2 + NH_4NO_3$$

1 mol 尿素可以处理 2 mol NO_2,并产生 1 mol 硝酸铵。因此,用酸性尿素水溶液吸收 NO_2 在理论上是可行的。

3. 酸性尿素水溶液吸收法处理 NO_2 废气在工程上的应用

该处理系统的工艺流程如图 6-25 所示。NO_2 废气由管道先经过两个串联的洗涤塔,塔中 NO_2 废气与酸性尿素水溶液逆向接触。每个塔中设 3 个花板,其目的是使废气与酸性尿素水溶液充分接触,提高 NO_2 的吸收率。从洗涤塔出来的废气,再顺次经过两个填料洗涤塔。塔中填料为波纹网填料,目的是增加 NO_2 废气与酸性尿素水溶液的接触面积。经过 4 级串联洗涤塔吸收后,废气得到净化,再经气液分离器后排放。

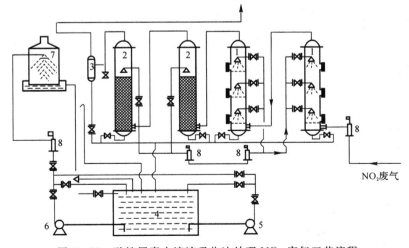

图 6-25　酸性尿素水溶液吸收法处理 NO_2 废气工艺流程

1—废气洗涤塔(ϕ500,H3466)；　2—废气填料洗涤塔(ϕ500,H3466)；　3—气、液分离器；

4—酸性尿素水溶液贮箱；　5—酸性尿素水溶液提升泵；　6—酸性尿素水溶液循环冷却水泵；

7—冷却塔(BNP 型)；　8—转子流量计

填料洗涤塔中的波纹网填料,是 20 世纪 60 年代发展起来的一种新型规整填料,目前,在国外应用比较广泛;在国内,北京、上海、天津等地化工精馏也广泛应用。波纹网填料与鲍尔环、阶梯环填料相比有其自身的特点:①该填料由丝网组成,材料细薄,空隙率较大,故气流通过时,通量大、压降小;②波纹丝网细密,液体能在网体表面形成稳定薄液膜,提高表面润湿性,避免沟流现象,提高传质效率;③气、液两相在填料中不断呈乙型曲线运动,在填料中流体分配良好,充分混合,因此效率高;④填料规则排列,无积液死角,液膜较薄,故池液量小。

该系统中,吸收液酸性尿素水溶液在酸性尿素水溶液贮箱配制。酸性尿素水溶液中含 10% 尿素和 5% 硝酸。配制好的溶液用耐酸泵供给各洗涤塔使用。酸性尿素水溶液吸收 NO_2 废气是放热反应,温度可高于 60℃,这对吸收效果有影响,因此该工艺流程中设置了冷却循环系统。该处理系统经多年使用证明,处理 NO_2 的效率高,性能稳定。其工作参数是,处理气量为 250～ 850 m^3/h,喷淋吸收液量为 2～3 m^3/h。

三、氮氧化物气体的其他处理方法

氮氧化物废气的处理方法随着科学技术的发展和治理技术的研究以及工程实践,不仅治理技术日臻完善,而且供选择实施工程的方法也比较多。这里对其处理方法进行简要介绍。

1. 水-硫酸亚铁两段吸收法

氮氧化物废气常采用水吸收处理。其反应式如下:

$$2NO_2 + H_2O \longrightarrow HNO_3 + HNO_2$$
$$2HNO_2 \longrightarrow H_2O + NO \uparrow + NO_2 \uparrow$$

水吸收 NO_2 生成硝酸和亚硝酸,而亚硝酸分解放出 NO 和 NO_2。由于水吸收 NO 的效率低,该方法有局限性。

但是,硫酸亚铁对 NO 具有较好的吸收率,生成不稳定的络合物——$Fe(NO)SO_4$。其反应式如下:

$$FeSO_4 + NO \longrightarrow Fe(NO)SO_4$$

因此,对于氮氧化物废气可采用水-硫酸亚铁两段喷淋吸收法处理。

2. 氨-碱溶液两级吸收法

该方法是依据氨、碱两种溶液均可对 NO_2 废气进行吸收而建立的,第一级采用氨溶液吸收,其反应式如下:

$$2NH_3 + 2NO_2 \longrightarrow NH_4NO_3 + N_2 + H_2O$$

第二级采用 NaOH 作为吸收液,其反应式如下:

$$2NaOH + 2NO_2 \longrightarrow NaNO_3 + NaNO_2 + H_2O$$

该方法的吸收产物为 NH_4NO_3,$NaNO_3$,$NaNO_2$。经两级吸收处理后,废气即可排放。吸收液氢氧化钠可循环使用,浓度应控制在 30% 以上。这样既可保证良好的吸收效率,又可防止亚硝酸钠结晶堵塞管道。

3. 氯氨法处理

吸收法处理氮氧化物废气,由于采用的吸收剂品种不同,其吸收率有较大差别。水吸收法效率为 20%～33%,10% 氢氧化钠吸收法效率为 28%～41%,氯吸收法效率为 53%～84%,氨吸收法效率为 79%～86%。

近年来,日本科学家研制了高效氯氨法处理氮氧化物的新装置。该装置的去除效率达 90%,而且主要反应产物为氮气。其反应式如下:

$$2NO + Cl_2 \longrightarrow 2NOCl$$

$$NOCl+2NH_3 \longrightarrow NH_4Cl+N_2+H_2O$$

$$2NO_2+2NH_3 \longrightarrow NH_4NO_3+N_2+H_2O$$

4. 碱-亚硫酸铵吸收法

该方法对氮氧化物实施碱和亚硫酸铵两级吸收。第一级吸收液为氢氧化钠,吸收产物为亚硝酸钠;第二级吸收液为亚硫酸铵,吸收产物为硫酸铵。其反应式如下:

$$2NaOH+NO+NO_2 \longrightarrow 2NaNO_2+H_2O$$

$$(NH_4)_2SO_3+2NO_2 \longrightarrow (NH_4)_2SO_4+NO$$

$$2(NH_4)_2SO_3+2NO \longrightarrow 2(NH_4)_2SO_4+N_2$$

实践证明,该方法工艺合理、操作简单、运行费用低、净化效率高。

5. 石膏法

石膏法可以处理氮氧化物废气,例如氨-石膏法、碱-石膏法和镁-石膏法。其反应式如下:

$$NO+2NH_4HSO_3 \longrightarrow \frac{1}{2}N_2+(NH_4)_2SO_4+SO_2+H_2O$$

$$NO_2+4NH_4HSO_3 \longrightarrow \frac{1}{2}N_2+(NH_4)_2SO_4+2SO_2+2H_2O$$

$$2NO+4NaHSO_3 \longrightarrow N_2+2Na_2SO_4+2SO_2+2H_2O$$

$$2NO_2+8NaHSO_3 \longrightarrow N_2+4Na_2SO_4+2SO_2+4H_2O$$

$$NO+Mg(HSO_3)_2 \longrightarrow \frac{1}{2}N_2+Mg_2SO_4+SO_2+H_2O$$

$$NO_2+Mg(HSO_3)_2 \longrightarrow \frac{1}{2}N_2+2Mg_2SO_4+2SO_2+2H_2O$$

6. 催化还原法

催化还原法是处理氮氧化物废气的一种有效手段。其原理是在催化剂存在的条件下,利用还原性气体将氮氧化物还原为无害的氮气。该法处理氮氧化物废气使用的催化剂有贵金属催化剂,如铂、钯、铑等;亦有非贵重金属催化剂,如镍-铜系、铬-镉系、铬-铜系、铜系催化剂等。通常使用的还原剂有 CH_4,CO,H_2 和 NH_3。

(1)非选择性还原法。

非选择性还原法是指还原性气体与氮氧化物和氧同时起作用的方法,如 CH_4 与氮氧化物的反应:

$$CH_4+4NO_2 \longrightarrow 4NO+CO_2+2H_2O$$

$$CH_4+2O_2 \longrightarrow CO_2+2H_2O$$

$$CH_4+4NO \longrightarrow 2N_2+CO_2+2H_2O$$

该方法处理效率高,操作简单,如果催化剂选择合理,温度控制合适,氮氧化物中氧含量不超过 3%,氮氧化物的含量可降至 0.01%～0.02%。

(2)选择性催化还原法。

选择性催化还原法是指还原性气体只与氧化物起作用的方法,例如氨与氮氧化物的反应:

$$4NH_3+6NO \longrightarrow 5N_2+6H_2O$$

$$8NH_3+6NO_2 \longrightarrow 7N_2+12H_2O$$

该方法技术成熟、净化效率高、操作简便,可净化低浓度氮氧化物气体。当氨与氮氧化物的物质的量比为 1:1 时,氮氧化物的去除率可达 99%。用氨催化还原氮氧化物废气的工艺流程如图 6-26 所示。

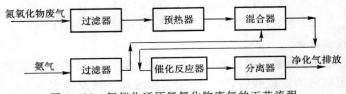

图 6-26　氨催化还原氮氧化物废气的工艺流程

上述工艺流程中的过滤器的作用是去除氮氧化物和氨气中的灰尘及雾滴等,这是处理系统的预处理阶段。预热器的作用是对氮氧化物气体加热,以维持催化反应器的温度在 250～400℃范围内。混合器的作用是达到氮氧化物废气与氨气的良好混合。催化反应器是氮氧化物和氨气进行催化反应的主体设备。分离器的作用是进一步去除净化后废气中的固体粉尘,例如催化剂粉末等。

7. 吸附法

固体吸附法也是净化氮氧化物废气常采用的方法,常用的吸附剂有丝光沸石、硅胶、活性炭、硅藻土等。

6.4.2　氮氧化物废水的治理技术

氮氧化物废液是化工工业的重要污染源之一,主要成分是工业废酸和酸性废水。这种废液如不经处理任意排放,会腐蚀管道及水处理设备,污染水体和环境,危及城市污水管网检修人员的安全,使农作物枯萎。属于推进剂氮氧化物废液的有四氧化二氮、红烟硝酸等。其来源主要是加注系统的残留液、成分变质不能使用的废液,以及含有这些物质的废水。为了防止氮氧化物的废液对环境的污染,在其排放前必须对其实施中和处理,使废液的 pH 在 6.5～8.5范围内方可排放。

一、氮氧化物废液中和处理方法

1. 采用废碱中和

氮氧化物废液是酸性的,排放前必须用碱中和。如能用废碱中和,则可达到节省处理费用,以废治废是最理想的治理方法之一。处理中,使酸液与废碱液充分混合,待废液 pH 在6.5～8.5 时,即可排放。

2. 加碱性物质

向氮氧化物废液中投加碱或碱性氧化物是实施中和处理的重要手段之一。通常投加的碱或碱性氧化物有氢氧化钠、碳酸钠、氧化钙、氢氧化钙、碳酸钙等。中和 1 kg 硝酸需氢氧化钠0.635 kg、碳酸钠 0.84 kg、氧化钙 0.455 kg、氢氧化钙 0.59 kg、碳酸钙 0.795 kg。在实施工程时,应依据氮氧化物废液量、废液浓度、需要处理周期及环保部门的要求等,对上述提供的碱及碱性氧化物作综合比较后,确定选择某种碱或碱性氧化物。

二、氮氧化物废液中和处理实施流程

废液中含有 NO_3^- 和大量的 NO_2^-,并有 NO_2 和 NO 逸出,其一般处理方法有生物脱氮、离子交换、反渗透、藻类处理、电渗析、蒸馏、土地灌溉、用亚铁离子化学还原等,但用于处理氧化剂废水都不是很适用,常采用的是采用尿素法去除 NO_2^- 和 NO_2,其产物无毒无味,不仅可减小这些物质对水体的污染,而且又减少了这些酸根的盐效应,提高了 F^- 的去除率。

氮氧化物废液中和处理的工艺流程如图 6-27 所示。

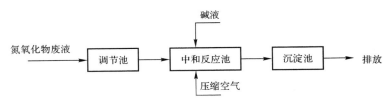

图 6 - 27　氮氧化物废液中和处理的工艺流程

6.4.3　红烟硝酸的再生与回收

质量下降的红烟硝酸,在有条件的地方,可返厂再生,也可用对应指标较高的红烟硝酸按一定比例掺和使用。在无上述条件的情况下,则可采用以下方法。

利用一少部分质量下降的红烟硝酸,通过蒸馏分离出四氧化二氮,按所需要的比例进行补加,使之满足使用技术指标,可使红烟硝酸再生,但分离可能将四氧化二氮和氢氟酸一次蒸出,因为四氧化二氮和氢氟酸沸点相近,所以将四氧化二氮和氢氟酸分离是技术关键,也是难点。通过大量实验发现,可以采用化学方法将四氧化二氮和氢氟酸分离,分离后余下的硝酸因为除去了氟离子的污染,还可用于工业或农业,并不会浪费。另外,由于四氧化二氮沸点低,精馏时能源消耗少,安全系数大,是一种经济可行的方法。

其工艺流程为:采用间歇蒸馏工艺,将红烟硝酸溶液加入蒸馏塔塔釜,采用蒸汽加热,常压蒸馏。当物料加热至一定温度时,氟化氢和四氧化二氮开始蒸发,氟化氢和四氧化二氮蒸气进入蒸馏塔,在此与回流液逆流接触进行传热和传质,自塔顶出来的气体进入塔顶分凝器,采用 7℃ 冷却水冷凝,冷凝液用泵回流至塔顶,自分凝器出来的气体入吸附塔,在此氟化氢被吸附,而四氧化二氮进入全凝器。冷凝下来的四氧化二氮进入四氧化二氮贮槽,吸附器吸附的氟化氢经加热再生,并排入水洗塔,再此用水吸收,未被吸收的尾气放空,塔釜排出液为稀氢氟酸溶液,放到中和槽用氢氧化钙进行中和处理。

大量报废和武器转型遗留的红烟硝酸,若作废物处理,几乎是不可能的,这是因为:其一,红烟硝酸中含有环境污染物氟化氢,会污染环境;其二,红烟硝酸中的酸性如果采用稀释法或中和都很困难,例如,将 1 kg 硝酸的酸性用稀释法降至 pH 为 6,经计算需水 15 870 t。如果采用中和法降低酸性,例如用氧化钙中和,经计算 1 kg 硝酸需 0.44 kg 氧化钙;如果用氢氧化钙中和,则需 0.259 kg 氢氧化钙;如果用碳酸钙中和,则需 0.79 kg 碳酸钙。这些中和剂价格都不高,原料也易得,但生成的硝酸盐都是全溶的,溶解后,水中大量的 NO_3^- 会污染环境,地面水质标准要求 NO_3^- 含量(以 N 计)一般为 10 mg/L。1 kg 硝酸的含氮量若用水稀释需要用 22 t 水,方可达标,所以把硝酸作为污染物处理是不合适的。因此,将红烟硝酸通过化学方法变废为宝,综合利用是当前唯一选择。

红烟硝酸综合利用工艺流程是根据硝酸磷肥的生产工艺而设计的,利用该流程可生产复合肥料硝酸钙、氟硅酸钠和液体四氧化二氮,达到红烟硝酸的最佳回收利用。

磷矿是制取磷肥的重要原料。采用硝酸处理磷矿时,硝酸的活性氢离子分解磷矿,阴离子则留在成品中作为所需的含氮组分,硝酸中所含的四氧化二氮经冷凝后成为液体,在磷矿的硝酸酸解液中,氟基本上是以氟硅酸形态存在,气相中氟则以四氟化硅的形式存在,四氟化硅经过水吸收则生成氟硅酸,采用氟硅酸溶液和钠盐作原料可制成氟硅酸钠。氟硅酸钠可用作农业的杀虫剂、搪瓷和玻璃的乳白剂、木材防腐剂、耐酸混凝土的凝固剂等。

磷矿的硝酸酸解液中主要含有磷酸和硝酸钙,将此酸解液用冷却介质直接或用不锈钢盘管间壁冷却至5～10℃时,其中的硝酸钙以含几个结晶水的形式部分或大部分晶析出来,以调节母液的钙与磷的物质的量比,然后通入氨气,以中和磷酸,获得磷铵、磷酸氢钙和硝酸铵的氮磷复合肥料,也可加入钾盐制成含有氮、磷、钾三种元素的复合肥。硝酸钙可直接作氮肥使用,也可用氨和二氧化碳加工成硝铵制成含氮量较高的氮肥。此外,酸碱液也可直接用有机溶剂提取其中的磷酸,然后再氨化中和或用其他碱性物质中和制成纯度和浓度较高的氮磷复合肥料或其他磷酸盐类化合物。

红烟硝酸综合利用工艺可分湿线部分和干线部分,其具体工艺流程如图6-28所示。

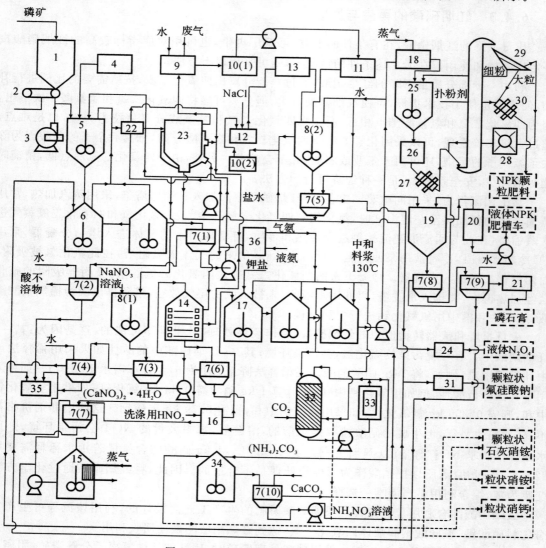

图6-28 硝酸-27S综合利用工艺流程

1—磷矿料斗; 2—秤量加料器; 3—微力空气鼓风机; 4—硝酸-27S高位刻度槽; 5—混合槽; 6—酸解槽; 7—离心机; 8—氟硅酸钠合成塔; 9—泼水轮吸收室; 10—沉淀池; 11—氟硅酸钠刻度槽; 12—食盐溶解池; 13—饱和食盐水刻度槽; 14—结晶器; 15—硝酸钙熔融槽; 16—换热器; 17—酸碱液中和槽; 18—中和料浆蒸发器; 19—沉淀槽; 20—液体NPK肥料贮槽; 21—烘干机; 22—冷凝器; 23—液体四氧化二氮收集器; 24—四氧化二氮铁制贮槽; 25—混合器; 26—造粒塔; 27—冷却筒; 28—破粒机; 29—振动筛; 30—扑粉筒; 31—氟硅酸钠干燥炉; 32—吸收塔; 33—冷却器; 34—硝酸钙转化槽; 35—洗液槽; 36—氨冷却装置

一、湿线部分

湿线部分包括磷矿酸解、酸不溶物分离、氟硅酸钠的分离、硝酸钙结晶和分离、母液氨中和、液体复肥的生产、料浆蒸发、液体四氧化二氮生产等工序。

1. 磷矿酸解工序

磷矿原料(0～2 mm 粒级)首先用气动输送系统送到矿粉旋风分离器,分离器捕集的矿粉送入磷矿料斗 1,料斗内有松动和防跑料装置,以保证矿粉均匀地流动,经袋式过滤器除尘后的空气由排风机排空。

经过称量后的磷矿粉在重力和微力空气鼓风机 3 作用下进入混合槽 5 与红烟硝酸混合,气体四氧化二氮从混合槽顶由抽风机抽出,硝酸用量为理论计算量的 105％ ～ 125％。由酸解槽输送过来的高温酸解液也进入混合槽,一方面起到四氧化二氮逸出更完全的作用,另一方面利用酸解溶于水中的游离酸,减少红烟硝酸用量。

充分混合后的混合液进入酸解槽 6,磷矿酸解槽为两台串联的圆形搅拌槽,第一个酸解槽上有加水口。加入一定量的水,用以稀释硝酸浓度至 60％ 左右,提高分解率,酸解操作温度在 60 ～ 70℃。槽顶有四氧化二氮气体抽风机,反应物在酸解槽中的停留时间为 1～1.5 h。

因为磷矿含有一定数量的碳酸盐、硫化物以及有机物,加入酸解液的黏度和表面张力均很高,在磷矿酸解时会产生发泡现象,所以对于非煅烧矿,通常在酸解时需加入消泡剂。常用的消泡剂多数属于肉桂酸酯和棕榈酸酯这一类表面活性剂,通过计量泵计量后加入酸解槽。

混合槽及其搅拌桨的制作材料采用铝,酸解槽和搅拌桨的制作材料一般采用普通的不锈钢,在磷矿中酸不溶物含量高时,则采用较为耐磨的材质。

2. 酸不溶物分离工序

磷矿经硝酸分解后得到的酸解液,送到离心机 7(1),将酸解液中不溶物分离出来,分离出的酸不溶物送入离心机 7(2),将水及洗涤液输入酸解槽 6,稀释硝酸。

3. 氟硅酸钠分离工序

从离心机 7(1)出来的酸解液,一半由泵送回到混合槽 5,一半送到氟硅酸合成塔 8(1)与 15％～17％ 的硝酸溶液反应,生成氟硅酸钠沉淀,再送入离心机 7(3)和 7(4),分离出氟硅酸钠并洗涤至中性,得到含水 7％ ～ 8％ 的氟硅酸钠半成品。

硝酸钠或碳酸钠用量为理论量的 300％,氟以氟硅酸钠形态析出时,脱氟率为 85％,沉淀反应的温度为 50℃。

由四氧化二氮气体分离出的四氟化硅气体进入泼水轮吸收室 9,由水吸收,废气排空,吸收液进入氟硅酸液沉淀池 10(1),产生二氧化硅沉淀。氟硅酸液由泵送入氟硅酸刻度槽 11,把在食盐溶解池 12 内制得的饱和食盐水送入饱和食盐溶液刻度槽 13,将氟硅酸液加入氟硅酸合成塔 8(2),在搅拌的情况下缓慢地加入超过理论量 30％ 的饱和食盐溶液。加料时间约为 30 min,加料完毕后继续搅拌 5 min,静置沉降。因硅胶沉降速度(0.25 ～ 0.3 m/h)比氟硅酸钠(13 m/h)小,适当地控制沉淀时间可使硅胶与氟硅酸钠分离,氟硅酸钠充分沉降。根据合成槽母液的深度,可估计氟硅酸钠所需的沉降时间一般为 20～30 min,沉降时间过长会使硅胶也沉降下来,混入结晶中。沉降后将硅酸溶液放走,再用清水洗涤沉淀 2～3 次,每次洗水量为容器体积的 1/3,然后将洗涤后的结晶放入离心机 7(5)。

氟硅酸钠结晶经离心机过滤甩干水分,在离心过程中可用少量清水沿着离心机壁冲洗 2～3 次,洗净结晶所挟带的盐酸,直至用 pH 试纸检测洗液呈中性为止,离心后的半成品含水为

7%～8%。

洗液和来自氟硅酸合成塔 8(2)的硅酸溶液进入沉淀池 10(2)时分离硅胶后通入食盐溶解池 12。

4. $Ca(NO_3)_2 \cdot 4H_2O$ 冷冻结晶工序

脱氟酸解液,在进入结晶器 14 前,先用冷水冷却到 60℃。在结晶器 14 内酸解液逐步冷却至－5℃,结晶除去约 90%的硝酸钙,获得成品水溶性 P_2O_5 含量达 80%～85%的母液。

酸解液经过结晶器 14,排入离心机 7(6),分离出的硝酸钙结晶再进入离心机 7(7),用冷却后的稀硝酸洗涤,最后以水洗涤使滤饼残存 P_2O_5 含量低于 0.5%。滤饼以压缩空气吹松,再以刮刀刮下,用熔融的硝酸钙四水物熔融液冲至硝酸钙熔融槽 15,再转送到硝酸钙转化部分。

5. 母液氨中和工序

分离硝酸钙结晶后的母液,现在换热器 16 中与洗涤硝酸钙结晶所用的硝酸进行换热,使洗涤硝酸先冷却至约 10℃,母液本身则加热到 20℃,然后在三个串联的槽式酸碱液中和槽 17 中用气氨进行连续中和。

中和后的料浆主要为磷酸二钙、硝酸铵与磺酸一铵的混合物。为了使中和料浆具有良好的流动性,并防止不溶性的磷酸盐生成,综合操作必须严格控制中和料浆的最终 pH(为5.8～6.0),中和温度约为 120℃,借反应热维持料浆达到沸腾状态,同时蒸发部分水分(料浆中的蒸发水量约相当于母液中原有水量的 15%),中和后料浆含水量为 34%,每次中和槽中料浆的停留时间为 45 min,搅拌浆的转速为 350 r/min。三只酸碱液中和槽内氨化的 pH 依次为2.3～2.4,3.4～3.5,4.2～4.3。为此,三只槽内中和所用氨的分配比依次为 65%,25%,10%。与此相应,则料浆中所含的酸被中和的程度,如以氨态氮(NH_4^+—N)与硝态氮(NO_3^-—N)加 P_2O_5 的分子比表示为

$$中和度 = \frac{c_{NH_4^+} - c_N}{c_{NO_3^-} + c_{水溶性P_2O_5}}$$

按上述氨化条件,则第一槽中和度为 0.65,第二槽再加 25%为 0.90,第三槽再加上 10%则为 1.0。因为氨化中和是一个放热反应,按每只酸碱液中和槽中因氨化而使料浆温度升高,每只槽的料浆温度在氨化过程中分别为 105～110℃,100～105℃,100℃以上。由于在中和过程中料浆的温度升高,并在不断搅拌的情况下,库料箱中一部分水分将蒸发。一般中和过程料浆中总的蒸发水量约相当于母液中原有水量的 15%。因氨化中和过程中,料浆中固相增加,同时有一部分水分蒸发,故而从最后一只中和槽流出的料浆,其中含水量约为 1/3(34%左右)。中和时有少量氨未被吸收而逸出,在中和尾气洗涤塔中洗涤后排空。

当制造 NPK 三元肥料时,则在第一个中和槽中加入按三元肥料,$c_N : c_{P_2O_5} : c_{K_2O}$ 要求计算出的磨细的钾盐(硫酸钾或硝酸钾)量。

6. 料浆蒸发工序

中和后自中和槽流出的带有 34%水分的热料浆,经过中间槽进入列管式加热器,用表压为 6 kg 的过热蒸气间接加热,使料浆加热至 190℃左右,然后进入中和料浆蒸发器 18,蒸发系统真空度为 26.66 kPa,因为在蒸发器中压力骤然降低,因而料浆中水分急剧蒸发,形成暴沸现象。料浆本身即被浓缩至 98.5%以上的熔融体。

高温下,部分磷酸氨分解,逸出浓度很低的气氨,在洗涤塔中洗涤后排空。

7. NPK 三元液体复合肥生产工序

调节母液氨中和工序的氨量,使中和料浆的最终 pH 不大于 2,且中和过程中反应温度不超过 60℃,中和料浆送入沉淀槽 19,送入液体 NPK 肥料贮槽 20,这样制得 NPK 三元液体复合肥。

当用硫酸钾来生产 NPK 三元肥料时,由于硫酸根离子的引入,生成硫酸钙沉淀。氨化过程中还会产生磷酸钙沉淀,沉淀槽 19 中收集的沉淀经离心机洗涤分离、烘干制成磷石膏。

8. 液体四氧化二氮生产工序

从混合槽 5 和酸解槽 6 中抽出的气体含有大量的四氧化二氮和少量四氟化硅。它经过以 -10℃ 冰盐水为冷却介质的冷凝器 22 冷凝,流入液体四氧化二氮收集器 23。因沸点低未被冷凝的四氧化二氮,从收集器顶部进入泼水轮吸收室 9。收集到的液体四氧化二氮输入铁制贮槽 24 保存。

二、干线部分

干线部分包括复肥造粒工序和氟硅酸钠干燥工序。

1. 复肥造粒工序

复肥造粒工序采用塔式喷淋造粒法。

98.5% 的浓度料浆进入造粒塔 26 的加料混合器 25,与不符合成品要求粒级的细粉混合,混合后的料浆进入造粒塔 26。造粒塔的有效冷却高度约为 45 m。塔顶有料机,将成品烘干送出。造粒塔出来的成品温度为 80～90℃,然后再在冷却筒 27 中用逆流的空气冷却到 40℃,冷却后再以硅藻土或高岭土等扑粉剂扑粉,最后送成品仓库。成品颗粒的粒级为 1～3 mm,造粒塔出来的物料 90% 为合格粒子,10% 为细粉。进入冷却筒的空气在相对湿度较高时,需要先冷却,凝去水分,然后再加热,以降低相对湿度。

2. 氟硅酸钠干燥工序

离心机 7(4) 和 7(5) 所得湿氟硅酸钠含水分 8% 左右,经过氟硅酸钠干燥炉 31 干燥将水分降至 0.5% 以下,干燥温度不高于 300℃,以免产品分解。

三、硝酸钙转化部分

冷冻法硝酸磷肥工厂生产 1 t 硝酸磷肥产品($m_N : m_{P_2O_5} : m_{K_2O} = 20:20:60$),有 1～1.2 t 四水硝酸钙副产物。由于四水硝酸钙的相对湿度(46%)较低,吸湿性很强,加上含氮量又很低,一般不适合直接作为化肥出售,而往往是将其加工处理成适当的形式,然后使用。

目前生产上成熟的四水硝酸钙加工处理有三条途径。

1)将四水硝酸钙加热熔化后用氨和二氧化碳使其转化,生成硝酸铵和碳酸钙,滤去碳酸钙固体,硝酸铵溶液再经蒸发氯化,制得含氮量为 34% 的颗粒硝酸铵。

2)将途径 1)中滤出的湿碳酸钙经过干燥,再与浓缩硝酸铵溶液混合造粒,制成含氮量为 21%～26% 的石灰硝酸铵产品。

3)在四水硝酸钙加热熔化后,通入氨气中和硝酸钙结晶所含游离硝酸,并调节硝酸钙和硝酸铵的分子组成,然后经过浓缩使溶液组成调节到符合 $5Ca(NO_3)_2 \cdot NH_4NO_3 \cdot 10H_2O$,喷洒于油浴中冷却成粒,分离去油后即可得到含氮量为 15% 的硝酸钙肥料。

四、三废处理部分

硝酸磷肥生产过程中排出的气体有酸性和碱性,两种酸性气体含有硝酸、氧化氮和二氧化碳等;碱性气体主要含氨。这些气体分别通过洗涤塔以从洗液槽35输入的洗液或循环水洗涤,然后经废气烟囱排放到大气中。洗涤后的洗液返回到酸解槽6中,也可收集在含磷污水贮槽内,然后加入 $Ca(OH)_2$ 和 NH_3,使 pH 控制在 $6\sim8$ 范围内。五氧化二磷以固体磷酸盐形式,用絮凝沉降,继而离心分离加以回收。澄清后的清水亦返回硝酸磷肥生产系统,作洗涤废气及硝酸钙洗涤用水。

废渣主要是酸不溶物淤渣,它对环境没有多大危害,可堆集存放。

6.5　烃类燃料的"三废"处理

烃又称碳水化合物,其种类繁多,来源广泛,按照结构和性质可分为脂肪烃、芳香烃和环烃;按化合键饱和程度又可分为饱和烃(即烷烃)和不饱和烃(烯、炔、芳香烃)。天然气、石油产品、煤干馏产物和天然橡胶的主要成分均为烃类。烃类的性质因组成、结构不同而有明显差异。可作为推进剂燃料使用的烃类有:饱和烃类,如甲烷、乙烷、丙烷、正(异)辛烷等;不饱和烃类,如乙烯烃、芳香烃、苯及其衍生物等。得到实际应用的烃类推进剂燃料是煤油,它是石油中间分馏产物,包括沸点在 $140\sim285℃$ 的各个馏分。

各国使用的烃类燃料虽都包括煤油,但它们的组成、规格、型号和代号都不一样。例如,美国用烃类燃料为 JP,RJ 和 RP 系列;苏联使用 T 或 7FC 系列;我国所用的烃类燃料分煤油和宽馏分型两大类,共 5 个牌号,即 1 号、2 号、3 号、4 号和高闪点喷气燃料。烃类燃料和乙醇一样,是最早发展使用的一种液体燃料。现在主要使用高密度、高热值的烃类燃料。

我国所用的 5 种喷气燃料均有质量标准,可分别查看标准 GB 438,GB 1788,GB 6537,ZBE 31001,ZBE 31003,GJB560A。

6.5.1　煤油的主要理化性质

1)作为烃类燃料使用的煤油,实际是石油的一个中间分馏产物。它不是单一化合物,而是由直链烷烃、环烷烃、芳香烃等组成的混合物,其性质也是各种组分的综合反映。不同国家不同牌号的煤油组成均不一样。就是同一牌号的煤油,不同生产批号,其性质也略有差异,性质主要取决于各组分的含量。

2)煤油是可燃液体。

3)外观为无色或淡黄色透明液体。

4)不溶于水。

5)热稳定性好,对机械冲击、压缩、振动均不敏感。实际贮存经验表明,在密封条件下贮存15 年,质量无明显变化。

6.5.2　煤油的主要危险性

1)着火与爆炸。煤油是可燃性液体。不同型号的烃类燃料馏分范围、闪点、自燃温度差别很大,危险程度也不同,它们均可与空气混合,形成爆炸性混合气体。一旦遇到电火花、明火、热源,即可被点燃或发生爆炸。

2)长期接触人员,可发生刺激性皮炎。

3)毒性很小。煤油几乎无毒,但其中所含的芳香烃有一定毒性。

4)对环境的污染。石油产品泄漏和燃烧废气已成为污染环境的主要来源。作为推进剂使用的烃类燃料,虽然用量有限,但也必须加以注意。

6.5.3　安全防护措施

1)强化管理,严格各项规章制度,严格执行有关石油产品的装卸、运输、贮存规定。

2)防止"跑、冒、滴、漏",确保库内通风,各种容器、设备均要有保护性接地。

3)运输过程要指派 2 人押运,配备个人防护用具和消防器材。

4)灭火可用二氧化碳灭火剂、泡沫灭火剂或干粉灭火剂,严禁用水灭火。

5)清洗罐体以及发生大量泄漏时,要佩戴防毒面具,并穿防静电的防护服,罐外要有专人负责监护。

6)不许任意倾倒废液,可在远离贮库的空旷僻静处焚烧处理。

7)贮存容器、输送管道和密封垫圈不能用合成和天然橡胶、聚丙烯和聚异丁烯类塑料材质制作,不能使用石油基类润滑脂及密封胶黏剂。

6.6　固体推进剂的污染控制技术

6.6.1　固体推进剂的分类及组成

固体推进剂作为化学推进剂广泛地应用于固体火箭发动机。按其组分之间是否存在相界面,可将固体推进剂进一步分为均质推进剂和非均质推进剂两大类。均质推进剂的典型代表是双基推进剂,非均质推进剂的典型代表是复合固体推进剂。

双基推进剂主要组分为硝化纤维素和硝化甘油,通过将硝化纤维素溶胀在硝化甘油中均匀混合而成,硝化甘油是硝化纤维素的溶剂,因此双基推进剂是均相体系,属于均质推进剂。

复合固体推进剂是一种具有特定性能的含能复合材料。它是以高分子黏合剂为弹性基体作为连续相、固体氧化剂和金属粉末等填料为分散相的多相混合物。氧化剂提供燃烧所需要的氧,金属粉末和黏合剂作为燃料,在混合过程中,通过特定的工艺程序将氧化剂、金属粉末等固体填料分散在黏合剂体系中,混合成药浆。最后在设定的环境中通过化学交联反应,形成具有特定的力学和化学、物理特性的黏弹性药柱。

6.6.2　复合固体推进剂的主要组分和功能

由于其优良的力学性能,目前应用于固体火箭和导弹发动机的固体推进剂大多为复合固体推进剂。复合固体推进剂主要由氧化剂、金属燃料、高分子黏合剂预聚物、固化剂等组分组成。同时为调节某些特定性能,还需要添加一些功能助剂,如键合剂、交联剂、燃速调节剂等。

一、氧化剂

高氯酸铵是目前最常用的氧化剂,它具有安定性好、有效含氧量高、价格低廉等优点,但由于其化学产物易产生白色烟雾的 HCl,信号特征明显且生成焓相对较低,因此将来它会被一些新型的氧化剂,如硝肪肼、二硝酰胺铵等逐步取代。

复合固体推进剂中的氧化剂首要作用是为燃烧反应过程中提供所需的氧,同时作为固体填料为药柱增加必要的强度和模量,提高它的固体密度;其次,其本身燃烧产物必须为气体,才能为发动机提供工质,它的粒度分级也可用于调节推进剂的燃速。

二、金属添加剂

金属添加剂的主要作用是提高推进剂的比冲和推进剂基体密度,以及抑制发动机的不稳定燃烧。金属添加剂的主要要求是燃烧热值大,密度高,与推进剂其他组分相容性好。

常用的金属添加剂主要有铝、镁、硼等。金属添加剂的选择应考虑其燃烧热、安全性以及经济性。目前广泛使用的铝相比镁、硼具有燃烧热适中、原材料廉价且易获得、无毒性等优点。

三、黏合剂

黏合剂主要作用是与增塑剂等液态组分一起,使推进剂药浆具有较低的黏度,以保证真空浇铸工艺操作简单,固化交联后,形成连续的黏结剂相,使推进剂具有一定的形状和力学性能。同时,作为反应物参与燃烧反应,产物可作为发动机的工质。

目前常用的黏合剂主要为端羟基聚丁二烯,它具有预聚物黏度低、固化后力学性能适中、抗老化能力强等突出优点,在世界范围内自 20 世纪 80 年代起得到了广泛应用。我国目前绝大多数固体火箭发动机都是使用端羟基聚丁二烯作为固体推进剂黏合剂。

氧化剂、金属添加剂和黏合剂占复合固体推进剂质量的 90% 以上,除此之外还有少量的添加剂和功能助剂,如固化剂、交联剂、增塑剂等。它们为药柱的特定性能(如力学性能、老化性能、燃烧性能等)发挥着重要作用。

6.6.3 固体推进剂的危害

固体推进剂都是高能燃料或强氧化剂,所以最大危险是着火与爆炸、毒性和环境污染等。由于它们的物理形态、化学组成与结构不同,危险性也有很大差别。

(1)着火与爆炸的危险。

固体推进剂多发生爆炸、爆轰,随之引起其他物质燃烧,发生火灾。

(2)毒害作用。

推进剂原料均是化工产品,每种物质都有它的自身毒害作用。各种推进剂由于存在的形态不同,其毒性对人和环境可能造成的危害程度是不一样的。固体推进剂除溶剂蒸气毒害外,大量存在的是固体粉末所产生的粉尘和气溶胶的危害。

(3)物质种类。

固体推进剂组分有近 300 种。一个配方虽然只用有限的几种,每种浇铸成型的固体推进剂必须有氧化剂、黏合剂、添加剂、固化剂、键合剂、防老剂、安定剂、燃速催化剂等多种组分,潜在的危害作用更大。

(4)腐蚀性危害。

固体推进剂一旦成型,腐蚀性危害就很小。

(5)粉尘的危害。

固体推进剂粉尘和气溶胶不但危害人的身体健康,而且还会造成粉尘爆炸的潜在危险。粉尘危害是固体推进剂危害的一个重要方面。

(6)危险环节。

固体推进剂更多的危险性存在于推进剂生产厂内。

(7)污染与治理。

固体推进剂的污染主要集中在工厂,表现为粉尘和溶剂的蒸气,相对来说治理较难,因为污染物成分复杂,收集困难。

6.6.4　固体推进剂生产过程中的粉尘与气溶胶

一个典型的固体火箭发动机由 3 个主要部分组成:推进剂药柱、点火器和金属件。

推进剂药柱主要由氧化剂、燃烧剂、黏合剂以及增塑剂、交联剂、固化剂、稳定剂等添加剂组成。在各种药剂的生产过程中和在固体推进剂药柱的加工、浇铸过程中,都会产生有机溶剂废气和固体推进剂粉尘。固体火箭发动机的金属件包括燃烧室、排气喷管以及各种零件,在这些金属件的加工制作过程中,同样会产生粉尘与气溶胶污染。

一、固体推进剂粉尘污染源

固体推进剂发动机生产的粉尘有以下几种。

1)金属壳体的加工粉尘。金属壳体加工包括切割、焊接、砂轮打磨、抛光等机加工处理。这种粉尘主要是金属颗粒,虽然其浓度不会太高,但对操作人员的危害不能低估。

2)金属抛光、喷砂粉尘。这种粉尘量大且集中,主要是被加工金属及石英砂粉尘。

3)非金属壳体生产加工粉尘。这类粉尘包括玻璃纤维、石棉、炭黑粉尘等。

4)绝热层胶片炼制粉尘。这类粉尘主要包括二氧化硅(白炭黑)、石棉粉尘等。

5)铝粉生产和备料时产生的铝粉粉尘。

6)固体推进剂中铍、锂、硼、镁、碳等燃烧剂加工生产中产生的粉尘。

7)固体火箭推进剂氧化剂粉碎加工粉尘。这类粉尘主要包括高氯酸铵、高氯酸钾、高氯酸锂、硝酸铵、硝酸钾等氧化剂的加工制造、粉碎组装时产生的氧化剂粉尘。

8)固体火箭发动机喷管、喉衬加工时产生的石墨、酚醛树脂等粉尘。

9)成品固体推进剂试样加工时产生的推进剂粉尘。

10)固体推进剂火箭试车或发射产生的烟尘。

二、固体推进剂粉尘与气溶胶的治理技术

固体推进剂粉尘与气溶胶的治理通常采用工业粉尘治理技术。因为工业粉尘的治理技术已日趋成熟,粉尘处理设备已定型化、系列化,它为固体推进剂粉尘与气溶胶治理打下良好的基础。

(1)机械式除尘器。

机械式除尘器是指利用重力、惯性力和离心力的作用,使尘粒与气流分离的装置。

重力除尘器是利用含尘气体中粉尘粒子的重力作用而进行自然沉降分离的装置。简单的重力沉降室如图 6-29 所示。从图 6-29 可见,当含尘气流进入沉降室后,由于流体截面积扩大,流体流速显著降低,气流中的尘粒在重力作用下,沉降于灰斗之中,使气体得到净化。

层流式重力沉降室是重力除尘最简单的装置。在设计计算中假定气流在沉降室中处于理想层流状态。设粒子的平均流速为 μ_0,垂直沉降速度为 μ_{TS},沉降室的长、宽、高分别为 $L,M,$ H,处理的含尘气量为 Q,则气流在沉降室的停留时间为

$$t = L/\mu_0 = \frac{LMH}{Q}$$

在时间 t 内,粒子的沉降距离 h_c 为

$$h_c = \mu_{TS} t = \frac{\mu_{TS} L M H}{Q}$$

设计中只要控制 $h_c \geqslant H$，就可满足尘粒降落于灰斗中。

影响尘粒沉降的因素很多，包括粒子本身的性能，如粒径大小、粒子的黏度系数、扩散系数、粒子间下降过程中互相间的摩擦阻力等等。在工程设计中，提高沉降室处理效率的主要途径是：降低沉降室内气流的速度，降低沉降室的高度，增加沉降室的长度。沉降室内气流的速度通常控制在 $0.3 \sim 0.5$ m/s 之间。

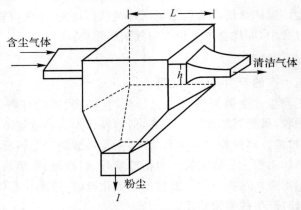

图 6-29　重力沉降室

惯性力除尘器是通过气流方向改变时，具有惯性力的尘粒撞在挡板上，使尘粒沉降的装置。惯性力除尘器的特点是，结构比较紧凑，尺寸较小，压力损失小，适用于处理高温气体。但是，由于其处理效率较低，通常用于高效除尘工艺的前处理。

离心力除尘器是目前应用最广泛的一种除尘装置，通常称为旋风除尘器。旋风除尘器的工作原理是靠含尘气流发生旋转运动，使尘粒产生离心力，从气流中分离出来。其工作原理详见图 6-30。从图 6-30 中可以看出，含尘气流沿切线方向进入圆筒状除尘装置，并沿着圆筒内壁发生旋转运动。气流中的尘粒由于受到离心力的作用，撞击筒壁而沿筒壁下降，汇集于装置底部的锥形斗中，达到尘粒从气流中分离的目的。但是，尘粒的实际运动过程是比较复杂的，既有圆周运动，又有径向和轴向运动。

旋风除尘器之所以受到广泛的应用，是因为该种装置除尘效率高，构造简单。目前市售的旋风除尘器的类型主要有两大类：一类是切向进气方式，另一类是轴向进气方式。

我国广泛采用的切向进气旋风除尘器主要型号有适用于含有非纤维干粉尘气体的 CLT/A 型、具有旁路粉尘分离室的 CLP/B 型、倒圆锥形式的扩散式除尘器和适用于纤维粉尘的 CZT 型旋风除尘器等。轴向进气式旋风分离器是利用固定的导流叶片造成气流旋转，主要用于多管旋风除尘器和处理气体量比较大的场合。

（2）湿式除尘器。

湿式除尘器是应用广泛的一种除尘器。它是利用喷淋细微水滴，来捕捉气流中的 1 μm 左右的分散胶体和尘粒，消除粉尘。在湿式除尘器中，气体中的尘粒在运动的过程中，与喷淋液滴发生碰撞作用，而吸附到液滴的表面，随着液滴的下落，使气体中的尘粒得以去除。

目前生产的湿式除尘器类型较多，通常采用的有水膜除尘器、重力喷淋式除尘器、离心式水膜除尘器、填料式除尘器、文丘里除尘器等等。下面对其中的典型湿式除尘器作简要介绍。

喷淋塔式除尘器是湿式除尘器中最简单的一种除尘装置,示意图如图 6-31 所示。从图 6-31 中可见,含尘气体由喷淋塔底部进入后,通过多孔板的合理分配,使气流均匀地向塔顶上升。在上升的过程中,与塔上部喷水管喷出的水滴形成逆流接触。气流中的尘粒与水滴在逆流接触中发生碰撞、截流、凝聚等作用,使尘粒吸附到水滴表面。挟带尘粒的水滴由于重力作用而落入塔底,形成污水。洁净后的气体通过除雾器截留细小水滴后,由塔顶排出。

喷淋塔式除尘器结构简单、压力损失小、操作管理比较方便。

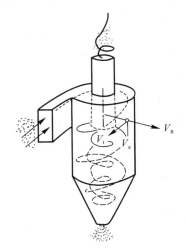

图 6-30　旋风分离器操作原理

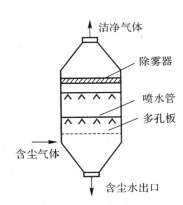

图 6-31　喷淋塔式除尘器

文丘里式除尘器是一种高效湿式除尘器,其结构如图 6-32 所示。

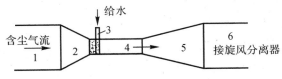

图 6-32　文丘里式除尘器

1—进气管；　2—收缩管；　3—喷水管；　4—喉管；　5—扩散管；　6—连接管

文丘里式除尘器主要组成部分有进气管、收缩管、喷水管、喉管、扩散管、连接管。当含尘气体高速通过文丘里式除尘器喉管时,气流与喷水管喷出的水滴接触碰撞,水滴进一步被气流雾化。由于气流与雾化的雾滴充分接触,给雾滴捕捉气流中的尘粒提供了良好的条件,达到了捕捉气流中尘粒的目的。文丘里式除尘器的设计参数主要包括收缩管、喉管、扩散管的长度和直径、收缩管和扩散管的张开角度等。

过滤式除尘器又称空气过滤器。它是使含尘气流通过过滤介质将气流中的尘粒捕捉下来,使含尘气流除尘。过滤式除尘器最具有代表性的是袋式除尘器。它的特点是除尘效率高,一般可达 99% 以上,性能稳定,操作简单,它是目前应用较为广泛的除尘设备之一。

袋式除尘器是利用棉、毛、人造纤维加工的滤料进行过滤的。滤料本身的网孔较大,一般为 20~50 μm。当含尘气流穿过滤布的空隙时,粉尘被滤布捕捉。袋式除尘器按清灰方法可分为三类:简易清灰袋滤器、机械振打反吹风袋滤器和脉冲式袋滤器。三者相比,脉冲式袋滤器更具特色。这种袋滤器清灰效果好,不损伤滤袋,使用寿命长,净化效率高,占地面积小。滤料是过滤式除尘器的核心部分,它的性能对除尘器的工作有很大影响。因此,在选择滤料时,应首先考虑含尘气体的特性,如气体的含尘浓度,尘粒的大小,气体的温、湿度等。除尘器常用的滤料有羊毛、棉织物、蚕丝、玻璃纤维、聚氯乙烯、聚四氟乙烯、聚酰胺、聚丙烯腈、聚酯等。

(3)静电除尘器。

静电除尘器具有捕尘效率高、处理气体量大,可在高温或强腐蚀性环境下工作而具有广阔的应用前景。静电除尘器利用高压直流电源造成电晕放电,在放电极(负极)附近产生气体的离子化圈,荷负电的气体离子向荷正电的集尘极(正极)移动。气体中的尘粒与荷负电的气体离子相遇而带上负电荷,这些带负电的粒子在库仑力的作用下,在集尘极上捕集下来。当尘粒层在集尘极上沉集到 $1.5 \sim 6$ mm 厚时,在重力作用下落入灰斗中。

静电除尘器设计依据含尘气体的性质、除尘要求,采用经验类比方法进行设计参数的取值。实践中通常采用的设计参数是:极间距为 $23 \sim 28$ cm,比集尘表面积为 $300 \sim 2\,400$ $m^2/(1\,000\ m^3 \cdot min)$,气流速度为 $1 \sim 2$ m/s,长高比 $0.5 \sim 1.5$,比电晕功率为 $1\,800$ $W/(1\,000\ m^3 \cdot min)$,电晕电流密度为 $0.5 \sim 1.0$ mA/m^2。

静电除尘器是一种高效除尘器,对于 0.1 μm 以下的微小尘粒,除尘率可达 99% 以上。它处理气量大,能量消耗低,在现有除尘器中能耗最低。例如,当气体流量为 $14\,000$ m^3/min、除尘效率为 95% 时,包括阻力损失在内的动力仅需要 65 kW。

6.6.5 减少固体推进剂污染的途径

一、严格执法,实行"三同时"

保护和改善生态环境、防治污染,是我国的一项基本国策,为促使国民经济和国防事业持续、稳定、协调发展,必须深入贯彻执行《中华人民共和国环境保护法》(简称《环保法》)和其他环境保护的法律、法规,做到有法必依、执法必严、违法必究。"建设项目中防治污染的设施,必须与主体工程同时设计、同时施工、同时投产使用"的"三同时"制度是减少、控制新污染源的根本途径之一。这样,在治理旧污染源的同时,控制新污染源的产生,才能保证环境质量逐渐改善。"三同时"制度具体落实到各个行业时应当有所扩展。为了减少和控制火箭发动机生产对环境的影响,在推进剂配方和发动机型号立题论证时,其对环境的影响要同时论证;在研制阶段,同时研究减少和控制污染的方法和设备;配方、型号定性上马时,污染治理方法和设备同时定性并投放运行。

二、研究和采用新工艺、新设备

从固体发动机生产工艺和设备的分析可知,落后的工艺和设备无论对生产环境,还是大气环境的污染都是比较严重的。例如:生产一台 10 t 级的固体发动机(推进剂),如果用 500 L 的胶化机,每次混合 380 kg 药浆,那么至少要 27 锅(次),而用 $2\,000$ L 的胶化机最多 8 锅(次)即可完成,生产周期大大缩短,这就使有害物质的挥发量(排放量)大大降低,设备的清洗次数和清洗剂的用量也显著减少。

另外,不同型号、不同形式的设备,生产中物料的挥发量也不同。立式胶化机的物料挥发量比卧式胶化机明显减少。

随着科学技术的发展,生产设备和工艺也在不断地改进和完善,朝着连续化、自动化生产的方向发展,从而极大地改善了生产环境,减少了对环境的污染。

(1)连续化生产系统(工艺)。

复合固体推进剂主要有两种生产方式:间歇式混合法和连续混合浇铸法。后者与前者相比有许多优点:

1)各种型号和尺寸的可靠发动机都必须有高质量的推进剂。在最佳的设备条件下,连续混合法比目前间歇式混合法生产的推进剂密度和燃速变化要小。

2)推进剂连续混合装置本身大大降低了任一瞬间在混合区中推进剂的数量,因而比间歇式混合机安全。

3)连续混合装置的设备、占地面积和生产费用均较低。

4)连续混合装置能灵活控制生成速度和推进剂成分。

5)所有连续混合生产的推进剂,100%的样品可经无损检验鉴定,而间歇式混合生产的推进剂的质量鉴定,只根据一个或两个小试样做无损检验。

6)推进剂药浆可用泵和管道从连续混合机输送到待浇铸的发动机处,并直接入发动机内。而多批间歇式混合系统,通常要用运输罐将药浆送到浇铸场地,这样必然增加劳动量和推进剂的损耗。

7)连续化生产方式是全系统密闭式的,避免了间歇式各工序入料、出料时物料的挥发,从而大大减轻了环境污染,保护了作业人员的身体健康。

(2)自动化固体推进剂装药线。

1987 年 3 月,美国赫克利斯公司在犹他州马格那市附近建成了高度自动化的固体推进剂装药生产线。该厂配备有两台容积为 6 813 L 的立式混合机,4 个直径为 6 m、深为 17 m 的浇注-固化坑。计算机控制着每一道关键的生产工序。全厂只有 9 名技术人员和 3 名操作员,他们通过中心控制室和闭路电视控制和管理生产。每年可装制三叉戟Ⅱ火箭用发动机 96 台、大力神助推器 20 台和航天飞机固体助推器 12 台。生产的自动化可使固体发动机的生产成本降低 20%~50%。

三、应用新材料

固体推进剂生产使用的各种原材料首先是要满足比冲和发动机性能,其次才考虑它的毒性和对环境的影响。在满足比冲和发动机性能的前提下,采用新材料、新工艺是时代的需要,是人类生存的需要。如果能采用一种比较理想的材料,就会使固体推进剂生产对环境的污染和对作业人员身体健康的影响降到最低限度。端羟基聚丁二烯(丁羟胶)的使用就是一个很明显的例子。

目前在国内除用丁羟胶作黏合剂的固体推进剂以外,其他的固体推进剂的配方中,固体含量均在 85%以上,无论是用聚硫、无规和有规丁羧胶,还是四氢呋喃与环氧丙烷的共聚物作黏合剂,几乎都用苯乙烯作稀释剂。虽然苯乙烯的加入,可延长药浆的使用期,改进药浆的流动性和流平性,对浇铸工艺有好处,但也带来某些严重缺点,如苯乙烯易挥发、气味大、有毒、污染环境、对人的健康有害。残留在推进剂内的苯乙烯量随浇铸时的真空度、脱气的速度和时间以及浇铸温度而变化,致使推进剂的质量不易稳定,批与批之间重复性较差,因此,有必要研制新的黏合剂。

丁羟胶是以丁二烯为单体,过氧化氢作引发剂制成的黏合剂,合成方法简单,又不需要特别的后处理,产品质量比较稳定,杂质较少,成本比较低,易于大规模工业生产,与其他黏合剂相比,在相对分子质量相近的情况下,丁羟胶黏度较小。所以,用丁羟胶作固体推进剂的黏合剂,固体含量比较高,推进剂的密度大,同时改进了丁羧胶推进剂耐老化性能差的缺点。另外,由于丁羟胶的黏度小,药浆的流动性增加,不用苯乙烯稀释,同样不难浇铸,因此使推进剂从原料称量,到混合、浇铸、固化等各阶段,排出有害物质的量减少了98%以上。经过多年的研究,克服了丁羟固体推进剂的最大强度不够大、低温的最大延伸率不如常温和高温好、使用期短等缺点,丁羟胶已成为国内外固体推进剂的一种主要黏合剂。

在推进剂生产中采用新材料以后,减少对环境污染的另一个例子是用水溶性表面活性剂清洗剂清洗生产器具,而不用丙酮类有机溶剂,从而避免了丙酮类有机溶剂对作业人员和环境的危害。另外,由于丙酮类有机溶剂属于易燃易爆物质,使用时现场浓度相当高,有时达到爆炸极限,容易引起火灾等危害。用水溶性洗涤剂代替丙酮,也减少了一个不安全因素。

由上可见,减少和控制固体发动机生产对生产环境和大气环境污染的根本途径是采用新工艺、新设备和新材料,并严格执行"三同时"制度。

6.6.6 固体推进剂安全销毁再利用技术

储存性能差是固体型号导弹的一个缺点。现役固体推进剂多为高分子材料,如双基推进剂、复合固体推进剂、复合双基推进剂等,这些推进剂都具有固化成型后老化迅速和不能长期储存的缺点。以丁羟基推进剂为例,其在存储期间性能指标会发生较大变化,如密度降低、高氯酸铵等有效成分流失、推进剂表面硬化而内部黏度增高等现象。一旦超出存储期,若继续使用,不但会严重影响导弹的战术性能,而且可能会造成安全事故。因此,过期或报废的固体推进剂必须得到有效、安全、迅速的处理。

在处置报废固体推进剂的研究方面,国际上通常有三种做法:一是采用传统方法,如焚烧、爆破、回收热能等;二是积极开发各种回收利用技术,目前主要有以某些主要成分及部分添加剂(如高氯酸铵、黑索金、奥克托今、铝)等为中心的回收技术与以产品性能及功能转化为中心的回收技术(如重新加工转为民用火炸药产品、化工原料等);三是在新型固体推进剂设计时就考虑其 R3(重回收、重循环、重利用)特性,将其作为新型推进剂的设计目标,更符合绿色环保理念。

一、预处理技术

无论利用何种方法,将推进剂和发动机壳体有效、安全分离,是进行处理工作的前提。由于推进剂固化后与发动机成为一个整体,在利用之前必须进行预处理,这种预处理技术即分离技术。目前分离报废推进剂的主要有以下方法。

(1)液氮切割法。

低温切割是通过把液氮加压到 400 MPa,以大于 900 m/s 的速度从小孔喷嘴喷出,将药块打碎,该系统包括液氮供应、加压、温度控制、喷嘴、回收和控制等。低温切割是一种非常有前景的固体推进剂粉碎技术,可安全、环保地粉碎固体推进剂,在粉碎过程中不会使固体推进剂发热、燃烧、爆燃或爆炸,而且无废液排放,不会造成二次污染。粉碎后的固体推进剂粒径范围为 0.008～6.1 mm,有利于进行后续的操作,如湿空气氧化、热水氧化、焚烧或堆肥等。

(2)高压溶剂粉碎法。

高压溶剂粉碎是指在一定的压力下,在一种特殊装置中安全粉碎固体推进剂的方法。在这种预处理技术中,通常选用的溶剂为液氨和水等实验证明,高压溶剂粉碎是一种快速、有效的废药预处理方法,但也存在一定的危险性。工作过程中可能会飞溅出碎片,因此必须认真对待并采取相应防护措施,否则会对操作人员造成伤害。

(3)低温、室温的温度循环法。

低温、室温的温度循环法是将发动机置于低温冷冻后,升至室温,再冷冻,再升温,如此反复进行的温度循环操作,可使发动机中的药柱产生分布不均的热应力,形成裂纹,进而发生破裂,最后将破碎的药块从发动机中取出。这种方法不仅降低了推进剂的敏感性,而且操作中没有机械撞击和产生污染,使推进剂从发动机中安全有效地取出并被粉碎成较小的颗粒。

二、安全销毁技术

固体推进剂的安全销毁技术包括露天焚烧或露天引爆、密闭引爆、回转窑焚烧、循环流化床焚烧、热水氧化/超临界水氧化、湿空气氧化、电化学降解和堆肥生物降解技术等。根据时间的划分,安全销毁技术的发展可分为以下三个阶段。

(1)第一代废药销毁技术。

第一代废药销毁技术指目前正在应用中的比较传统的技术,即露天焚烧或爆破。露天焚烧法操作简单,处理费用较低,相对安全;缺点是焚烧时生成大量高浓度污染气体和固态燃烧残渣,随着空气流、雨水侵害环境,难以控制其对环境的污染。

(2)第二代废药销毁技术。

第二代废药销毁技术指目前国外正在广泛应用的比较成熟的技术,主要以焚烧炉内焚烧的方式为主。与第一代废药销毁技术相比,第二代废药销毁技术将露天焚烧改为焚烧炉内的可控制焚烧,从而使废药销毁的危险性降低,有时还能回收部分能量;缺点是设施建造、维护需要较大的费用,且焚烧时需要消耗一定的燃料和电力,所以这种方法多被发达国家采用。

(3)第三代废药销毁技术。

第三代废药销毁技术指目前国外正处于小试或中试研究阶段的前沿技术,主要是采用化学方法或生物方法使固体推进剂分解或降解,变成环境可接受的、危险性较低或无危险的物质,有的分解或降解产物还可通过进一步的分离处理,成为有用的化工原料或产品。其中包括以下方面:①用碱($NaOH$、氨水等)与报废的固体推进剂进行硝化反应,得到较低能量的无机盐和有机盐;②采用熔融盐(如碱金属或碱土金属的碳酸盐和卤化物)作为热传递物质和无机盐,温度维持在 $150 \sim 1\,000 ℃$,一方面催化分解反应,一方面中和产生的酸性气体,固体推进剂被分解,形成稳定的盐;③用超临界水(高温水蒸气)氧化法氧化报废推进剂,在超临界水的反应条件下,呈溶液状态的组分被氧化破坏率可达 99%,其主要产物是 N_2,CO_2,NO_3^- 和 NO_2^- 等;④利用生物降解技术(如堆肥技术、真菌转变等),使报废的固体推进剂发生分解反应,反应产物污染性小,有的甚至可以用作肥料。

第三代废药销毁技术在保证安全销毁废药的同时更注重环保效益和经济效益,此外,在废药预处理技术方面加强了研究,以确保后续的化学或生物销毁方式能够顺利进行,虽相对不够成熟,但是为将来的废药销毁技术研究指明了方向。

三、资源化利用技术

1. 有效成分的提取与再利用

常用固体燃料主要为端羟基聚丁二烯和端羧基聚丁二烯,其中又以端羟基聚丁二烯为主。

端羟基聚丁二烯的研制始于 20 世纪 60 年代初,其成本低,性能好,尤其在高固体含量下,仍具有较好的工艺性能和力学性能,因此在 20 世纪 70 年代以后得到迅速发展。回收的氧化剂、铝粉和部分添加剂等组分,不但可作为原料重新被应用于固体发动机中,而且可作为化工原料应用于民用产品中,不仅节约了资源,同时也解决了报废的大尺寸推进剂药柱的处置问题。由于这些回收技术有着较为成熟的化学工艺,有些在国外已实现工业化,所以是一条非常有益的回收途径。

2. 氧化剂的回收

氧化剂是复合固体推进剂中重要的组成部分,主要是以高氨酸铵为主,通常占推进剂总质量的 30%～85%,同时为了提高能量和降低信号特征,通常往复合固体推进剂中加入一定量的高能添加剂,如黑索金、奥克托今等。

在回收氧化剂的过程中,通过选择不同的萃取溶剂,如水、液氨、氢氧化铵等,使固体推进剂中的氧化剂与不溶物分离出来,然后经过化学分离等方法回收氧化剂。用热水或含有表面活性剂的水作为萃取溶剂是美、俄等国家早期处理报废固体推进剂的一种主要方法,但是这种方法回收效率不高且存在危险性和二次污染,已逐渐被新的方法所替代。

美国陆军导弹司令部在 20 世纪 90 年代以后成功地开发了在固体火箭发动机非军事化和推进剂成分回收中应用近临界流体和超临界流体技术,用氨气、二氧化碳、一氧化氮等作为非传统的萃取溶剂,根据相似相溶原理,利用"气→液"和"液→气"相变,对复合固体推进剂进行超临界液体萃取技术的研究。由于高氯酸铵、黑索金、奥克托今在液氨中有良好的溶解性,采用高压喷射的方法,使得推进剂从发动机内部被侵蚀下来并溶解,无机氧化剂能溶于氨而其他不溶性推进剂成分保持污泥形式,从而可以通过过滤的方式被除去。整个操作过程中,氨必须要保持液态,发动机内部的工作压力必须大于氨的蒸气压,溶解了大量氧化剂的液氨经过过滤和降压,使氧化剂分离并沉淀出来,氨气可以升压循环使用。液氨向气相的转变过程中可使用标准工业化学成分处理设备回收高氯酸铵等氧化剂,使其各项指标达到推进剂原料的使用标准。这种临界萃取技术有着较为成熟的化学工艺基础,易于实现工业化。

3. 金属铝粉的回收

为了提高推进剂的能量,通常向固体推进剂中加入一定数量的高能添加剂,加入质量分数一般为 5%～20%。某些高能添加剂的加入还可提高推进剂的密度,从而提高推进剂的密度比冲。最常用的高能添加剂有轻金属和轻金属的氢化物,轻金属包括铝、铍、硼等。世界各国使用最广泛的是铝,因为它来源广泛、价格便宜、制造方便、毒性小等。

已公开的回收固体推进剂中铝的方法主要是在推进剂各组分都存在的情况下,直接将黏合剂进行解聚或水解,这样使黏合剂体系部分被破坏,但是只能回收其中少量的铝,大部分的铝仍然存在于未解聚的黏合剂中,而且回收的铝中含有杂质。研究人员在不断地对回收工艺进行改进的研究中发现,在利用萃取技术回收固体推进剂中氧化剂的工艺过程中会产生不溶物,这些不溶物经过溶剂萃取后剩余的主要成分是铝和大约质量分数为 10% 左右的各种添加剂,如固化剂、稳定剂、弹道改良剂、表面活性剂等。利用聚合物的氧化差异,通过在一定温度范围内加热这些不溶物可以回收其中的铝。铝暴露于空气中,表面会形成一种惰性很强的氧化物,在高于铝的熔点(660℃)时也不会被氧化和熔化,而在 400～600℃的温度下,大部分的有机化合物,包括聚合物都被氧化成为 CO_2。经过处理的铝粉颗粒大小不会改变,这种利用聚合物在高温下被氧化成气态从而使铝从其中分离回收的方法,不但回收效率高、铝粉较纯,而且易操作、能耗低。

4. 部分添加剂的回收

为满足发动机对推进剂各种性能的要求，需要添加一些其他组分来改进推进剂的力学、弹道性能、能量特性。这些组分价格昂贵，且不易生产，利用化学及物理手段对其进行回收，回收的产品可重复使用。

(1)弹道调节剂的回收。

弹道调节剂是调节发动机内推进剂点火后的燃烧速度，对发动机的工作起着至关重要的作用，普遍使用的主要是二茂铁衍生物和硼氢化物，如卡托辛和正己基碳硼烷。美国的研究人员 S. Melvin William 和 J. Leroy 等人分别研究了从复合推进剂中回收 99.8% 以上二茂铁衍生物和从推进剂碎块中用戊烷萃取、过滤回收正己基碳硼烷的技术，实验证明，可以有效回收报废固体推进剂中的弹道调节剂。

(2)稳定剂和增塑剂的回收。

由于超临界流体中 CO_2 和 NH_3 具有较安全和稳定的特性，用其作为溶剂回收固体推进剂中的增塑剂和稳定剂效率高，成本低，且不产生任何有毒或有害废物。CO_2 气体经历一系列的相变，可作为溶剂溶解并分离双基或交联双基推进剂中的增塑剂(如硝化甘油)及其稳定剂(如二苯胺和硝基苯胺)，CO_2 经过处理可以循环使用。

5. 报废固体推进剂在工业炸药中的应用与研究

随着工业生产规模的不断扩大，工业炸药被广泛用于煤矿开采、油气勘探、交通水电建设等方面，实际上大部分现代工业炸药都属于硝铵炸药。固体推进剂具有一定的形状和尺寸，通常情况下只能燃烧、不能爆炸，只有在强力约束和强力起爆条件才可能发生爆炸，因此报废的推进剂不能单独用作炸药。同时由于报废的固体推进剂量有限，利用其特殊的能量特性把报废固体推进剂作为工业炸药组成或补充料技术的研究为处理报废固体推进剂提供了一种现实可行的方法。

早在 20 世纪 60—70 年代，欧美的研究人员就开始了在水胶炸药中添加部分粒状无烟药的研究，国外关于报废推进剂和无烟火药用作工业炸药组分的研究报告中指出，废旧推进剂作为高能燃料和敏化剂在工业炸药中起作用，通过研究基于单基和复合推进剂与工业炸药混合后的技术，测量了大量添加报废推进剂工业炸药的技术指标。实验结果表明，在维持基本的工业炸药技术指标下，可在传统工业炸药中添加质量分数超过 30% 的废旧推进剂，制得的这种炸药爆炸效果、抗水性、耐冻性好，实际应用效果好，但是这一类复合炸药的使用安全性需要进一步研究。

我国于 1986 年开始研究报废发射药与火炸药在工业炸药中的应用，现已取得重大进展。其中，首座利用含报废发射药与火炸药生产民用炸药的工厂已于 1996 年建成，实现了工业化生产。报废固体推进剂与报废发射药和火炸药都是有着相似特性的含能材料，报废发射药和火炸药在工业炸药中的成功应用为报废固体推进剂作为工业炸药的补充料的研究起了借鉴作用。不同类型废旧推进剂在被适当减小尺寸或粉碎后与工业用的水胶、浆状、乳胶炸药结合，制成粉状乳化炸药、粉状炸药、浆状炸药等，爆炸做功能力强。将报废的固体推进剂与工业炸药混合或者直接与报废的发射药及火炸药混合制成形式各样的混合工业炸药，甚至通过加入适量的含能物质及敏化剂直接将其灌注成型为工业炸药等方面的研究将为国内报废固体推进剂的处理开辟一条有益的回收利用途径。

四、报废固体发动机安全销毁与再利用技术

报废固体发动机面临的环境问题主要是来自于其中的固体推进剂安全处理，这种处理实质上是一个固废物的处理问题。但对于固体推进剂而言，考虑到其是易燃、易爆的含能化学材料这个重要因素，因此，处理过程中的安全和环保问题是首要考虑的问题。

1. 报废固体推进剂的来源及危险性

固体推进剂作为固体火箭发动机的动力源，其贮存寿命一般仅为 10～20 年。贮存期间，推进剂装药会发生老化现象，抗拉强度、延伸率和弹性模量等力学性能会逐渐变化，最终导致推进剂药柱内部出现孔穴或裂缝，影响发动机的工作性能；推进剂装药中相关组分向包覆层、绝热层的迁移会造成绝热层脱黏，这可能会导致发动机工作时发生爆炸。因而，服役期满的固体发动机不仅作战性能堪忧，更构成了重大安全隐患，必须予以退役、报废。这是报废固体推进剂产生的一种主要来源。此外，固体发动机的装药生产是一个不可逆过程，生产过程中难免会由于配方设计、原材料质量、加工工艺等原因出现不合格产品，这也构成了报废固体推进剂的另一种主要来源。

根据 1989 年世界环境保护会议通过的《控制危险废料越境转移及其处置巴塞尔公约》（*Basel Convention on the Control of Transboundary Movements of Hazardous Wastes and Their Disposal*），固体推进剂的危险特性属于第 1 等级（爆炸物，编号为 H1）；根据我国《国家危险废物名录》（2008 年版），固体推进剂属于爆炸性废物（类别为 HW15）。可见，报废固体火箭发动机是重大危险源，必须对其进行妥善处置。

2. 固体推进剂的安全销毁

固体推进剂是整体浇注于固体发动机壳体内部，因此对于固体推进剂的安全销毁必须是把它们看作一个整体来统一处理。如果对退役发动机采取整体销毁的方式，不但严重污染环境，而且浪费了壳体。现阶段工业生产部门通常对于生产的非合格产品的处理方式是：将发动机中的报废固体推进剂进行更换处理，即将装药从燃烧室内清除干净后再进行使用，使较为贵重的发动机壳体得以回收再利用，并将分离的报废的固体推进剂进一步处理或再利用。目前，开展固体推进剂报废处理研究和应用的主要集中在美国、俄罗斯、乌克兰、中国等国家，按照现有的固体发动机处理技术特点以及分离步骤，将固体推进剂报废处理技术分为整体技术和分离处理技术两大类。

3. 整体处置技术

整体处置技术可进一步分为整体再利用技术和整体销毁技术。

（1）整体再利用技术。

整体再利用技术是针对超出贮存有效期、不能继续长期贮存的固体火箭发动机，在经严格检测、整修后，可将之改造用于民用航天运载，例如美国 Minotaur 系列运载火箭就曾采用了退役的 Minuteman，Peacekeeper 等洲际弹道导弹的固体火箭发动机作为一、二级动力。整体再利用技术可以充分发挥退役固体火箭发动机及推进剂的使用价值，但由于对退役固体火箭发动机的性能指标要求苛刻，不可能得到广泛应用。

（2）整体销毁技术。

整体销毁技术包括公海倾倒、深土掩埋、水下发射、开放式引燃等方法。20 世纪 90 年代，俄罗斯曾通过水下发射和引燃等方式销毁了多枚 RSM-52 导弹的固体火箭发动机。图6-33 为报废固体火箭发动机开放式引燃现场图。显然，整体销毁技术操作简单、处理费用低，但污

染环境、浪费潜在资源。

图 6-33　报废固体火箭发动机开放式引燃现场图

4.分离处置技术

在固体火箭发动机报废处置中,发动机壳体与推进剂装药相比生产成本更高、贮存寿命更长,使得人们期望能够对之加以回收再用,因而整体销毁技术已被摒弃,现阶段最受青睐的处理方式是先将推进剂装药从发动机壳体内清理干净,再将分离开来的发动机壳体和推进剂装药分别加以再利用或进行其他妥善处理。相应地,固体火箭发动机的报废处理过程便分为预处理和再利用两个技术步骤。

(1)预处理技术。

预处理技术旨在实现发动机壳体与推进剂装药的安全分离。现有预处理技术主要包括金属刀具切削法、溶解溶胀法、低温破碎法、水射流切割法等。

1)金属刀具切削法。金属刀具切削法有人工手持刀具铲挖和机械控制刀具切割两种方式。固体火箭发动机壳体内空间狭小,并且推进剂装药具有较高的机械感度,因此人工手持刀具铲挖法操作难度较大、清理效率低下且极为危险;机械控制刀具切割法虽然切割效率较高,但在操作空间和切割安全性上同样面临困境。

2)溶解溶胀法。溶解溶胀法试图以物理或化学溶剂对发动机壳体内推进剂装药进行溶解或溶胀,以便采取进一步措施实现壳体内装药的清理。物理溶剂一般采用能够渗入固体推进剂黏合剂体系且对其某些主要成分具有强溶解性的液体。例如,依据相似相溶原理,高氯酸铵在液氨中的溶解度比在水中大 7 倍左右,25℃时高氯酸铵在 100 g 水中可溶 20.0 g,而在 100 g 液氨中可溶 137.9 g,基于此,美国 William S. Melvin,James F. Graham 等人设计了一套以高压无水液氨为工作介质从固体发动机壳体中击碎、取出推进剂并萃取、回收高氯酸铵的装置。化学溶剂一般采用能够降解固体推进剂黏合剂体系且能够与其某些主要组分发生化学反应的液体。溶解溶胀法的优势在于能够在分离发动机壳体与推进剂装药的同时回收部分有效组分;其局限在于装置复杂,操作烦琐,溶剂选择性强,经济性差。

3)低温破碎法。常用的低温破碎方法有液氮切割法和低温/室温温度循环法。

当固体推进剂被冷冻至玻璃化温度以下时,其黏合剂体系的分子链将处于冻结状态,推进剂会脆化、失去弹性,比较容易粉碎。而液氮沸点低达-196℃,制冷效果好,且能防止物料氧化,基于此,美国桑迪亚国家实验室研制了一套液氮低温切割装置,该设备能够将增压至 400 MPa 的液氮以约 900 m/s 的速度喷射向推进剂表面,在切割的同时实现粉碎,其最大切割速度可达 0.1 kg/s,产出的颗粒尺寸小于 6 mm,便于后续处理。液氮切割的缺点在于装置复杂、操作烦琐、处理成本高昂,同时存在一定的危险性。

低温/室温温度循环法是通过不断循环变化固体发动机的环境温度,使得发动机壳体中的推进剂装药产生分布不均匀的热应力,进而形成裂纹,直至发生破裂,最后再将破碎的固体推进剂药块从发动机中取出。此方法的优点在于不仅降低了固体推进剂的敏感性,而且操作过程中没有机械撞击和环境污染;缺点在于效率低下且不适用于低温力学性能优良的推进剂种类。

4)水射流切割法。高压水射流是近几十年发展起来的一项高新技术,它以高压水为工作介质,通过喷嘴将其转变为高速高能射流,可用以完成对金属、非金属等很多种物料的冲击破碎,目前已被广泛应用到矿物开采、机械加工、建筑建材等工业领域。高压水射流是当前唯一的冷切割加工技术,其无火花和产生热量小的特点使得其在冲击切割物料时温升较小,在切割破碎易燃易爆物料或在有防爆要求的场合作业时呈现出独特的优越性。因此,近年来,高压水射流技术开始逐步应用于报废固体火箭发动机的预处理,并因其装置简单、操作方便、工作介质廉价而得到了越来越多的青睐。图6-34所示为高压水射流清理固体火箭发动机内推进剂装药的作业现场。

图6-34 高压水射流切割装置

表6-17所示为现有各种预处理技术在通用性、安全性、环保性、高效性、经济性等方面的综合对比,从中可以看出,水射流切割是目前最适用于报废固体火箭发动机壳体内固体推进剂预处理的技术。当然,高压水射流技术也已在报废固体火箭发动机预处理的工业实践中得到了一定的探索和应用。

表6-17 各种预处理技术性能对比

预处理技术	通用性	安全性	环保性	高效性	经济性
人工手持刀具铲挖法	★★★	×	★★	★	★★★
机械控制刀具切割法	★★	×	★★	★★	★★
溶解溶胀法	×	★★	★★	★	★
液氮切割法	★★★	★★	★★★	★★	×
低温/室温温度循环法	★	★★★	★★★	×	★★
水射流切割法	★★★	★★	★★★	★★	★★★

注:×差;★一般;★★良;★★★优。

（2）再利用处理技术。

预处理得到的发动机壳体在通过几何形态、力学性能、是否渗漏等检测后，可以进行重新装药再利用。通过回收发动机壳体可以大大节约固体发动机的生产成本，避免贵重的复合材料的浪费。

作为危险性废物，预处理分离出来的报废固体推进剂必须进行妥善处理。报废固体推进剂装药的安全后处理技术至今已经经历了三代技术发展。

第一代安全后处理技术主要是指露天焚烧或露天引爆，该方法虽然操作简单、费用低廉、相对安全，但会造成环境污染与资源浪费，在欧美国家已经被严格限制使用。

第二代安全后处理技术是目前国外已经比较成熟并获得广泛应用的销毁技术，它将露天焚烧或引爆改进为焚烧炉内的可控制焚烧，从而使报废装药销毁的环境危害减小、销毁场地也大为减小，但污染环境和浪费潜在资源的缺点依然存在，并且在设施建造、维护、运转上需要投入费用。

第三代安全后处理技术在保证安全销毁报废装药的同时更加关注环境保护和资源回收再利用，可以划分为两大类：一类是报废装药的非含能化处理技术，即通过可控制的方式将报废装药的内能予以安全释放，使之变得不再易燃易爆；另一类是报废装药的资源化利用技术，即充分利用报废装药的潜能，从中获取或将之转制成有用的产品。表 6 - 18 所示为报废固体推进剂装药安全处理技术的国内外研究应用现状。

表 6 - 18　报废固体推进剂安全再利用处理技术的国内外研究应用现状

技术分类	技术名称	国外现状	国内现状
第一代安全后处理技术	露天焚烧或引爆	限制应用	普遍应用
第二代安全后处理技术	密闭引爆罐	技术成熟，较少应用	技术成熟，较多应用
	回转窑焚烧	技术成熟，广泛应用	实验研究阶段
	等离子弧焚烧	技术成熟，广泛应用	实验研究阶段
	循环流化床焚烧	技术成熟，广泛应用	实验研究阶段
第三代安全后处理技术	超临界流体萃取	技术基本成熟	实验研究阶段
	超临界水氧化	技术基本成熟	实验研究阶段
	湿空气氧化	技术基本成熟	未见报道
	熔融盐氧化	技术基本成熟	未见报道
	电化学降解	实验研究阶段	未见报道
	生物降解	实验研究阶段	未见报道
	回收有效组分	技术成熟，广泛应用	实验研究阶段
	转制民用炸药	技术成熟，广泛应用	技术基本成熟
	转制锅炉辅助燃料	技术成熟，广泛应用	未见报道
	转制肥料	实验研究阶段	未见报道

第7章　液体推进剂泄漏应急处理和安全防护技术

7.1　液体推进剂泄漏应急处理技术

目前，航天领域大型运载火箭所使用的液体推进剂主要是肼类燃料（偏二甲肼、一甲基肼和无水肼）和硝基氧化剂（四氧化二氮和红烟硝酸 $HNO_3 - 27S$ 等），它们都具有强烈的腐蚀性、吸湿性和易燃、易爆、易挥发性及毒性大等特点。在液体推进剂的运输、转注、贮存、加注或泄出的过程中，一旦因违章操作、误操作或设备故障等原因发生泄漏时，如果对液体推进剂突发性泄漏控制或处理不当，极有可能引起着火、爆炸、人员中毒和环境污染等，从而引发更大的液体推进剂事故。国内外已有多起此类事故发生，因此，采取科学有效的应急处置与污染控制措施，对于防止发生液体推进剂事故具有十分重要的意义。本节着重论述了液体推进剂在突发性泄漏时的应急处置与污染控制问题。

7.1.1　液体推进剂泄漏事故的原因及特点

液体推进剂泄漏事故，是指因管道、阀门失灵或运输工具故障，发生有毒气体或挥发性强的有毒液体成点状、线状、平面或立体的大量泄漏而造成人员伤害。这类事故的特点是中毒人员多，现场死亡人员少，死亡大多发生在中毒后的几天内，死亡原因大多为迟发的毒性作用，或中毒性肺水肿、继发性感染等。

一、液体推进剂泄漏事故发生的原因

发生液体推进剂泄漏事故的原因是非常复杂的，既有人及设备因素损坏，也有人类社会活动及大自然产生的破坏作用，大致可归为两种因素。

1. 技术因素

技术因素一般指在液体推进剂生产、贮存、运输及作业等过程中，工作人员对从事的工作岗位违反客观规律、违章而引起的泄漏事故，通常有以下五个方面。

1）火箭残骸落区选址不当，如选在人口众多的居民密集区。一旦火箭加注液体推进剂剩余量过多，在火箭一子级关机后，残余液体推进剂随脱落后的火箭残骸一同落地，引起液体推进剂泄漏或爆炸，造成大量人员伤亡。

2）设备、工艺陈旧。生产工艺流程设计不合理，设备设施缺乏科学的维护检修，未能及时更新改造，久而久之，必然容易发生液体推进剂的泄漏事故。

3）管理混乱，缺少科学的规章制度或规章制度执行不到位。液体推进剂作业设施、设备及工具不符合安全规定，作业现场管理混乱，无急救药品、个人防护器材及堵漏器材。

4）不遵守安全规定和操作规程。违章操作，甚至不经岗位培训就到有毒有害的液体推进剂岗位操作，违章或野蛮操作等，都可能是发生液体推进剂泄漏事故的重要因素。

5）责任心不强，玩忽职守。工作责任心不强，散漫懒惰，甚至人为蓄意破坏，都可导致液体推进剂泄漏,发生火灾或爆炸。

2.自然因素

大自然中发生的强烈地震、海啸、火山爆发、龙卷风、台风、洪水、山体滑坡、泥石流等因素,都会造成推进剂贮、运设施和加注推进剂的火箭受到破坏,使有毒有害的液体推进剂泄漏,进而引起突发性的液体推进剂事故。

二、液体推进剂泄漏事故的特点

液体推进剂特有的毒性作用和特殊的理化性质,决定了液体推进剂泄漏事故的特点。①发生突然,防救困难。液体推进剂泄漏事故的发生往往出乎人们的预料,常在意想不到的时间、地点突然发生。一旦发生重大液体推进剂泄漏事故,大量有毒有害的液体推进剂短时间内外泄,有毒蒸气迅速扩散,通过呼吸道、眼睛、皮肤黏膜等多种途径引起人员和其他生物中毒,因此对防护救治工作提出了更高的要求。②扩散迅速,毒害广泛。突发液体推进剂泄漏事故后,液体推进剂通过扩散,可严重污染空气、道路、水源和设备设施。危害最大的是液体推进剂蒸气,可迅速往下风方向扩散,在几分钟或几十分钟内扩散几百米或数千米,引起无防护人员和生物中毒。③污染环境,不易洗消。肼类推进剂燃料气体,由于其扩散性和吸附性极强,扩散范围广,在环境中存留时间长。若液体推进剂事故发生在低温季节或通风不良的地形条件下,则毒性可持续几小时或几十小时,甚至更长。在此过程中,肼类特别是偏二甲肼在正常环境条件下氧化,可生成毒性更大的亚硝基二甲胺(强致癌物)、二甲胺、四甲基四氮烯等二次污染物,洗消特别困难。④影响巨大,危害深远。特大液体推进剂泄漏事故一旦发生,势必影响事故区域的综合功能运转,并实施交通管制、居民疏散,生活生产秩序破坏,不仅影响社会的方方面面,更严重的是会损害国家声誉,甚至引起国际上的巨大反响。

7.1.2　液体推进剂突发性泄漏事故的应急处置

一、泄漏等级的判定及处置人员的防护

发生液体推进剂泄漏时,一定要处变不惊,迅速查明泄漏情况,判定泄漏等级。通常可用以下四种情况来表征液体推进剂的泄漏程度。

1)渗漏:设备表面有明显的介质泄漏痕迹,擦掉痕迹,几分钟后又会出现;如果泄漏介质是推进剂蒸气,用小纸条检查时,纸条微微飘动;用肥皂水检查时,有气泡产生。

2)滴漏:介质泄漏成水球状,缓慢地流下或滴下,擦掉痕迹,5 min 后再现水球状泄漏介质。如果泄漏介质是推进剂蒸气,用小纸条检查时,纸条飞舞;用肥皂水检查时,气泡成串。

3)重漏:介质泄漏较多,连续成水珠状流下或滴下,但未达到流淌程度。如果泄漏介质是推进剂蒸气,则可听到泄漏气体所发出的噪声。

4)流淌:介质泄漏严重,连续喷涌不断,成线状流出。

处置人员应根据所判定的泄漏等级,按以下原则采取防护措施,确保个人人身安全。

1)一般应急防护:主要处置渗漏、滴漏。处置人员需佩戴过滤式防毒面具和防护手套,穿全身防护服和耐酸碱胶靴,个人在场地停留时间不得超过 60 min。

2)应急防护:主要处置重漏。处置人员戴佩带隔绝式防毒面具和防护手套,穿全身防护服和耐酸碱胶靴,停留时间不超过 30 min。

3)紧急应急防护:主要处置流淌或其他恶性泄漏事故(如公路运输中发生碰撞事故,致使液体推进剂贮罐破裂等）。应急处置人员必须佩戴隔绝式防毒面具,着全身防护服、防护手套和耐酸碱胶靴,停留时间不超过 10 min。

二、液体推进剂突发性泄漏事故的应急处置

液体推进剂发生泄漏时,主要的危害是燃烧、爆炸、有毒气体扩散、对人员的化学灼伤及高温烧伤和环境污染等。及时封堵泄漏源,控制泄漏量,防止染毒区域进一步扩大,是避免火灾、爆炸、人员中毒、环境污染等恶性事故发生的首要条件。

1. 液体推进剂运输过程中发生泄漏时的应急处置

1)液体推进剂在公路运输中发生渗漏或滴漏时,应迅速疏散车队,并尽可能将事故车辆开到下风向的偏僻地方,其他车辆距事故车辆至少在 300 m 以上。然后立即采取桶接、紧固、堵漏等措施,控制泄漏源。在铁路运输中发生渗漏或滴漏时,也应立即视情况采取桶接、紧固、堵漏等措施,控制泄漏源。

2)液体推进剂在运输过程中发生重漏或流淌事故时,特别是事故发生地在居民区,为了减少损失,尤其是减少人员伤亡,指挥员应立即组织疏散车队、人员,在事故现场划出隔离区,及时组织群众撤出危险区,并派出警卫阻止无关人员进入现场。抢救人员要立即对泄漏贮罐卸压、喷水降温,降低泄漏速度,采取堵漏措施堵漏,如关闭阀门,用手锤轻轻敲击焊缝(对偏二甲肼贮罐不得用碳钢等易发生火花的工具敲击),用熟石膏和水玻璃加石棉粉调成的糊状物堵漏等。当泄漏量较大、无法堵漏时,应迅速将贮罐内的推进剂转移到其他容器中。

2. 液体推进剂加注、转注过程中发生泄漏时的应急处置

在加注、转注过程中,液体推进剂发生渗漏或滴漏时,要立即停止相应的操作动作,采取桶接、紧固、堵漏等措施控制泄漏源。发生重漏或流淌时,应立即停止操作动作,组织抢修。如泄漏发生在贮罐的管路等支线处,立即关闭贮罐总阀门开关,停止充压并卸压;如贮罐总阀门开关失灵,则立即对贮罐卸压、喷水降温,以降低泄漏强度,并采取关闭出口处阀门等抢修措施;如罐体焊缝渗漏,可用锤打裂缝(对偏二甲肼贮罐不得用碳钢等易发生火花的工具敲击),用熟石膏和水玻璃加石棉粉调成的糊状物堵漏等。当泄漏量较大、无法堵漏时,应迅速将贮罐内的液体推进剂转移到其他容器中。

3. 液体推进剂贮存过程中发生泄漏时的应急处置

液体推进剂发生渗漏或滴漏时,应加强库房通风、排风,并采取桶接、紧固、堵漏等措施控制泄漏源。发生重漏或流淌时,应立即切断库房总电源,关闭总阀门及有关阀门,对贮罐卸压,降低泄漏速度,必要时对罐体喷水降温,并立即采取措施堵漏。当泄漏量较大、无法堵漏时,将液体推进剂转罐。

4. 液体推进剂泄漏并发生着火时的处置

液体推进剂泄漏并发生着火时,必须果断采取一切可能的措施,迅速截断液源并灭火。对于肼类燃烧剂着火,应用泡沫灭火器、干粉灭火器、二氧化碳灭火器灭火,禁止用卤素灭火器灭火。少量混胺着火时,可用沙土或湿棉布覆盖灭火。对于偏二甲肼、一甲基肼、无水肼、混胺或胺肼来说,用一倍以上的水稀释后,就失去了可燃性,因此在无制式灭火器材时,也可选用大量的水冲洗灭火。氧化剂本身不存在着火的危险,但与肼类或胺类接触时却能自燃,若大量接触则会产生爆炸。此时应一方面采取隔离措施,使氧化剂与燃烧剂分开,另一方面用泡沫灭火器、干粉灭火器、二氧化碳灭火器或沙土灭火。氧化剂与其他非油类易燃物接触着火时,也可用大量水扑灭。

三、液体推进剂突发性泄漏的污染控制

由于泄漏液体推进剂的类型、泄漏等级和泄漏时所处的环境不同,因此所采取的污染控制手段也不尽相同。最常用的污染控制手段之一是进行洗消。液体推进剂发生泄漏时,应根据实际情况,选择合适的洗消剂,采用合适的洗消方法,防止因处理不当而造成毒剂扩散,扩大染毒区域的范围。

1. 肼类燃料泄漏的洗消剂

(1)地面和装备的洗消剂。

1)清水。用水冲洗,简便易行,但水不能破坏肼类物质,也不能完全溶解四氧化二氮、二氧化氮等氮氧化物,同时会对地下水资源和周围环境造成不同程度的危害。

2)1%～5%次氯酸钠稀溶液、2%～5%漂白粉水溶液、5%过氧化氢水溶液。其中,次氯酸钠稀溶液是破坏肼类物质的最好洗消剂之一,但不能解决泄漏的肼类蒸气对大气的污染问题。

3)复合洗消剂。复合洗消剂由次氯酸钠洗消剂与泡沫覆盖剂组成,依靠次氯酸钠的氧化能力来氧化降解肼类物质,消除或减缓其对大气的污染。而泡沫覆盖剂则能将泄漏的肼类物质和含肼废水覆盖起来,使之与空气隔绝,防止肼类蒸气向大气扩散。复合洗消剂是目前处理肼类燃料的最佳洗消剂之一。

(2)人员洗消剂。

当人员沾染肼类燃料时,应视情况选用清水、2%硼酸水溶液、30%乙酰丙酮的丙酮醇溶液、15%的乙酰丙酮的乙醇溶液、1%的高锰酸钾水溶液、5%碘酒、2.5%碘酒等进行洗消或救治。

2. 硝基氧化剂泄漏的洗消剂

(1)地面和装备的洗消剂。

美国佛罗里达的理工学院对航天发射过程中的液体推进剂及其蒸气进行了实验研究,对甲氧化二氮中和剂,按安全和效率、环境影响和费用做了综合评价,碳酸氢钠和碳酸钠明显优于其他碱性物质。在实际工作中,常用的硝基氧化剂的洗消剂主要有10%碳酸氢钠或10%碳酸钠水溶液、清水。

(2)人员洗消剂。

当人员沾染硝基氧化剂时,应酌情选用清水、生理盐水、牛奶、0.5%碳酸氢钠水溶液、氢氧化铝等进行洗消或救治。

3. 洗消方法

(1)地面洗消方法。

1)渗漏、滴漏的洗消方法。通常液体推进剂发生渗漏、滴漏时,泄漏速度较小,如果抢修及时,一般泄漏量较少,不会造成多大危害。因此洗消相对较为简单,用适量配制好的洗消液冲洗即可;若条件限制,无配制好的洗消液,亦可用较大量的清水冲洗。

2)重漏的洗消方法。重漏时,泄漏速度较大,堵漏相对困难,泄漏量相对较大,泄漏源周围大气中的液体推进剂蒸气浓度较高。因此,洗消时首先用洗消液呈雾状喷淋,将逸入大气的液体推进剂蒸气捕集,然后用大量洗消液冲洗地面或装备表面,最后再用大量清水冲洗。冲洗后的废液要集中存放,并做进一步的处理。如果无以上所推荐的洗消剂,如洗消氧化剂泄漏,也可用氢氧化钠或氢氧化钙水溶液代替;也可用大量水反复冲洗,然后将冲洗后的废液再做进一步的处理。洗消肼类燃料泄漏,可用高锰酸钾水溶液代替以上洗消剂,但切不可使高锰酸钾固体与肼类燃料接触,否则易发生爆炸;也可用大量水反复冲洗,然后将冲洗后的废液再做进一步的处理。

3)流淌的洗消方法。发生流淌或其他恶性事故时,由于泄漏速度快,堵漏困难,液体推进剂泄漏量必然很大。泄漏源周围大气中,液体推进剂蒸气浓度很大,高浓度的有毒蒸气会给洗消带来很大的危险。为了减少这种危险,除了大量喷淋水雾外,可采用强制通风的方法,把高浓度的有毒蒸气尽快驱散,然后按重漏的洗消方法做进一步的洗消。

(2)器材、装备洗消方法。

由于不同的器材、装备使用的材质不同,其沾染程度和洗消方法也有差异。对金属、玻璃等坚硬的材料,液体推进剂不易渗入,只需要表面洗消即可;对木质、橡胶、皮革等松软的材质,液体推进剂容易渗透,需要多次进行洗消。在洗消时,应根据不同的材质,确定洗消液的用量和洗消次数。对器材、装备的局部擦拭洗消时,应按自上而下、从前至后、自外向里、逐面分段的顺序进行,洗消 15 min 后,用清水冲洗干净,并擦干上油保养。对沾染液体推进剂的器材,若采用喷洗或高压冲洗的办法实施洗消,其洗消顺序一般为:集中沾染液体推进剂的器材,用洗消液实施外部喷淋或高压冲洗;用洗消液对器材的内部冲洗;将器材可拆卸的部件拆开,并集中用洗消液喷淋或冲洗;再用洁净的水冲洗,直到检测合格;擦拭干净上油保养,并撤离洗消场。对忌水性的精密仪器,可用棉花蘸取洗消剂反复擦拭、洗消。

(3)人员洗消方法。

1)当大量的偏二甲肼液体喷溅到人体表面时,应迅速脱去衣服,用大量的清水冲洗,冲洗时间在 15 min 以上;如果只是小面积皮肤被偏二甲肼、肼或一甲基肼污染,应先吸去液滴,防止污染面积扩大,然后对小面积偏二甲肼的污染区用 2.5% 的碘酒反复擦洗,直到碘酒不褪色为止;对于小面积肼的污染区,用 30% 的乙酰丙酮的丙酮醇溶液洗消,再用水反复冲洗;对于小面积一甲基肼的污染区,采用 15% 的乙酰丙酮酒精溶液洗消,再用水清洗。

2)当眼睛接触高浓度肼类燃料蒸气或液滴时,用大量水或 2% 硼酸溶液冲洗。

3)当不慎吞入肼类燃料时,应立即用手指压咽部催吐,然后用 0.1% 高锰酸钾水溶液反复洗胃,直到洗出液不变色为止。

4)当四氧化二氮、红烟硝酸喷溅到皮肤表面时,应立即脱去衣服,用大量清水冲洗,或用 0.5% 碳酸氢钠水溶液、生理盐水冲洗,时间在 10 min 以上。误吞入时,应喝牛奶或鸡蛋清、大量温开水、氢氧化铝溶液催吐洗胃。

7.1.3　环境污染监测

液体推进剂突发性泄漏事故发生后,应组织液体推进剂突发事故环境污染监测队,负责液体推进剂突发事故应急环境污染监测和事故环境影响评价工作,以最快的速度完成事故环境污染监测,确定污染的范围和严重程度,为正确处理事故提供科学依据。在基本搞清事故环境污染范围和严重程度以后,继续对液体推进剂的环境污染区域进行较长时间的跟踪监测,对事故的环境影响做出科学评价。

液体推进剂泄漏事故的应急处置与污染控制,是事故应急救援工作的重要组成部分,特别是突发性液体推进剂大量泄漏事故的应急救援、应急处置与污染控制,占有十分重要的位置,这直接关系到事故应急救援的成败。因此,掌握液体推进剂泄漏事故应急处置的基本方法、防护原则和污染控制措施,对于提高救援效率、减少危害具有十分重要的现实意义。

7.2　液体推进剂安全防护技术

7.2.1　防火防爆技术

液体推进剂的最大危险是着火与爆炸,因此,防火防爆技术是液体推进剂最为重要的安全技术。

液体推进剂防火防爆技术概括起来就是预防为主,层层设防,防治结合,具体包括以下方面:防止泄漏及泄漏后防止达到可燃浓度;防止点火源;防止氧化剂与燃烧剂相遇;加强系统安全与保险控制,一旦发生着火爆炸事故,应尽力限制其蔓延扩散。

一、防止达到可燃浓度

液体推进剂一旦发生泄漏,首要的就是防止液体推进剂液体和蒸气达到可燃浓度,这样即使遇到点火源,也不会发生着火爆炸。

1.通风

凡液体推进剂贮存、操作场所,均应通风良好,不使空气中的推进剂蒸气浓度达到或超过可燃浓度。如偏二甲肼在空气中的蒸气浓度应小于2.5%。

2.稀释

液体推进剂泄漏后的稀释必须及时,使之不能燃烧。如偏二甲肼用水稀释一倍后,液体遇火也不会燃烧,但与液体四氧化二氮、红烟硝酸接触则能燃烧;反之,泄漏后的四氧化二氮、红烟硝酸用水稀释一倍后再与液体偏二甲肼相遇剧烈反应,放出大量白色烟雾,但不能燃烧。因此,不论是燃烧剂还是氧化剂,泄漏后必须迅速用水稀释。

3.惰性气体保护

氮气是空气中的主要成分之一,其化学活性差,可用作液体推进剂挤压转注的动力,也可用作肼类燃料贮罐、管道的保护性气体,使贮罐、管道内含肼类蒸气的气相空间的混合气体不具有燃烧性。

4.中和

对泄漏的液体推进剂,若数量较大,必须用水稀释;对少量液体推进剂的泄漏,可用中和方法处理。为消除肼类燃料的臭味,除了及时冲洗、中和外,还应用0.5%浓度的醋酸水溶液中和、擦洗被污染的地面。

二、点火源的控制技术

液体推进剂引发着火爆炸的点火源有以下六个方面,因此可通过控制点火源来达到防火防爆的目的。

1.明火

液体推进剂贮存、操作场所严禁吸烟,严禁明火取暖和动火焊接,不得用蜡烛或普通电灯照明。

2.电火源

肼类燃料、液氢等燃烧剂系统的贮罐间、泵间等有着火爆炸危险的场所,其各类电机、照明灯具、插座、开关等电气设备必须防爆;电气线路设计中考虑过电、漏电、短路等保护措施。

3.摩擦与撞击

有着火爆炸危险的场所,人员不准穿钉鞋;使用的检修、敲击工具等不得产生火花;搬运装有易燃肼类等燃料的小桶、小罐时,不准拖拉、震荡,防止互相撞击;地面及贮罐、泵等表面应为不发火材料;泵机组、电动阀门等运转部分应保持润滑,防止因摩擦温度升高或产生电火花。

4.静电火花

液体推进剂液体、蒸气在贮罐、管道内流动时,在湍流冲击和热运动作用下,部分带电荷的液体分子进入液体内部,与罐壁、管道壁的摩擦能产生高电位静电。当达到一定电位,又不能及时导走时,其产生的静电放电火花可引起肼类燃料、液氢等燃烧剂液体或蒸气的着火爆炸。

消除静电的基本途径包括以下方面:通过控制液体推进剂流速、改善罐壁及管道壁状态、防止液体喷溅、过滤杂质等手段防止静电的产生;肼类燃料、液氢等燃烧剂的容器、管道、泵机组等必须有可靠的接地系统,并保持静电接地线路畅通以及时导走静电;采用中和电荷法,利用极性相反的离子或电荷来中和消除静电。

5.高温表面

液体推进剂系统中高温表面要注意缠绕供热保温材料,工作时注意隔热保温,并及时喷水冷却。

6.其他火源

严禁将泄漏的肼类燃料与硝基氧化剂、高锰酸钾、强氧化性金属氧化物等氧化剂接触。

三、防止氧化剂与燃烧剂相遇

发生液体火箭推进剂泄漏后,除采取上述措施外,还有一点十分重要,就是不让泄漏后的液体推进剂和与之接触有着火爆炸危险的物质相遇,尤其是考虑当氧化剂与燃烧剂同时泄漏时,尽量不让二者接触。

1)氧化剂贮库与燃烧剂贮库尽量远离,两库口的距离一般不小于 100 m。

2)氧化剂贮库与燃烧剂贮库之间设钢筋混凝土隔离墙。

3)严格操作和管理,尤其是氧化剂与燃烧剂一同加注时,要严格检查加注前系统的气密性。

四、灭火

液体推进剂着火需同时满足三个条件:可燃物、助燃物和着火源。在通常的液体推进剂着火爆炸事故中,燃烧剂及其蒸气是最重要的可燃物质;空气中的氧在大气环境中无处不在,其供应无法限制,但作为阻燃物的氧化剂则可以设法控制;当发生火灾时,着火部分的燃烧体可作为高温火源进一步向四周延烧,使得尚未着火的可燃物质因接受其热量达到燃点以上的温度,使火势蔓延扩大。

液体推进剂着火时,有四种灭火方法。

1)冷却法。降低着火物质的温度,使其降到自燃点以下,消除火源,燃烧减缓,直至火焰熄灭。

2)隔离法。切断可燃物质的供给,移去可燃物,将正在燃烧的物质与未燃烧的物质隔离,使火源孤立,火势不能蔓延,直至火焰熄灭。

3)窒息法。即隔绝空气。

4)抑制法。将灭火剂喷入燃烧区域,形成阻隔层,产生惰性游离基,中断燃烧的连锁反应而灭火。

最重要、最有效和最根本的灭火方法是冷却法和隔离法。

7.2.2　防毒技术

液体推进剂防毒技术的根本是防止推进剂的泄漏造成危害。一旦发生推进剂泄漏,必须立即采取多种措施综合的防毒技术以降低其危害,降低人员中毒风险,同时完善安全监测报警设备,提高操作人员的个体防护能力。

一、监测报警技术

根据《石油化工可燃气体和有毒气体检测报警设计规范》(GB50493—2009)规定:有毒气体或其中含有可燃气体泄漏时,有毒气体浓度可能达到最高容许浓度,但可燃气体浓度不能达到 25% 的爆炸下限时,应设置有毒气体检测器;同一种气体,既属可燃气体又属有毒气体时,应只设置有毒气体检测器;因此,必须对作业环境中液体推进剂气体浓度进行现场连续监测,这对于保障操作人员健康,防止事故发生,控制环境污染,保证火箭发射的顺利进行具有重要意义。

液体推进剂蒸气气体监测方法有很多种,如化学分析法、仪器分析法、检测管法、传感器法、固体吸附法、分光光度法等。化学分析法、仪器分析法等均较为复杂,均需要采样,然后进行测定,不能测出瞬时数据。目前应用较多的是传感器法,传感器检测技术具有选择性强、灵敏度高、误差小、检测快速及可连续等优点,可应用于作业现场液体推进剂蒸气气体浓度实时连续监测。结合仪表、计算机及其网络测控系统,可组成液体推进剂气体监测系统。

1. 液体推进剂蒸气气体检测仪

常见的毒气气体检测仪的传感器主要有半导体式、电化学式和电解池式三种。电化学式传感器的毒气检测仪是目前使用最为广泛的一种。电化学式传感器毒气检测仪主要利用氧化还原反应,通过不同的电解质可监测几十种有毒气体。根据电解质的质量,其寿命一般为 2～4 年。

目前常见的液体推进剂蒸气气体检测设备主要是电化学式气体检测仪。根据泄漏液体推进剂蒸气气体的浓度,可分为便携式气体检测仪和复合气体检测仪。

常用的便携式气体检测仪是 TX2000 型毒气检测仪(见图 7-1),其可用于检测石油、石化、煤炭、化工、交通隧道及其他存在有毒有害气体的场所。便携式气体检测仪的每一种电化学传感器对应一种毒气或氧气,具体参数见表 7-1。

表 7-1　TX2000 型便携式毒气检测仪技术参数 单位:10^{-6}(体积分数)

测量范围	$0 \sim 1 \times 10^{-6}$ DMH,$0 \sim 10 \times 10^{-6}$ NO$_2$
测量精度	0.1×10^{-6} DMH,0.1×10^{-6} NO$_2$
一级报警阈值	0.2×10^{-6} DMH,3×10^{-6} NO$_2$
二级报警阈值	0.5×10^{-6} DMH,5×10^{-6} NO$_2$
模式	清晰显示当前读数
测量方法	连续的
显示屏	液晶 3 位半显示

续 表

传感器故障	持续声光报警
电池故障	持续声光报警
正常运行	每 30 s 发出安全提示声音
报警	两级声光报警
声音报警	蜂鸣器,距 30 cm 处 80 dB
其他功能	3 键操作,开机自检
电源	3 节 1.5 V 干电池
寿命	1 500 h
保护等级	IP66
重量	95 g
尺寸($W \times H \times D$)/mm	$60 \times 87 \times 25$

常用的复合气体检测仪是 MX2100 型毒气检测仪,如图 7-2 所示,其主要适用于安全人员的日常检查与分析工作。MX2100 型复合毒气检测仪共有 4 个传感器位置,其中 1 个是可燃气传感器专用位置,另外 3 个可根据需要从 20 多种毒气或氧气传感器中任意选择,可同时进行 5 种气体的测定。所有传感器都是预标定,可互换型。仪表自动识别传感器,更换传感器后无须标定和调试即可正常使用。可与计算机红外连接进行检测分析和维护。MX2100 型复合毒气检测仪小巧轻便、操作简单、安全性和可靠性好、集多种功能于一身,是目前比较先进的毒气检测仪,技术参数见表 7-2。

图 7-1　TX2000 型便携式毒气检测仪　　图 7-2　MX2100 型复合毒气检测仪

2.使用注意事项

1)弄清所要监测的装置有哪些泄漏点,分析其泄漏压力、方向等因素,并画出监测位置分布图。

2)根据所在场所的气流方向、风向等具体因素,判断当发生重大泄漏时,气体的泄漏风向。

表 7 - 2　MX2100 型复合毒气检测仪技术参数

测量范围	$0\sim100\times10^{-6}$(DMH),$0\sim100\times10^{-6}$(NO_2)
测量精度	1×10^{-6}(DMH),0.1×10^{-6}(NO_2)
重现性	1%
漂移	0.5%
使用温度范围	$-20\sim50$℃
配置	$1\sim4$ 个传感器(可燃气、电化学、半导体、红外(CO_2)或热导型的)
测量方法	连续的
传感器	智能的,预标定的,可互换的
显示屏	液晶显示,自动可擦除显示屏
传感器故障	指示灯显示,持续声光报警
电池故障	持续声光报警
操作检查	需要时自动标定,工作自检,每 2 min 声光信号

3)根据泄漏气体的密度(大于或小于空气),结合空气流动趋势,综合成泄漏的立体流动趋势图,并在其流动的下游位置做出初始设点方案。

4)研究泄漏点的泄漏状态,如果是渗透和滴漏,则设点的位置就要靠近泄漏点一些;如果是重漏和流淌,则要稍远离泄漏点。综合这些状况,拟定出最终设点方案。

5)对于存在较大毒气泄漏的场所,应按规定每相距 10～20 m 设一个监测点。对于无人值班的小型且不连续运转的泵房,需要注意发生泄漏的可能性,一般在下风口安装一台监测设备。

6)对于有氢气泄漏的场所,应将监测设备安装在泄漏点上方平面上。

7)对于气体密度大于空气的介质,应将监测设备安装在低于泄漏点的下方平面上,并注意周围环境特点。对于容易积聚有毒气体的场所,应特别注意安全监测点的设定。

8)对于开放式有毒气体扩散逸出环境,如果缺乏良好的通风条件,也很容易导致某个部位的空气中有毒气体含量接近或达到爆炸下限浓度,这些均是不可忽视的安全监测点。根据现场事故的分析结果,其中一半以上是不正确安装和检验引起的。

二、分级防护技术

由于液体推进剂易燃易爆,且多数具有较强的毒性和腐蚀性,操作人员在操作过程中,为保证个人人身健康和安全,防止被液体推进剂或其蒸气的毒性或窒息性伤害而采取的各种措施,称为液体推进剂安全防护。

液体推进剂作业过程中的安全防护主要是呼吸防护和皮肤防护。液体推进剂安全防护所遵循的基本原则有:①贯彻"安全第一、预防为主"的方针;②实行安全检查和安全监测;③安全防护技术和防护措施紧密结合;④加强安全管理,普及安全教育;⑤日常卫生保健和应急处理相结合。

1.作业危险区域划分

通过安全性评价,整体而言,肼类推进剂作业的危险性最高,硝基氧化剂的同类作业危险性次之,巡航火箭燃油的危险性最小;而同一种推进剂作业时,应急抢险作业的危险性最高。加注、泄回和转注作业时使用了金属软管并需要拆装操作,危险性高于使用永久性固定管路的罐间;所有推进剂作业的单元毒性和毒性事故指标均在"非常高"的范围,说明正常状态液体推进剂作业毒性危险性远远高于火灾、爆炸危险,主要危险性在于毒性危险。

液体推进剂泄漏事故后果预测表明,无论是瞬时泄漏还是连续泄漏,作业区域的瞬时蒸气浓度均可高达 $106\sim107$ mg/m³,此时环境中的氧气浓度远远低于 15%,除毒性外,作业时还存在窒息危害。肼类燃料泄漏时,以泄漏点为中心,8 m 范围内存在着火爆炸危险,作业时应杜绝出现明火和静电累积。作业人员的工作位置应尽量选择在排放或泄漏的上风向区域,处于下风向的作业人员必须迅速转移至上风向位置。的确需要在下风向作业的人员必须采取防护措施。发射场进行推进剂作业时,下风向一定范围内应注意中毒防护。出现大量泄漏事故时,应将下风向一定范围内的人员进行疏散。

根据液体推进剂作业危险区域危险性分析,可将危险区域划分为 3 类。

1)缺氧且存在爆炸可能的高危险场所。此类场所内氧气浓度低于 18%、液体推进剂蒸气浓度处于爆炸极限范围内,防护的重点为爆炸、窒息、灼伤和中毒。可能出现此类危险的液体推进剂作业有泄漏抢险、泄漏状态下更换管道组件、进罐作业等。

2)存在液体推进剂液体瞬时泄漏或气体排放的危险场所。此类场所在正常作业时,氧气浓度不会低于 18%,推进剂蒸气浓度一般不超过 500 mg/m³(可见二氧化氮红棕色烟雾),防护重点为中毒、灼伤。可能出现此类危险范围的液体推进剂作业为加/转注、化验取样、泵/罐间巡查、废气/废液处理等。

3)存在液体推进剂毒气扩散范围的外围工作场所。此类场所是指液体推进剂作业时,周边环境中可能超过最大允许浓度的区域,根据评价和预测结果,此类区域规定为作业点周边 3 km 范围内。

2.分级防护体系

目前,基于液体推进剂的理化性质、人员所处环境、作业要求、防护装备现状及其发展趋势,国内建立了液体推进剂分级防护体系,即液体推进剂三级防护体系,具体分为一级防护体系、二级防护体系和三级防护体系。

1)一级防护体系,即重型防护体系,也称全封闭隔绝式防护体系。其用于可能缺氧、危险物性质或浓度不明、危害因素(环境中有害物质浓度与该物质国家职业卫生标准最大允许浓度的比值,如偏二甲肼浓度超过 50 mg/m³、四氧化二氮浓度超过 500 mg/m³)。液体推进剂一级防护体系的作业岗位有:进入密闭空间如进贮罐;设备带介质维修、泄漏抢险、应急救援等。

一级防护体系强制采用空气呼吸器或长管式供气呼吸器;皮肤防护必须选用耐推进剂液体渗透的防护服和手套,有效防护缺氧窒息或液体推进剂毒气浓度过高造成滤毒罐短时被击穿而引发人员中毒或伤亡,保障作业人员的安全。

一级防护体系的关键是要有独立的清洁气源供人员呼吸,宜采用自携式或长管式呼吸器。由于作业人员接触液体推进剂的概率很高,选择或研制相应的安全防护装备时,应能以长时间抵御推进剂液体或气体渗透为基本原则。

一级防护体系所采用的防护装备如图 7-3 所示,其中,呼吸防护装备主要采用正压式空气呼吸器,皮肤防护装备主要采用硝基氧化剂隔绝式防护服、肼类燃料隔绝式防护服以及专用防护手套。

图 7 - 3　一级防护装备

2)二级防护体系,即轻型防护体系,也称有限防护体系。其主要用于氧气浓度高于 18％且危害因数小于 100,如偏二甲肼浓度低于 50 mg/m³、四氧化二氮浓度低于500 mg/m³ 的液体推进剂作业环境。液体推进剂二级防护推进剂作业岗位:运输、加注、转注、取样化验、少量液体推进剂处理、消防等存在液体推进剂液体泄漏或喷溅可能的场所。

二级防护采用防护装备能够保证毒气经过滤后满足人体正常呼吸,以长时间抵御液体推进剂毒气和短时间抵御液体渗透为原则,保证皮肤免受液体推进剂泄漏或喷溅的伤害,同时可以保证作业人员在事故发生后可以安全逃离现场。

二级防护体系所采用的防护装备如图 7 - 4 所示,其中,呼吸防护装备主要采用 MFT - 1,MFT - 2 型全面罩过滤式防毒面具,皮肤防护装备主要采用硝基氧化剂隔绝式防护服、肼类燃料隔绝式防护服以及专用防护手套。

图 7 - 4　二级防护装备

3)三级防护体系,也称一般防护体系。其用于危害因数小于 10(如偏二甲肼浓度低于 5 mg/m³、四氧化二氮浓度低于 50 mg/m³)的液体推进剂作业环境。液体推进剂二级防护主要用于进入推进剂作业现场规定危险区,不直接从事液体推进剂作业并不需采取一、二级安全防护体系的人员。但因作业现场存在液体推进剂蒸气有毒气体,对呼吸器官和人体皮肤应采取一定安全防护措施。

三级防护体系宜使用 MFT - 3 型半面罩过滤式防毒面具、透气式防护服等防护装备,如

图 7-5 所示。

图 7-5 三级防护装备

7.2.3 个人安全防护装备

液体推进剂个体防护装备(Personal Protective Equipment,PPE)是指液体推进剂作业人员在从事液体推进剂各种操作过程中,为防御各种毒害和伤害而穿戴和配备的各种用品的总称。

目前广泛使用的液体推进剂均为高毒、腐蚀性强的有毒液体,属于化学性危害因素,硝基氧化剂氧化和腐蚀性强,且易挥发(挥发产物为二氧化氮);肼类燃料毒性强,对材料吸附和渗透性强,并易燃易爆。这一类液体推进剂均可经过呼吸道吸收或皮肤沾染而引起中毒和化学灼伤,在操作训练中如不能采取正确的防护方法与穿戴合适的个体防护装备,都可能会对人员健康甚至生命造成巨大伤害,严重威胁作业人员的身体健康和生命安全。许多国家都曾发生过因未使用、使用不当或可靠性不高的个体防护装备而造成人员伤害的事故。据不完全统计,40 多年来,在世界范围内共发生液体推进剂突发事故 300 多次,死亡 260 多人,中毒 360 多人,烧伤 130 多人。因此,液体推进剂个体防护装备对于液体推进剂安全作业工作尤为重要。

液体推进剂个体防护装备主要依据液体推进剂的特性,根据人体工学针对呼吸、躯体以及手足部的防护,阻止液体推进剂液、气进入人体呼吸系统或与皮肤发生直接接触而对人员造成伤害。液体推进剂由于其特殊的理化性质,属于化学危害范畴,因此根据其工作及危险性特点,液体推进剂个体防护装备主要分为防毒面具和皮肤防护器材。

一、选用原则

为提高防护效率,液体推进剂个体防护装备的选用原则通常遵循最小遗憾法则,即根据不同的作业岗位,针对性地对存在较大安全隐患的区域和岗位进行重点防护,对其他进入危险区的人员实施普遍防护,以期最大程度发挥防护效能,将损失降低到最小。基于这种原则,根据不同的需要或标准以及所处客观环境进行分级防护。分级防护首先是对危险源、防护措施、客观环境三者分级,提出适应各级防护的个体防护装备。

个体防护装备使用的先决条件就是按其使用中可能出现的危害大小、防护技术性能进行分级,一旦违反了这个原则或超越了所允许的使用范围,就会造成事故。正常作业过程中,液体推进剂或其他化学溶剂的蒸气直接被人体吸入而造成急性中毒身亡的概率是很小的。但若防护不当,贸然进入有毒蒸气的环境而窒息性休克或死亡的事例在国内外均有过报道,其主要原因是管理松散、制度不严、思想麻痹和防护措施使用不当。

二、防毒面具

液体推进剂对人体的伤害之一就是挥发性的有毒气经呼吸系统进入人体后引起的各种中毒现象。人体的肺泡表面积为 $90\sim160$ m²,每天吸入空气量体积约为 12 000 L,重约为 15 kg。空气在肺泡内流速慢,使得接触时间长;而且由于血流经丰富的肺泡壁薄,因而有利于毒物吸收,因此,由呼吸道进入是液体推进剂中毒最主要的途径之一。长时间在未受保护情况下吸入液体推进剂蒸气会对人体造成伤害,甚至危及生命,如空气中偏二甲肼的允许浓度为 0.5 mg/m³,四氧化二氮的允许浓度为 5 mg/m³。通常依吸入量的多少而表现出急性中毒和慢性中毒。

肼类燃料中毒后会对人体的神经系统、肝肾脏、循环系统和呼吸系统产生不同程度的影响。如肼类急性中毒对肝脏的损伤主要是形成脂肪肝以及血清谷丙转氨酶升高,对呼吸系统的影响主要是出现呼吸兴奋、痉挛后发生呼吸衰竭;长期慢性中毒具有诱变肿瘤和引起癌变的风险。

硝基氧化剂的吸入毒性主要是来自于挥发性的二氧化氮,它对人体的伤害主要是引起肺水肿和化学性肺炎,由于氮氧化物在水中溶解较慢,可达下呼吸道,引起细支气管及肺泡上皮组织广泛性损伤,易并发支气管闭塞症;慢性吸入还可损伤血液形成高铁血红蛋白。

因此,选择合适的液体推进剂防毒面具,能够有效地抵御或降低推进剂蒸气进入人体呼吸系统后对人体造成的伤害。液体推进剂防毒面具在进入有毒蒸气环境后能实现以下两个功能。

1)净气:使吸入的气体经过滤料滤去污染物质获得较清洁的气体供佩戴者使用。过滤材料的过滤性与污染物的成分和物理状态有关,这种呼吸防护用品不能用于缺氧环境。

2)供气:提供一个独立于作业环境的呼吸气源,通过空气导管或自身气源装置向佩戴者输送呼吸的气体。

呼吸防护装备主要分为过滤式和隔绝式。适用于液体推进剂防护装备的主要是自吸过滤式防毒面具和隔离供气式防毒面具。

1. 自吸过滤式防毒面具

自吸过滤式防毒面具主要分为全面罩防毒面具和半面罩防毒口罩两种,主要由面罩、滤毒罐、导气管(主要是导管式全面罩防毒面具)组成。其一般技术要求如下:

1)面罩要求。面罩应与人体面部密合良好,无异常压迫和压痛感;面罩的固定系统(头带及连接处)应有足够的强度和弹性;部件应易更换;面罩的外表应平滑、无气泡、无毛刺、无影响气密性的缺陷。

2)气密性要求。气密性应包括眼窗、通话器、滤毒罐等接口的气密性,即装配气密性,还应考虑面具密合框与人员头面部的密合性(即佩戴气密性)。装配气密性应在生产中解决并经严格检验,佩戴气密性应在设计时考虑密合框与人的头面型的适应性(人体头面型尺寸)。气密性好的面具,环境中的污染物等有害物质不能渗透到面具内部伤害人体。

3)材料要求。①面具部件必须无毒、无害,能满足使用条件和保存期要求。与人体面部接触的材料对皮肤无刺激作用。②面具材料应能耐受清洗和消毒。③金属材料应进行防腐蚀处理。

4)滤毒罐(盒)要求。①滤毒罐(盒)的使用时间应根据使用说明书中的要求执行,如有失效指示标志,则应按指示标志时间使用;②滤毒罐(盒)应在其使用期限内使用;③滤毒罐外表应平滑、无毛刺、标色正常,无影响气密性的缺陷。

(1)全面罩自吸过滤式防毒面具。

全面罩自吸过滤式防毒面具主要用于液体推进剂二级防护,不适用于一级防护,如取样、转(加)注、处理废液等与液体推进剂直接接触的工作场所。自吸过滤式防毒面具是防毒面具最为常见的一种,这种防毒面具是以佩戴者自身的呼吸为动力,将环境中的毒气或有毒蒸气吸入经滤毒罐净化清除有害物质,供人体呼吸洁净的气体。

过滤式防毒面具主要由面罩主体和滤毒件两部分组成。面罩起到密封并隔绝外部空气和保护口鼻面部的作用。滤毒件内部填充以活性炭为主要成分的吸附剂,由于活性炭里有许多形状不同和大小不一的孔隙,并在活性炭的孔隙表面,浸渍了铜、银、铬金属氧化物等化学药剂,以达到吸附毒气后与其反应,使毒气丧失毒性的作用。部分新型活性炭药剂采用分子级渗涂技术,能使浸渍试剂以分子级厚度均匀附着到载体活性炭的有效微孔内,使浸渍到活性炭有效微孔内的防毒药剂具有最佳的质量性能比。

活性炭对有毒蒸气的防护作用有:①毛细管的物理吸附;②在炭上化学药剂与毒剂发生反应的化学变化;③空气中的氧和水,在炭上化学药剂的催化作用下,与毒剂发生反应。

自吸过滤式防毒面具根据结构不同,分成以下两类。

1)导管式防毒面具。是由将眼、鼻、口全遮盖住的全面罩、大型或中型滤毒罐和导气管组成,特点是防护时间较长,如图7-6所示。

图 7-6　导管式防毒面具

2)直接式防毒面具。由全面罩或半面罩直接与小型滤毒罐或滤毒盒相连接,其特点是体积小、重量轻、便于携带、使用简便,如图7-7所示。

3)滤毒罐。小型滤毒罐重一般为 300 g、中型滤毒罐重一般为 300～900 g,大型滤毒罐重一般为 900～1 400 g,滤毒盒(见图 7-8)重一般为 200 g。

图 7-7　直接式防毒面具

图 7-8　小型滤毒盒

（2）半面罩自吸过滤式防毒口罩。

半面罩自吸过滤式防毒口罩一般用于液体推进剂的三级防护，不能用于二级防护。如存在推进剂蒸气挥发的外围工作区域，进行低浓度环境中的液体推进剂化验检测、挥发性溶剂配制等工作。半面罩自吸过滤式防毒口罩在某种意义上说是简易化的全面罩自吸过滤式防毒面具。半面罩自吸过滤式防毒口罩可与透气式防护服结合使用。半面罩自吸过滤式防毒口罩滤毒盒内装填物质与全面罩自吸过滤式防毒口罩内装的填物质基本相同，主要为具有吸附毒气作用的活性炭。半面罩自吸过滤式防毒口罩与全面罩自吸过滤式防毒面具的区别主要是后者增强了气密性、滤毒能力以及增加了对眼睛和面部皮肤的防护。

2. 隔离供气式防毒面具

隔离供气式防毒面具主要是用于液体推进剂救灾抢险、罐内操作等高浓度推进剂蒸气环境的密闭空间，工作时间较长。隔离供气式防毒面具又分为送风式防毒面罩和便携式防毒面罩两类。

送风式防毒面罩有电动送风呼吸器和自吸长管呼吸器两种，便携式（自给式）有空气呼吸器和氧气呼吸器两种。其中，送风式防毒面罩通常不适合液体推进剂作业场所，因为液体推进剂高浓度工作区域周围难以保证具有洁净的空气源，同时工作时必须携带较长的吸气软管，进入复杂环境和空间，会给工作造成不便。由于工作距离较长，这种供气方式存在因导气管破损而引发生毒气进入呼吸系统的风险。便携式防毒面罩中的氧气呼吸器不适合在燃料环境中使用，因此便携式空气呼吸器（或称正压式呼吸器）自备气源，是非常适合液体推进剂密闭空间或高浓度推进剂蒸气环境的隔离式的个体呼吸防护装备。

便携式空气呼吸器是隔绝式的防护器材,佩戴人员呼吸器官、眼睛和面部与外界染毒空气或缺氧环境完成隔绝自成一套呼吸系统,自带压缩空气源,呼出的气体直接排入外部的呼吸器,不受毒物浓度的影响;适用任何有毒气体,也不受氧含量的影响,可在缺氧、富氧的环境中使用,但使用者必须进行培训。便携式空气呼吸器如图7-9所示。

图7-9 便携式空气呼吸器

(1)通用技术要求。

1)设计要求。①结构简单、紧凑、性能可靠,并便于根据制造商提供的信息进行检查。②承压部件在气流下游处密闭阀的直径应不大于32 mm。③应结实可靠,能承受使用中可能遇到的类似撞击的现象。④应无突出零件,佩戴者在通过狭窄的通道时,空气呼吸器的突出部位应不能勾挂。⑤零件里面应无锐边和毛刺。⑥操作的部件应触手可及,并便于通过用手触摸加以识别。所有可调节的部件和控制阀在使用中不应出现意外变动。⑦佩戴者在卸除空气呼吸器背具而仍戴着面罩时,应能继续从空气呼吸器上进行呼吸。⑧空气呼吸器处于任何方向时应能保持其全部功能。⑨压缩空气瓶阀的安装位置应能使佩戴者在佩戴状态下自行开关气瓶。⑩同一类别的空气呼吸器使用不同规格的气瓶时,应不需要使用专用工具即可更换气瓶。当制造商声明空气呼吸器可使用不同规格的气瓶时,应确定其最恶劣的使用情况,并进行实验。⑪配置一个以上气瓶的空气呼吸器,可在每个气瓶上设置独立的气瓶阀。⑫同一台空气呼吸器上不能同时装配两个以上额定工作压力不同的气瓶。⑬不能将额定工作压力较低的空气呼吸器配备到额定充气压力较高的气瓶上。⑭空气呼吸器在浸入水中后,应能正常工作。空气呼吸器在浸入水之前和从水中取出后,呼吸阻力应满足标准要求。

2)材料要求。①所有材料应具有适当的机械强度和抗老化能力。经标准规定的目视检查,温和火焰适应性实验以及实用性能试验应仍符合规定要求。②裸露的零件应具有较好的耐腐蚀性。③凡与使用者皮肤可能直接接触的材料应对皮肤无刺激,对健康无害。

3)清洗与消毒要求。所有材料应能耐受清洗剂和消毒剂,在清洗和消毒后无明显损伤。

4)质量要求。戴面罩且充满气待用的空气呼吸器的整机质量应不大于18 kg。

(2)便携式呼吸器的结构。

便携式空气呼吸器主要由气瓶、供气阀、背架、报警哨、压力表、快速接头、中压导管和面罩组成。

1)气瓶。气瓶材料一般为碳纤维复合材料,额定储气压力一般为30 MPa,容积约为7 L。

气瓶阀上装有过压保护膜片,当空气瓶内压力超过额定储气压力的 1.5 倍时,保护膜片自动卸压;气瓶阀上还设有开启后的防关闭装置,使气瓶开启后不会被无意地关闭。

2)供气阀。供气阀的主要作用是将中压空气减压为一定流量的低压空气,为使用者提供呼吸所需要的空气。供气阀可以根据佩戴者呼吸量大小自动调节阀门开启量,保证面罩内压力长期处于正压状态。供气阀设有节省气源的装置,可防止在系统接通(气瓶阀开启)戴上面罩之前气源的过量损失。

3)背架。背具包括背托、左腰带、右腰带、左右肩带、气瓶固定架组等五部分。

4)报警哨。报警哨的作用是为了防止佩戴者忘记观察压力表指示压力,而出现的气瓶压力过低不能保证安全退出有毒工作区域的危险。

报警哨的起始报警压力为 5 MPa。当气瓶的压力为报警压力时,报警哨发出哨声报警。(但在刚佩戴时打开气瓶阀后,由于输入给报警哨的压力由低逐渐升高,经过报警压力区间时,也会发出短暂的报警声,证明气瓶中有高压空气的存在,而不是报警)。但是由于佩戴者呼吸量不同,做功量不同,退出工作区的距离不同,佩戴者应根据不同的情况确定退出染毒区所需的必要气瓶压力(由压力表显示),绝不能简单地理解为报警后才开始撤出染毒区。在佩戴过程中必须经常观察压力表,以防止报警哨万一失灵,而出现由于压力过低而无法安全地退出工作区的可能性。

注意:报警哨出厂时已经调整好并固定,如果没有检测设备,不能擅自调整。

5)压力表。压力表用来显示瓶内的压力。

6)快速接头和中压导管。快速接头的两端分别与中压导管 A、中压导管 B 连接。快速接头设有锁紧装置,插接时锁紧套逆时针旋转退回原位,插接后锁紧套顺时针旋转到原位。这样就大大加强了佩戴过程中的安全性。

7)面罩。面罩为全面结构,面罩的橡胶材料是由天然橡胶和硅橡胶混合材料制成。面罩中的内罩能防止镜片现冷凝气,保证视野清晰;面罩上安装有传声器及呼吸阀。面罩通过快速接头与供气阀相连接。

(3)工作原理。

便携式空气呼吸器是以压缩空气为供气源的隔绝开路式呼吸器。当打开气瓶阀时,贮存在气瓶内的高压空气通过气瓶阀进入减压器组件,同时,压力显示组件气瓶空气压力。高压空气被减压为中压,中压空气经中压管进入安装在面罩上的供气阀,供气阀根据使用者的呼吸要求,能提供大于 200 L/min 的空气。同时,面罩内保持高于环境大气的压力。当人吸气时,供气阀膜片根据使用者的吸气而移动,使阀门开启,提供气流;当人呼气时,供气阀膜片向上移动,使阀门关闭,呼出的气体经面罩上的呼气阀排出,当停止呼气时,呼气阀关闭,准备下一次吸气。这样就完成了一个呼吸循环过程。

供气阀上还设有节省气源的装置,即防止在系统接通(气瓶阀开启)戴上面罩之前气源的过量损失。使用者转动开关,把膜片抬起,使供气阀关闭;使用者戴上面罩吸气产生足够的负压,使膜片向下移动,将供气阀阀门打开,向使用者供气。

(4)安全检查。

1)检查全面罩的镜片、系带、环状密封、呼气阀、吸气阀是否完好,和供给阀的连接是否牢固。全面罩的各个部位要清洁,不能有灰尘或被酸、碱、油及有害物质污染,镜片要擦拭干净。

2)检查供给阀的动作是否灵活,与中压导管的连接是否牢固。

3)检查气源压力表能否正常指示压力。

4)检查背具是否完好无损,左右肩带、左右腰带缝合线是否断裂。

5)检查气瓶组件的固定是否牢靠,气瓶与减压器的连接是否牢固、气密性是否完好。

6)打开瓶头阀,随着管路、减压系统中压力的上升,会听到气源余压报警器发出的短促声音;瓶头阀完全打开后,检查气瓶内的压力应在 28～30 MPa 范围内。

7)检查整机的气密性,打开瓶头阀 2 min 后关闭瓶头阀,观察压力表的示值 1 min 内的压力下降不超过 2 MPa。

8)检查全面罩和供给阀的匹配情况,关闭供给阀的进气阀门,佩戴好全面罩吸气,供给阀的进气阀门应自动开启。

9)根据使用情况定期进行上述项目的检查。空气呼吸器在不使用时,每月应对上述项目检查一次。

(5)佩戴方法。

1)佩戴正压式空气呼吸器时,先将快速接头拔开(以防在佩戴空气呼吸器时损伤全面罩),然后将空气呼吸器背在人体身后(瓶头阀在下方),根据身材调节好肩带、腰带,以合身、牢靠、舒适为宜。

2)连接好快速接头并锁紧,将全面罩置于胸前,以便随时佩戴。

3)将供给阀的进气阀门置于关闭状态,打开瓶头阀,观察压力表示值,以估计使用时间。

4)佩戴好全面罩(可不用系带)进行 2～3 次深呼吸,感觉舒畅,屏气或呼气时供给阀应停止供气,无"咝咝"的响声。一切正常后,将全面罩系带收紧,使全面罩和人的额头、面部贴合良好并确保气密性良好。

在佩戴全面罩时,系带不要收得过紧,面部感觉舒适,无明显的压痛。全面罩和人的额头、面部贴合良好并确保气密性良好后,此时深吸一口气,供给阀的进气阀门应自动开启。

5)空气呼吸器使用后将全面罩的系带解开,从头上摘下全面罩,同时关闭供给阀的进气阀门。将空气呼吸器从身体卸下,关闭瓶头阀。

(6)注意事项。

1)空气呼吸器及其零部件应避免阳光直接照射,以免橡胶老化。

2)空气呼吸器严禁接触油脂。

3)应建立空气呼吸器的保管、维护和使用制度。

4)空气瓶不能充装氧气,以免发生爆炸。

5)每月应对空气呼吸器进行一次全面的检查。

6)空气呼吸器不宜作潜水呼吸器使用。

7)压力表应每年进行一次校正。

8)用于呼吸器的压缩空气应清洁,符合以下要求:一氧化碳的浓度不超过 5.5 mg/m³,二氧化碳的浓度不超过 900 mg/m³,油的浓度不超过 0.5 mg/m³,水的浓度不超过 50 mg/m³。

3.选择、使用与维护

(1)防毒面具的选择。

在没有个体防护的情况下,任何人都不应暴露在能够或可能危害健康的空气环境中。防毒面具应选择国家、行业认可的且符合标准要求的产品。具体执行应根据工作环境中液体推进剂种类,按照液体推进剂三级防护体系选择相应类型的防毒面具。此外,还应根据作业人员考虑以下因素。

1)头面部特征。在选择半面罩或全面罩时应注意,若生产者或经销商能向使用者提供适合性检验,可帮助使用者选择最适合自己的面罩。胡须或过长的头发会影响面罩与面部之间的密合性,使用者应预先刮净胡须,避免将头发夹在面罩与面部皮肤之间。应考虑使用者的面部特征,若有疤痕、凹陷的太阳穴、非常突出的颧骨、皮肤褶皱、鼻畸形等影响面部与面罩之间的密合性的情况,应选择与面部特征无关的面罩,如头罩。

2)舒适性。应考虑作业环境,作业人员是否能承受物理因素(如高温)的不良影响。若存在不良影响,应选择能减轻这种不良影响的防毒面具,如选择有降温功能的供气式呼吸器。

3)视力矫正。视力矫正镜不应影响呼吸防护装备与面部的密合性。若呼吸防护装备提供使用者矫正镜片的结构部件,应选择适合的视力矫正镜片,并按照使用说明书要求操作使用。

不适合使用防毒面具的身体状况有:患有心肺疾患,如心肺病、高血压、肺气肿等以及心理障碍等类型的人员,不宜选用呼吸阻力较大的过滤式防毒面具,可考虑选用正压式呼吸器。

(2)防毒面具的使用。

1)一般原则。①任何呼吸防护装备的功能都是有限的,使用者应了解所用的呼吸防护装备的局限性。②使用任何一种呼吸防护装备都应仔细阅读产品说明书,并严格按要求使用。③对于比较复杂的呼吸防护装备,使用前应接受使用方法培训,如使用逃生型呼吸器应接受正确佩戴的方法和注意事项指导;使用便携式呼吸器应进行专门的培训。④使用前应检查呼吸防护装备的完整性、过滤元件的适用性、电池电量、气瓶气量等,符合有关规定才允许使用。⑤进入有害环境前,应先佩戴好呼吸防护装备。对于密合型面罩,使用者应做佩戴气密性检查,以确认密合。⑥在有害环境作业的人员应始终佩戴呼吸防护装备。⑦当使用中感到异味、咳嗽、刺激、恶心等不适症状时,应立即离开有害环境,并应检查呼吸防护装备,确定并排除故障后方可重新进入有害环境;若无故障存在,则应更换失效的过滤元件。⑧若呼吸防护装备同时使用数个过滤元件,如双过滤盒,应同时更换。⑨若新过滤元件在某种场合迅速失效,应考虑所用过滤元件是否适用。⑩除通用部件外,在未得到产品制造商认可的前提下,不应将不同品牌的呼吸防护装备的部件拼装或组合使用。⑪所有使用者应定期体检,评价是否适合使用呼吸防护装备。

2)在威胁健康和生命环境下的使用。①在缺氧危险作业中使用呼吸防护装备应符合相应国家法规技术规定。②在空间允许的条件下,应尽可能由两人同时进入危险环境作业,并配备安全带和救生索;在作业区外至少应留一人与进入人员保持有效联系,并应备有救生和急救设备。

3)在低温环境下的使用。①全面罩镜片应具有防雾或防霜的能力。②供气式呼吸器或便携式呼吸器使用的压缩空气或氧气应干燥。③使用便携式呼吸器应了解低温环境下的操作注意事项。

4)佩戴气密性检查。在每次使用防毒面具时,使用密合性面罩的人员首先进行佩戴气密性检查,以确定使用人员面部与面罩之间有良好的密合性。若检查不合格,不允许进入有害环境。①负压气密性检查。简易型口罩负压气密性检查方法:使用者用双手或用一个不透气的材料(如塑料袋)盖住面罩,然后使劲吸气,如果面罩密合良好,面罩将会向内略微塌陷;若感觉有气体从密封垫或鼻夹处漏入,需重新调整面罩位置、头带松紧和鼻夹形状等,直至没有泄漏感为止。橡胶面罩负压气密性检查方法:使用者用手将过滤元件进气口堵住,或将进气管弯折阻断气流,缓缓吸气,面罩会向内微微塌陷,屏住呼吸数秒,若面罩继续保持塌陷状态,说明密合良好;否则,应调整面罩位置和头带松紧等,直至没有泄漏感。②橡胶面罩正压气密性检查。使用者堵住呼气阀,然后缓缓呼气,面罩会稍微隆起,若面罩能维持少许正压而无明显泄漏感,说明密合良好。对某些有呼气阀阀盖设计的防毒面具,检查时有可能需要取下阀盖,否则它会干扰检查,在这种情况下,正压气密性检查不宜常做。

(3)防毒面具的维护。

防毒面具的种类较多,要充分发挥各种防毒面具的功能作用,除了正确选择、使用外,日常维护管理也尤为重要。

1)一般原则。①将呼吸防护装备的选购、使用和维护作为用人单位安全管理的一个重要组成部分,并书面记录计划实施情况;②指定一名安全管理人员专门负责,该人员应受过适当培训,具有相应的管理知识;③当作业条件发生变化并有可能影响呼吸防护装备的使用时,应及时调整;④应定期对防毒面具维护保养情况进行检查,根据检查情况做相应调整;⑤对使用人员身体状况医学评价,包括使用呼吸防护装备的能力、适应性、使用前后的健康监护等;⑥常规作业和能够预见的紧急情况下,及时发放与正确使用呼吸防护装备;⑦掌握检查和更换过滤元件,维修、清洗、消毒、贮存和废弃呼吸防护装备的程序和方法。

2)呼吸防护装备的检查与保养。①应按照呼吸防护装备使用说明书中有关内容和要求,由受过培训的人员实施检查和维护,对使用说明书未包含的内容,应向生产者或经销商询问;②应定期检查和维护呼吸防护装备;③对便携式呼吸器,使用后应立即更换用完的或部分使用的气瓶或呼吸气体发生器,并更换其他过滤部件,更换气瓶时不允许将空气瓶与氧气瓶互换;④应按国家有关规定,在具有相应压力容器检测资格的机构定期检测空气瓶或氧气瓶;⑤应使用专用润滑剂润滑高压空气或氧气设备;⑥使用者不得自行重新装填过滤式呼吸防护装备的滤毒罐或滤毒盒内的吸附过滤材料,也不得采用任何方法自行延长已经失效的过滤元件的使用寿命。

3)呼吸防护装备的清洗与消毒。①个体专用的呼吸防护装备应每次用后清洗和消毒;②不应清洗过滤元件,对可更换过滤元件的过滤式呼吸防护装备,清洗前应将过滤元件取下;③清洗面罩时,应按使用说明书要求拆卸有关部件,使用软毛刷在温水中清洗,或在温水中加适量中性洗涤剂清洗,清水冲洗干净后在清洁场所遮光风干;④若需要使用广谱清洗剂消毒,在选用消毒剂时,特别是需要预防特殊病菌传播的情形,应先咨询呼吸防护装备生产者和工业卫生专家。应特别注意消毒剂生产者的使用说明,如稀释比例、温度和消毒时间等

4)呼吸防护装备使用注意事项。①使用前检查各部件是否齐全完好,有无破损生锈,连接部位是否漏气;②空气呼吸器所采用的压缩空气瓶,绝不允许用于充装氧气,气瓶应按压力容器规定定期进行耐压测试,超过有效期的气瓶,须测试合格后使用;③面罩和导气管每2年更新1次,呼气阀每6个月至1年更换1次,若不经常使用,则面罩3年更换,呼气阀应每年更换;④呼吸器不用时装入箱内,避光保存,温度不高于40℃,存放位置固定;⑤使用中的呼吸器除日常检查外,应每3个月检查1次;⑥作业区如存在可预见的紧急危险,必须两人同时配备合适的防护装备和应急逃生自救装置才能进入危险区;⑦有爆炸性危险作业时,不能使用氧气呼吸器;⑧使用时防止头发、胡须夹在面罩与面部间造成的泄漏;⑨使用时根据毒气浓度、滤毒罐或气瓶大小估算使用时间,若感觉空气污染或有刺激性气味时应立即更换呼吸器;⑩患有心肺疾病者不宜选用大阻力呼吸器,可用正压供气式呼吸器。

三、皮肤防护器材

1.手、足部防护器材

(1)手部防护器材。

液体推进剂手部防护器材主要是用以保护肘部以下免受液体推进剂化学伤害。手部防护器材主要是防护手套,以分指式防护手套为主,材质应基本与防护服材质相同,如图 7 - 10 所示。

图 7 - 10　防护手套

1)一般技术要求。应充分考虑使用者要求,使用者在进行相关作业活动中得到最大程度的保护和操作灵活性;凡是与使用者接触的部分都应不该有损使用者的安全和健康。生产商对手套会产生过敏现象的物质应在说明书中加以注明;所有防护手套的 pH 应尽可能地接近中性,应大于 3.5,小于 9.5。除此以外还应考虑以下几个方面。①舒适性和有效性。根据相应的手部尺寸确定的规格见表 7 - 3。防护手套号码适用于对应的手部尺寸,最短长度应不低于相应的值,如 6 号防护手套适用于手部尺寸为 6 号,其最短长度不应低于 220 mm,其他号码对应的最短长度依次比前一号码多 10 mm,见表 7 - 4。但是在实际中,在特殊场所使用的有些特殊手套往往超出表 7 - 4 规定的最短尺寸,对这类手套,生产商应通过对使用要求的详细描述,说明不符合表 7 - 4 的原因。②灵活性。防护手套在完成工作的前提下应尽可能地灵活,按规定的方法进行测试,灵活性应能根据表 7 - 5 的规定进行分级。

表 7 - 3　手部尺寸号码

手部尺寸号码	掌围/cm	掌长/cm
6	185	150
7	190	160
8	192	170
9	195	180
10	200	190
11	209	200

注:(1)标准采用 EN420—1994General requirements for gloves(MOD)。

　　(2)掌围:拇指和食指的分岔处内 20 mm 处的围长。

　　(3)掌长:从腕部到中指尖的距离。

表 7-4　防护手套号码尺寸

防护手套尺寸号码	适用范围	防护手套的最短长度/mm
6	手部尺寸号码 6	220
7	手部尺寸号码 7	230
8	手部尺寸号码 8	240
9	手部尺寸号码 9	250
10	手部尺寸号码 10	260
11	手部尺寸号码 11	270

表 7-5　性能等级-手指灵活性测试

性能等级	实验条件下完成的最小测试棒的直径/mm	性能等级	实验条件下完成的最小测试棒的直径/mm
1	11	4	6.5
2	9.5	5	5
3	8		

2)液体推进剂防护手套。液体推进剂防护手套主要是预防酸碱伤害手部的防护产品。手部使用频繁且需要长期接触液体推进剂,因此这个部位的磨损及腐蚀较为严重,需要经常更换,故在设计时并没有和液体推进剂躯体防护装备设计为一体。液体推进剂防护手套不但要符合一般技术要求,质量还应符合下列技术要求:①手套不允许存在发脆、发黏和破损等缺陷;②手套必须具有气密性,在(10±1)kPa 压力下,不准有漏气现象发生;③手套的耐渗透性符合相关要求;④手套的物理机械性能要求应符合表 7-6 的规定。

表 7-6　防护手套物理机械性能要求

指　标		指　标　值		
		乳胶	橡胶	塑料
扯断强度/MPa		≥19.6	≥17.6	≥8.5
扯断伸长率/(%)		≥700	≥650	≥440
扯断永久变形/(%)		≤12	≤30	
酸处理后性能 处理条件:68%硫酸, 70℃,10 h	扯断强度/MPa	≥17.6	≥14	处理条件:40%硫酸, 23℃,24 h	≥7
	扯断伸长率/(%)	≥650	≥520		≥400
碱后处理性能 处理条件:40%氢氧化钠, 70℃,10 h	扯断强度/MPa	≥17.6	≥14	处理条件: 35%氢氧化钠, 23℃,24 h	≥7
	扯断伸长率/(%)	≥650	≥520		≥400

（2）足部防护装备。

足部不仅有支撑人体的作用,而且是行走和执行任务的运输工具。因此,足部的防护具有重要的意义。足部防护装备按功能分主要包括安全鞋、职业鞋、绝缘鞋、防静电鞋、耐化学品工业用橡胶靴、耐化学品工业用模制塑料靴、消防鞋、高温防护鞋等。

通常情况下液体推进剂一、二级防护服采用的是连体式防护服,即防护靴与衣服连成一体,如果防护靴外穿的话,存在因液体推进剂倒灌致使足部损伤的风险。但在三级防护或者其他情况下,防护鞋（靴）可有效地防止因意外溅出或地面有大量酸碱溶液时对人员足部的伤害。

1)一般技术要求。应充分考虑使用者要求,使用者在进行相关作业活动中得到最大程度的保护和操作灵活性,适合人体特定工效学要求。凡是与使用者接触的部分都应不该有损使用者的安全和健康。材料的 pH 应尽可能地接近中性。

2)分类。液体推进剂防护鞋按材质可分为液体推进剂皮鞋、液体推进剂胶靴、液体推进剂塑料模压靴。其中,液体推进剂皮鞋采用防水革配以耐酸碱鞋底,按制作工艺可分为胶黏类、注射类和模压类。液体推进剂胶靴是全橡胶材料经硫化成型的防护鞋,按款式可分为高筒靴（见图7-11）、半筒靴和轻便靴。液体推进剂胶靴具有较好的耐推进剂和耐酸碱功能。液体推进剂塑料模压靴是用

图 7-11　高筒靴

聚氯乙烯等聚合材料经模压成型的一种防护鞋,具有很好的耐酸碱功能。液体推进剂防护鞋一般用于较低浓度液体推进剂的作业场所。可根据工作环境中液体推进剂和化学品酸碱浓度的不同,选用不同材质的液体推进剂防护鞋;如工作环境中液体推进剂和化学品酸碱浓度较低、地面较干燥且无明显积液,可选用耐酸碱皮鞋;如工作环境中液体推进剂和化学品酸碱浓度较高、地面较潮湿或有明显积液,可选用液体推进剂胶靴或液体推进剂塑料模压靴。

（3）手、足部防护装备的使用与注意事项。

1)防护手套的使用与注意事项。①适用于液体推进剂工作的防护手套品种较多,应根据作业区域或接触的介质种类、浓度选择。②使用前应仔细检查手套表面是否有破损。采用的简易办法就是向手套吹气,用手捏紧套口,观察是否漏气,若漏气,则不能使用。同时应仔细阅读产品使用说明书及注意事项。③使用时应尽量避免接触锐器损伤防护手套。④使用完毕后应用大量水冲洗或用相应低浓度洗消液清洗,用高温蒸汽消毒,然后晾晒保存,下次使用前应仔细检查后方能使用。

2)液体推进剂耐酸碱防护鞋（靴）使用注意事项。①应避免接触高温、锐器损伤靴帮或靴底引起渗漏,影响防护功能。②穿用后,及时用清水冲洗或用相应低浓度洗消液清洗靴帮上的化学品液体并晾干,避免阳光直接照射,使橡胶或塑料老化变脆,影响使用寿命。

2.躯体防护器材

躯体防护装备是个体防护装备的重要的组成部分。液体推进剂躯体防护装备属防酸碱防护服范畴。液体推进剂躯体防护装备主要是保护作业人员皮肤不接触有毒液体、蒸气。液体推进剂躯体防护装备主要包括硝基氧化剂防护服、肼类燃料防护服两种。

　　液体推进剂经由人体皮肤进入人体是推进剂中毒的主要途径之一。根据沾染的时间和程度可具体表现为慢性和急性中毒,尤其是肼类燃料可通过无损皮肤和经毛囊中的皮脂腺被吸收。化学毒物经表皮进入人体需经过三道屏障:第一层是皮肤的角质层,一般相对分子质量大于300的物质不易透过无损皮肤进入体内。第二是位于表皮角质层下面的连接角质层,它的表皮富有固醇磷脂,能阻碍水溶性物质通过,但不能阻碍脂溶性物质通过。液体推进剂分子如能通过上述两道屏障后即可扩散,经乳头毛细血管进入血液。第三是表皮与真皮连接处的基膜,脂溶性毒物经表皮吸收后,还需有水溶性,才能被进一步扩散和吸收。除上述经表皮吸收外,还可经皮肤表面的毛囊进入真皮,这一途径没有表皮吸收那么重要。硝基氧化剂由于具有强的酸性和氧化性,其对人体的皮肤和组织的伤害则更为直接,具体表现为化学性灼伤和腐蚀。因此,液体推进剂躯体防护装备和呼吸防护装备合理的搭配就能对人体皮肤和呼吸道起到完全的保护。

　　(1)一般技术要求。

　　1)防护服的材料和成分应不会对穿着者造成过敏性刺激和伤害。

　　2)在满足防护要求时,应提供穿着者最好的舒适度。

　　3)防护服与身体接触时,应避免可能引起过分刺激或伤害的粗糙、锐角和突出部分。

　　4)设计应便于使用者正确穿着,确保在预定的使用期间保持其功能,同时要考虑周围因素和穿戴者在工作过程中可能采用的姿势。为此,应提供恰当的平均数值使防护服能适应使用者的体形,如适当的调节系统、适当的尺寸范围。

　　5)在不影响设计强度和效果时,应尽量减轻防护服的重量。

　　6)从实际使用考虑,防护服设计应考虑穿戴后与其他系列防护服或装备形成综合防护效果。在与之连接处,如从袖子到手套、裤脚到鞋、兜帽到防毒面具,应提供同等水平的防护。

　　在许可时,防护服应有较好的水蒸气渗透性。如因防护的要求不需要有水蒸气渗透性,则应尽可能减少由防护服导致的身体不适。

　　(2)硝基氧化剂防护服。

　　硝基氧化剂主要是指硝酸-27S、四氧化二氮等,皮肤沾染后会迅速引起化学性烧伤。硝基氧化剂防护服属耐酸碱化学品防护服范畴。因其是具有较强的氧化性酸液,对材料的损伤主要是以腐蚀渗透为主,所以硝基氧化剂防护服材料及设计主要具备抵御强氧化性酸液、气对防护服的腐蚀和渗透的作用。

　　硝基氧化剂防护服根据作业场所不同主要分为透气型和不透气型。

　　1)透气型防护服。透气型防护服主要用于液体推进剂三级防护。透气型防护服的材料一般为含碳绒布,它对有毒化学蒸气有阻隔作用和物理吸附作用,外层憎水有机纤维可防止流体在表面浸润,同时对内层还有保护作用。因此,透气防护服一方面能防止有毒液体、蒸气的透过和腐蚀,另一方面又可让空气和水汽自由通过。但是透气型防护服物理吸附量和抗腐蚀能力有限,因此不适合在高浓度环境或直接与液体推进剂接触环境中使用。分身式透气型防护服分为分身式和大褂式。分身式包括衣服、裤子等,上衣要求"领口紧、袖口紧和下摆紧",防止液体从这些部位浸入,裤子为直筒式;大褂式采用翻领和立领两用,后背下部无开缝。

　　2)不透气型防护服。不透气型防护服主要用于液体推进剂一、二级防护,材料由丁基橡胶类、聚氯乙烯、聚乙烯等或与其他耐强酸材料组成,通过涂覆、层压、胶黏等工艺制成。硝基氧化剂通常与氟塑料(如聚四氟乙烯等材料)具有较好的相容性,但聚四氟乙烯材料硬度较高,柔软度不够,不适合作为防护服材料,而胶类材料相容性虽然比氟塑料低一些,但因其柔软,适合作为防护服材料,因此可通过涂覆、层压等工艺可以结合这两类材料的优点来制作性能优良的硝基氧化剂防护服。不透气型防护服是上衣和裤子、靴子连成一体的防护服装,使用时与过滤式防毒面具、隔离式防毒面具和防护手套一起使用,全面防御液体推进剂对人体的伤害。其结构要求领口紧、袖口紧、结实、轻便、易于活动、便于穿脱,如图 7-12 所示。不透气型防护服应具有优良的防酸性能和基本的服装性能。

图 7-12　连体式硝基氧化剂防护服

(3)肼类燃料防护服。

肼类燃料防护服是保护人员免受毒性伤害的躯体防护装备,属耐酸碱化学品防护服范畴。肼类燃料防护服分为透气型和不透气型。其结构组成与硝基氧化剂基本相同,区别在于硝基氧化剂防护服主要是抵御因强氧化性酸造成的材料损伤,而肼类燃料防护服材料主要是抵御肼类燃料渗透损伤。

其主要要求如下:

1)服装的设计要合理,便于穿脱,利于人体活动,具有一定的舒适感和牢固性。

2)外观要求无破损、斑点、污物以及其他影响使用上的缺陷。

3)服装的接合部位贴合或缝合都要仔细、紧密,其强度按照有关要求执行,不透气型防护服接缝要用胶黏。

4)防护服上不应有明衣袋,以免积存飞溅的毒液。

5)不透气型防护服在适宜处应留有通气孔隙,以利于排汗和调节体温,但通气孔隙不得影响服装的结构强度。

6)衣服的附件应易于连接和解脱,其材质应与衣服一致。

肼类燃料对非金属有机材料的损伤主要是由两者之间的相互作用引起的,如偏二甲肼含有非极性基团($—CH_3$),当遇到非极性或弱极性的高分子化合物时,会吸附在其周围,并且可使高分子材料中部分有机小分子物质溶解渗出,肼类燃料分子通过材料渗入。因此,肼类燃料具有较强的吸附性和渗透性。肼类燃料在水溶液中呈碱性,因此肼类燃料防护服要同时具有抵御毒液、气渗透以及碱液侵蚀的作用。需要指出的是,目前还没有有效的手段绝对阻隔这种因分子扩散而形成的渗透现象,无论是对于硝基氧化剂防护服还是肼类燃料防护服,再好的防护材料也只能减缓扩散的速度而已。

无论是硝基氧化剂防护服还是肼类燃料防护服,优良的性能都是由生产防护服的材料——胶布的品质所决定的。胶布实际上是橡胶涂覆织物,即在纺织物表面或中间夹层上涂覆橡胶膜或其他高分子聚合物膜。目前胶布的骨架层由早期的丝绸、棉纤维向合成纤维(如涤纶纤维、聚酯纤维)发展,覆盖涂层也由天然胶、丁基合成橡胶向聚氨酯、氟塑料、聚氯乙烯方向发展。胶布的骨架层决定了防护服的物理机械性能(包括拉伸强度、撕裂强度、老化性能、透气透水性、耐疲劳性、耐磨性)。涂覆胶层主要决定了胶布的耐油性、耐酸碱等性能,影响质量的另一个原因是涂覆工艺,传统的方法采用刮刀法和辊筒法,较为先进的方法为熔融涂覆法,由多种材料复合涂覆而成。

(4)躯体防护装备的使用与维护。

1)使用与维护的一般原则。①任何化学防护服的防护功能都是有限的,应让使用者了解其使用的防护服的局限性。②使用前应仔细阅读说明书,并严格按照要求使用,使用单位应进行相应的培训。③穿着防护服前,应进行相应外观检查,如出现裂痕、穿孔、老化等明显损坏,则不能使用。④应按液体推进剂三级防护要求选择防护服,进入有害环境后,应始终穿着防护服。⑤防护服沾染液体推进剂后,应在指定区域脱下服装。若化学品接触到皮肤,应立即进行简单急救处理并送往医疗机构治疗,脱下的防护服应进行洗消。

2)清洗。被硝基氧化剂沾染的防护服,应立即用水清洗或用相应低浓度洗消液冲洗(如碳酸氢钠等);被偏二甲肼污染的防护服,应立即用水冲洗或用相应低浓度洗消液冲洗(如醋酸等),如先用洗消液冲洗,必须再用水冲洗。冲洗后的防护服可晾晒于离住房 50 m 以外的晒衣场,也可在高温蒸汽中进行消毒处理。普通衣服可用水冲洗多次,再用水煮沸即可消毒。防护服若较长时间不用,应涂滑石粉,存放在阴凉干燥处。

四、使用期限和报废原则

1. 使用期限

个体防护装备的使用期限是由多方面因素确定的,与作业场所环境状况、装备使用频率、材料以及制造工艺水平等因素有着密切的联系,一般来说,使用期限应考虑以下三个原则。

1)腐蚀作业程度:根据不同作业对产品的磨损可分为重磨蚀作业、中磨蚀作业和轻磨蚀作业,主要反映的是作业环境和工种使用情况。

2)受损情况:根据产品的防护功能降低的程度可分为易受损耗、中等受损耗和强制性报废,主要反映的是产品的防护性能。

3)耐用性能:根据产品的性能可分为耐用、中等耐用和不耐用,主要反映产品的材质情况。

2. 报废原则

液体推进剂个体防护装备符合下述条件时,应当予以报废,不得再作为个体防护装备使用。

1)不符合国家标准或行业、地方标准;

2)未达到上级安全技术标准和规程所规定的功能指标;

3)在使用或保管储存期内遭到损坏或超过有效使用期,经检验未达到原规定的有效防护功能最低指标。

7.3　突发事故应急防护措施

7.3.1　预先防范措施

预先防范措施除了不断进行工艺改革,研究新工艺,引进新技术,提高设备自动化检测和安全防护设施外,还要特别强调强化管理,建立健全各项制度,加强安全教育和人员培训,改善作业环境,加强保健疗养制度。在防范安全事故中最重要的是突出人的作用,力争把各类突发事故消灭在萌芽状态。

一、安全设计与安全分析

1.安全设计

液体推进剂安全设计主要包括火箭发动机总体结构设计,液体推进剂加注、点火、制导和控制系统的安全设计。这种预先防范安全设计集中体现在火箭的研制实验阶段。为获得最大的安全系数,设计中多采用成熟的可靠性设计、冗余技术和故障自动检测系统。

2.安全分析

安全分析,包括以下方面:①对历次事故的分析总结,发动机地面加注试车的故障检测分析;②运用安全系统工程理论对火箭发射故障、发动机工况和使用寿命、大型固体火箭发动机和液体火箭发动机爆炸危险性进行评定;③对火箭技术可靠性和载人飞行安全性进行分析。

二、安全检查与检修

安全检查是预防液体推进剂突发事故的有效措施之一。其基本任务是发现和查明各种危险及隐患,监督各项安全规章制度的实施,禁止违章作业。

安全检修,主要是对火箭发射场各种地面设备定期或不定期的维修保养。

1.安全检查

安全检查除了经常的群众性普遍检查外,还应包括专业或专项检查、定期检查和抽查安全检查。必须贯彻领导与专业技术人员、群众相结合的原则,检查之前要有明确的目的、要求和具体计划。要全面听取受检部门情况汇报,以查思想、查技术、查纪律、查制度、查领导、查隐患为中心,对检查中所发现的问题要及时上报,并提出整改意见。安全检查是预防事故的一种手段,一定要落实到整改上,对所检查出的安全隐患问题,要逐项分析研究,做到定项目、定时间和定人员,限期解决。

安全检查除了有组织地进行外,更主要的是从事相关作业人员的安全互检和对所管辖的库房设备巡回检查,如推进剂燃料库房日检制度、液体推进剂加注开始或进罐作业之前对所佩戴的个人防护装具进行认真检查,特别是对呼吸器官保护器的选型、气密性和使用方式互相检查,这样可以防止很多事故的发生。安全检查强调管理组织的重要性,突出人的作用。

2.安全检修

安全检修主要指对液体推进剂各种地面设备的检查和修理。安全检修有大修、中修、小修之分,也可分为计划内检修和计划外检修。任何检修工作前都必须认真做好准备工作,对检修的具体要求,要明确制定出检修方案、方法和步骤,要进行试运行。在设备安全检修过程中,必须特别注意人员的安全防护。

三、加强安全教育和人员培训

安全教育分三级进行,教育的内容一定要突出液体推进剂的特点。要针对液体推进剂的危险性、各种规章制度和岗位责任制以及安全措施的防护手段进行教育培训,还应进行发生意外事故后的抢险救灾办法、人员撤离和救治等方面的教育培训。

安全教育和人员培训要做到经常化、制度化,尤其对液体推进剂危险特性和防护装具的使用与保管的教育更应如此。很多事故有它发生的必然性,但更多事故是人为因素造成的,这与人员的安全意识、安全技能和经验密切相关。

安全教育除理论和技能方面的内容外,还应包括对发生事故或类似事故的分析,教育方式可采取现场参观或看录像的办法。专业培训是圆满完成任务的技术保证,也是防事故、保安全的重要措施之一。安全专业技术培训要有计划有目地进行,要有必需的安全技术资料和图片录像,供各类人员进行学习。技术培训要在规定时间内进行,要经常考核和检查。安全教育和人员培训除了在本单位结合具体的工作和现有教材进行外,还应考虑工作性质和液体推进剂的特点,到有关院校研究测试单位和设备制造单位进行专项技术学习和培训。

四、建立健全各项规章制度

安全管理规章制度及其重要性,前面已有叙述。对每种液体推进剂的安全防护措施中首先强调的一点就是严格的安全管理和建立健全各项规章制度。各项规章制度必须突出液体推进剂的危险特性,强调各级的责任,贯彻岗位责任制,严格执行安全防护措施。

五、采用自动控制和安全保险装置

这里的自动控制主要指液体推进剂贮存、加注、处理过程,包括以下方面:

1)温度的自动控制和调节;

2)压力的自动控制和调节;

3)流量和液位的自动控制和调节;

4)程序的自动控制和变换;

自动控制程度反映了自动化技术水平的高低,自动控制程度高,可以消除各类事故中人为因素和环境的影响。自动控制装置或自动化系统按其功能可划分如下。

1.自动化操纵系统

由于对机器、设备采取程序控制能自动进行启动、停止、交换、接通等动作,实现远距离安全操作,防止因一人误操作而引起事故。

2.调节系统

通过自动装置的作用,机器设备在给定值的范围内安全运转出现异常时,可以自动加以调节,从而保证了设备安全可靠,延长了使用寿命,减少了大拆、大修的次数。

3.自动检测系统

自动检测可以对液体推进剂贮存、加注设备和转运全部运转过程实现连续检测、数字显示、自动记录,可以及时发现异常,也可对发生的故障的原因进行分析,提供科学依据,还可与自动报警系统相连接,自动发出事故警报信号。

4.自动信号连锁和保护系统

自动信号连锁和保护系统在出现异常时可以自动发出信号,通过自动安全联锁控制发出警报。更先进的自动安全保护系统在发出危险信号的同时,还可自动采取保护措施。目前在重要的设施、大型贵重仪器设备、现代化宾馆、会议中心等地,为预防火灾多采用可自动进行消防的安全技术措施。

7.3.2　迅速撤离

无论发生什么事故,组织人员迅速撤离现场,是减少损失和实施安全救护的基本原则之一。迅速撤离,绝不是面对突发事故惊慌失措,不顾国家财产,不对事故进行积极的抢险救援。迅速撤离的目的在于减少损失,尤其是减少人员的伤亡,迅速撤离必须有组织地进行。

一、迅速撤离必须有组织地进行

事故发生后,除了直接从事操作的有关人员必须坚守岗位外,其他无关人员或关系不大的人员必须迅速撤离,什么人员应撤离,由现场指挥者确定。事故发生后不听指挥,四处逃跑,盲目向前闯,对消灭事故绝对是有害无益的。因此,在事故发生后,特别是有发生液体推进剂大量泄漏着火或爆炸的突发性事故时,对于指挥人员的组织能力业务训练素质来说是一个强有力的检验。

二、迅速撤离的通道

为了做到事故发生后人员和某些设备能够迅速撤离,除了严密的组织外,在安全设计和设备总体布局时,留有迅速撤离的通道是非常重要的,尤其是对于液体推进剂的大量泄漏和火灾爆炸事故,这种通道应能保证在场人员在允许的时间内,撤到一定距离之外。显然,足够数量的安全出入口和最短疏散距离,是撤离通道必须考虑的因素。撤离通道除了一般的大门、过道和楼梯之外,还应根据危险等级留有专门的疏散通道和出口。对撤离通道或安全疏散,主要从允许撤离的时间和安全疏散的距离考虑。

1.允许撤离的时间

允许撤离的时间主要指发生泄漏和火灾时人员可以安全离开危险厂房或场所所需的时间,主观上希望这个时间越长越好,但在通常下只有短短几分钟。由于物质的毒性、发生火灾爆炸的难易程度、存放数量条件和引发环境的状态千差万别,因此很难做出统一规定,在当今的化工企业中并无统一标准。罗依金所著的《化学工业的安全技术和消防防火技术》中提出撤离的时间最少应为 1.5～4 min,主要考虑发生火灾后有毒烟气对人的威胁。如果是单纯的泄漏,有毒蒸气扩散更慢,允许撤离的时间就更长。如果发生爆炸或房屋倒塌,则另当别论。单纯性的火灾造成的人员伤亡因素多为烟气中毒缺氧和高热。对于液体推进剂而言,发生爆炸,则事故现场瞬间会变成一片火海。若只是液体推进剂的大量泄漏或发生火灾,撤离时间显然要长些,从几分钟到几十分钟都有可能。

2.安全疏散的距离

液体推进剂发生爆炸的危害范围前面已有叙述。通常情况下,液体推进剂发生大量泄漏或着火时的安全疏散距离,主要指操作人员从工作地点到安全出口的最短距离,显然这个距离越短越好。根据不同的火灾危险性及不同耐火等级,建筑物在国家建筑设计防火规范中对安全疏散距离都有明确的规定。如 2015 年 5 月 1 日开始实施的《建筑设计防火规范》GB 50016—2014)明确规定,厂房内最远工作地点到外部出口或楼梯的距离不应大于表 7－7 规定的值。

表 7-7 厂房安全疏散距离　　　　　　　　　　　单位:m

生产类别	耐火等级	单层厂房	多层厂房	高层厂房	地下室、半地下室
甲	一、二级	30	25		
乙	一、二级	75	50	30	
丙	一、二级	80	60	40	30
	三级	60	40		
丁	一、二级	不限	不限	50	45
	三级	60	50		
	四级	50			
戊	一、二级	不限	不限	75	60
	三级	100	75		
	四级	60			

表 7-7 中生产类别甲、乙、丙、丁、戊,主要是指,除按生产中火灾危险性分类外,对厂房每层的面积和同一时间内生产人数的规定,所列的数据对于推进剂的生产、贮存、加注厂房可做参考。

3.通道宽度与安全出口数量

为满足迅速撤离的时间要求,除尽量缩短疏散距离外,对撤离通道的宽度、门的高度与宽度,以及出口的数量均要有考虑,考虑因素主要有火灾危险性特征、厂房层次、撤离人数。一般通道宽度不宜小于 1.4 m,门的宽度不宜小于 0.8 m,若是楼梯,其宽度应大于 1.1 m。地下室和半地下室工作场所安全出口均应在两个以上,以便在一个出口被有毒烟气封死时,可从另一个出口安全撤离。

7.3.3　组织抢救

组织抢救和迅速撤离一样,必须有组织地进行,其主要内容包括以下方面。

一、受伤人员的抢救

人员的抢救主要指事故中受伤、中毒人员在现场抢救和迅速转移。人员抢救一定要在救护人员指导下进行,必须注意人员的清点和地形地物的观察,不能忙中出乱,更不能因抢救不当而造成更大的人员伤害。参加抢救的人员必须配备安全性能优良的个人防护器材,如隔绝式防毒面具和耐酸碱、阻燃不透气防毒服。在现场抢救中应禁止不顾客观实际、不讲安全技术的蛮干。事故抢救中,既要积极倡导不畏艰险、不畏牺牲的精神,但又不鼓励盲目冒险。

二、事故危险源的抢救

任何危险都事出有因。一旦发生突发事故,应积极组织人员进行抢救。抢救工作主要指发生事故危险源的抢修和潜在危险物的搬离、撤出。抢险人员同样应配备精良的个人安全防护装具,严格禁止使用过滤式防毒面具,并随时注意人员的轮换和补充。在事故发生初期,可能只有少数人员直接参加事故的抢险工作,为防止事故扩大,争取在最短的时间把出事故的危险源抢修好或撤出,还必须陆续大量地、有组织地补充抢险救援人员。

突发事故如是因管道破裂、阀门失灵引起的,最有效的方法之一是关闭总阀门。

三、物品的抢救

物品的抢救主要指对事故危害范围内的国家财产、各种仪器设备的抢救。这不但可以减少事故造成的直接损失,而且可以防止引发新的事故。设备器材的抢救必须做到以下方面。

1)先内后外、先小后大。首先应把靠近危险源的物品搬开,采取保护性处置,先小后大,主要考虑抢救时间和搬移可能性的大小。

2)注意保护。在抢救物品时一定要做到忙而不乱,不能因抢救不当而造成财产的损失,应尽量避免因抢救财物而造成更大的人员伤害。

3)人员的防护。直接参加抢救的人员要佩戴隔绝式防毒面具和不透气防毒服,要注意抢险救援人员轮换休息。

7.3.4　控制险情

一、危险源的控制

液体推进剂突发性大量泄漏或着火爆炸造成的主要危害是有毒蒸气和不完全燃烧产物以及二氧化碳对人员毒性、化学灼伤、高温烧烤。只有危险源得到有效控制,才能从根本上控制险情的进一步扩大。但在危险源控制中应注意新的、潜在危险的发生,如阀门关闭固然可以防止新的泄漏,但若不注意降温减压,则会因罐体或管道压力急剧增加而发生新的爆炸,出现更大的危害。

二、切断电源

发生任何事故,都应立即切断事故现场电源,防止因带电线路的短路引起新的燃烧或触电事件发生。这里有一点必须明确,危险场所虽在安全设计中对已有电气设备选型、爆炸和火灾危险场所的类别进行了严格的分级选配,但这只能保证在正常情况下不会因电气设备产生电火花而引起爆炸。事故一旦发生,这些防爆电器就和一般电器一样成为危险源,根源就在于电路带电,因此事故发生后要迅速切断电源,这样可有效地控制险情。

三、积极消防

为了迅速扑灭液体推进剂发生的火灾,防止大量泄漏的毒气弥漫,使用水和其他灭火器积极消防,可以使已发生的险情得到有效控制,积极消防表现在以下方面。

(1)扑灭大火。

液体推进剂一旦着火,应立即使用现场配备的灭火器进行灭火。在推进剂使用现场通常还设有固定消防水源和移动消防车,用水灭火或稀释液体推进剂可以扑灭大火,控制火情,降低空气中液体推进剂毒气及燃气浓度。

(2)降低温度。

发生火灾时,环境和设备的温度急剧上升,高温除造成现场人员的烧烤外,还可引起新的燃烧与爆炸,使用大量水灭火并喷淋设备可以使温度迅速降低,降到燃烧爆炸极限浓度之下。但是对于比水轻又不溶于水的易燃液体推进剂和电气火灾,切断电源前不能用水灭火或降温。

(3)正确使用各类灭火剂。

液体推进剂贮库、泵间、储运槽车以及其他控制设备房间,预先具有不同类别的各种消防设施,所配灭火剂除了最常用的泡沫灭火剂或干粉灭火剂外,在很多场合还选配了灭火性能更好的 1211 灭火剂。对于不同类别的灭火剂都有明确的使用要求,只有很好地掌握使用方法,才能保证在最短时间发挥其效能。对于直接从事液体推进剂作业的人员,必须像其他专业技术培训一样进行灭火器使用训练,不但要学习理论,还要进行实际演练。

四、划分隔离区

液体推进剂发生大量泄漏或着火爆炸时,在迅速组织人员撤离和抢修的过程中,还应立即设立警戒线划分隔离区,控制人员的出入。控制隔离方法,除可以提高抢险救灾的效率外,还可以减少的人员伤亡。划分隔离区应该做到以下方面。

(1)阻止无关人员进入。

事故就是命令。事故发生后,无关人员,特别是没有配备抢险救援个人防具的人员,应绝对禁止进入事故现场,以防止产生新的伤害。控制无关人员进入现场,还可以减少事故现场忙乱现象的发生。

(2)保证人员和财物迅速转移。

控制事故现场,可以充分发挥抢救人员的作用,使其不受干扰,以最快的速度把受伤人员和重要物品转移到安全区。

(3)保护现场。

隔离区的划分减少了事故伤害和损失,对于保护事故现场、做好事故调查分析也具有重要的作用,对以后防止类似事故的发生有借鉴作用。

五、控制有害物质扩散流失

液体推进剂发生大量泄漏、着火和爆炸,造成大量液体推进剂泄出,使有毒蒸气或燃烧烟雾在空气中迅速扩散,造成人员中毒,还污染了周围环境。采取有效方法控制有害物质的扩散和流失,可以直接控制险情,可选择的有以下措施。

(1)用水喷射。

水是最廉价、最有效的一种灭火剂,用高压水柱喷射火源可以扑灭大火、降低环境和设备的温度。高压水柱以及水蒸气是液体推进剂有毒蒸气和烟气的有效吸收剂和稀释剂,可以把烟雾迅速沉降下来,防止随风扩散。水蒸气使易燃蒸气稀释,因而不能再继续燃烧。水柱直接对准液体推进剂喷射,把泄漏的液体推进剂液体稀释并冲洗,冲洗后形成有毒废水不能任意流失,不允许随意排放。还要注意,防止酸性氧化剂喷溅。水对粉尘烟雾有吸附、净化和沉降作用,这是其他物质无法比拟的。因此,在易燃易爆物品生产存放和处理过程中,都必须具备充足的水源。

(2)水的洗消作用。

充足的水源既可供消防使用,还可作为防止污染扩散最好的洗消剂。参加抢险救援的工作人员所用的防护用具不可避免地会沾上液体推进剂,造成不同程度的污染。事故处理完毕,人员撤离现场,对污染的衣服要用大量水进行充分的洗消。对于受伤人员和被污染的设备,水的洗消作用同样有效。液体推进剂喷溅到人体皮肤或其他部位,要立即用水冲洗一定时间,这是最简单且有效的处置方法。除贵重仪器外,被污染的设备也可用水冲洗。

(3)洗消废水集中处理。

事故中产生大量的液体推进剂废水,应通过排污管道导入液体推进剂废水专用处理池,这种废水量和所含液体推进剂的浓度变化是很大的。

（4）烟气强排。

液体推进剂大量泄漏和着火爆炸，使事故发生地的局部环境被污染。高浓度有毒蒸气和烟雾的存在，给事故抢险救援带来新的危险。为减少这种危害，除了喷淋水雾外，采取强排风的方法也是很有效的。强排风可以把烟雾尽快吹散。很显然，这种方法只有在火灾被扑灭后才能够进行，否则会扩大火势。这种方法似乎把有毒烟气扩散到了更大的范围，但是在没有很好的吸收办法时，可以争取事故处理时间，减轻和防止人员中毒，是控制险情简洁而有效的办法。

7.3.5　快速测定

一、快速测定的意义与方法

快速测定，主要指液体推进剂大量泄漏或着火、爆炸时有毒蒸气烟雾在空气中弥漫的浓度的测定。快速测定要求立即测出事故现场不同部位空气中有害物质的浓度，以便确定抢险救援人员允许停留的时间，对人员中毒剂量大小进行推测，为医疗救护提供科学依据，为事故处理调查分析积累素材，可迅速确定危险区和安全范围。

快速测定方法有检测管法、试纸法、溶液法和仪器法。目前使用最多的是检测管法和带有各种传感器的数字式液晶显示小型测试仪。这些方法的共同特点是便于携带，使用简便，反应灵敏、彻底快速，一般只需要几秒或几分钟即可得到测定结果，在各国均得到了广泛的研究和应用。与检测仪器相比，检测管价格便宜，还具有操作简便、一次性使用等优点。

二、检测管的一般构造

检测管是把用试剂浸泡过的颗粒状载体制成指示剂，均匀地装在玻璃管内，两端封死，玻璃管外壁有显示浓度的刻度线。使用时把玻璃检测管两端玻璃风口切割开，把载有金属丝网的一端与抽气装置连接。当被测空气以一定速度和规定量通过检测管中颗粒状载体时，被测气体与浸渍的指示剂发生颜色反应，从管外壁观察变色玻璃柱的长度即可读出空气中推进剂的浓度。

检测管由玻璃管、指示剂、粒状载体、金属丝网、浓度标尺等部分组成。抽气装置可用针筒、气囊、电动泵，使用时与检测管相连，控制抽气速度与气量。玻璃管一般选用内径为 2～6 mm，长度为 120～180 mm 的硬质玻璃。检测管按要求装填好后，两端应封死，在避光和低温下保存，使用有效期在 2 年或者更长。

气体检测管研制生产前应考虑以下因素。

1）显色灵敏。显色试剂与被测气体必须能迅速发生显色反应，色泽清楚，灵敏度高，被测气体浓度与显色程度要有一种可比关系。

2）载体选择。显色试剂通常被预先均匀地吸附在一种固体颗粒物及载体上，显色试剂载体颗粒物必须与显色试剂不起化学反应，吸附牢固且稳定性好，可长期保存。粒度要求是保证气体可顺利通过，同时要增加气体与显色试剂的接触面，使显色效果更加明显。

3）重复性好。检测管法作为一种快速测定方法，要求在一定使用条件下，被测气体浓度与色变反应管长度之间有较恒定的定量关系，并具有较好的重现性。显色试剂载体装填松紧程度与抽气吸气量、抽气速度的控制都影响检测结果的重现性。

三、偏二甲肼和四氧化二氮检测管的性能技术指标

目前我国液体推进剂主要使用偏二甲肼和四氧化二氮。为了尽快对这两种推进剂在正常贮存、加注、处理过程中因跑、冒、滴、漏造成的局部范围内浓度变化的检测,在突发事故中又能迅速测定现场推进剂的浓度,国防科工委环保检测所和总参防化院三所于 1988 年研制了偏二甲肼和四氧化二氮(测 NO_2)两种检测管。

两种检测管的主要性能指标如下:

1)检测浓度范围。两种检测管对其相应的推进剂浓度检测范围为:偏二甲肼为 $0.25\sim 143\ mg/m^3$,NO_2 为 $0.2\sim 102\ mg/m^3$,浓度为 $1\ mg/m^3$ 以上时有准确的刻度值。

2)测量误差。在规定的使用条件和有效保存期内,测量误差小于 $\pm 20\%$,实际测试结果表明误差小于 $\pm 15\%$,可满足现场快速测定的要求。

3)环境温度与湿度。两种检测管适用的环境温度范围为 $-20\sim 40℃$,湿度范围为 $30\%\sim 85\%$。

4)有效期。两种检测管有效期均为 2 年,实际上对存放了 4 年的检测管性能测定表明,各项性能均未发生明显变化。

5)显色剂与载体。偏二甲肼检测管采用溴酚蓝显色试剂,以二氧化硅为载体;四氧化二氮检测管采用 N,N'-二苯基联苯胺显色剂,以特殊硅胶为载体。两种管子颜色变化均为由淡黄色变为蓝紫色。

6)抽气装置。最简易的抽气装置是 100 mL 玻璃针管,较先进的有手枪式电动抽气泵。如采用手动按压式橡胶气囊,一次抽气量为 50 mL,具有操作方便、抽气量和流速准确、使用寿命长等特点。

四、偏二甲肼和四氧化二氮检测管的使用与保管

1)偏二甲肼检测管抽气次数规定为 6 次,气体量为 300 mL。使用时把检测管两端切割开,按箭头所示方向插入手动抽气泵,抽气速度控制在 5 s/次,连续抽 6 次。由变色柱长度按浓度标尺即可读出偏二甲肼浓度。

2)四氧化二氮检测管抽气次数规定为 10 次,进气量约为 500 mL。使用时把检测管两端切割开,按箭头所示方向插入手动抽气泵,抽气速度控制在 5 s/次,连续抽气 10 次。由变色柱长度按浓度标尺即可读出四氧化二氮浓度。

3)两种检测管若长期不用,应从包内取出,放在冰箱内避光保存。

4)两种检测管虽用同一种抽气泵,但最好分别使用,与检测管一块放入包内,妥善保管。

5)抽气泵上带有检测管玻璃切割小孔,使用时不宜用力过猛,以防玻璃管碎片溅出伤眼或划破手。

6)检测管均规定了有效期,出厂时一定要标明生产日期。使用过期检测管时,要注意管子有无色变,实测结果必须与其他方法相比较。

7)在突发事故中,因液体推进剂大量泄漏,发生着火爆炸,使环境中液体推进剂蒸气浓度远远高于控制上限,这时使用检测管进行检测可减少抽气次数,快速测定。在安全区使用时,则可增加抽气次数,然后按规定次数进行气量和浓度折算。

五、常见气体检测管

气体检测管具有检测快速、携带方便、成本低廉等优点,因此被各国广泛研究和应用。目

前世界上应用和研究检测管最多的国家是美国,已有 150 多种。联邦德国有 130 多种,日本有 120 多种,我国亦有数十种。常见的几种气体检测管列于表 7-8。

表 7-8　几种常见的气体检测管

检测管名称	检测范围/$(mg \cdot m^{-3})$	有效期/年
二甲苯	20~400	2
甲苯	20~250	2
苯	10~200	2
臭氧	0.1~75	1
硫化氢(中等浓度)	10~200	2
硫化氢	10~600	2
氯	1~300	2
氮氧化物	5~300	1
氨	10~300	2
乙炔	0.1~1	2
溶剂汽油	20~1 000	2
光气	0.3~40	1
砷化氢	0.2~10	3
氰化氢	0.3~200	2
氟化氢	0.1~1.5	2
二氧化硫	10~500	1
汞蒸气	0.01~1	1
一氧化碳	10~300	2
二氧化碳	5 000~20 000	1
氯化氢	1~10	2
甲醇	35~1 350	2
磷化氢	0.15~5	1
氧	6%~24%	1

参 考 文 献

[1] 张立清,张永华,王金安. 发射场液体推进剂工作事故预防概论[M].北京:国防工业出版社,2013.

[2] 蒋军成. 危险化学品安全技术与管理[M].2 版.北京:化学工业出版社,2009.

[3] 国防科工委后勤部. 火箭推进剂监测防护与污染治理[M].长沙:国防科技大学出版社,1993.

[4] 李亚裕. 液体推进剂[M].北京:中国宇航出版社,2011.

[5] 世界航天运载器大全编委会. 世界航天运载器大全[M].2 版.北京:中国宇航出版社,2007.

[6] 罗运军,庞恩平,李国平. 新型含能材料[M].北京:国防工业出版社,2015.

[7] 李金明,雷彬,丁玉奎. 通用弹药销毁处理技术[M].北京:国防工业出版社,2012.

[8] 余启元. 个体防护装备技术与检测方法[M].广州:华南理工大学出版社,2006.

[9] 胡文祥,孙联众. 火箭推进剂损伤应急救援工程[M].北京:中国人民解放军出版社,2003.

[10] 张玘,吴石林,欧阳红军,等. 军事计量学基础[M].长沙:国防科技大学出版社,2013.

[11] 崔克清,张礼敬,陶刚. 安全工程与科学导论[M].北京:化学工业出版社,2004.

[12] 布鲁诺,阿塞图拉. 先进的推进系统与技术:从现在到 2020[M].侯晓,译.北京:中国宇航出版社,2012.

[13] 樊秉安,任向红. 液体推进剂污染控制与资源回收利用[M].北京:中国环境科学出版社,2001.

[14] 贾瑛,崔虎,慕晓刚,等. 推进剂污染与治理[M].北京:北京航空航天大学出版社,2016.

[15] 张柏钦,王文选.环境工程原理[M].2 版.北京:化学工业出版社,2010.